OpenTSDB 技术内幕

百里燊　编著

电子工业出版社
Publishing House of Electronics Industry
北京·BEIJING

内 容 简 介

OpenTSDB 是一个分布式、可伸缩的时间序列数据库,其底层存储以 HBase 为主(这也是笔者使用的存储),当前版本也支持 Cassandra 等存储。正因为其底层存储依赖于 HBase,其写入性能和可扩展性都得到了保证。OpenTSDB 支持多 tag 维度查询,支持毫秒级的时序数据。

本书主要以 OpenTSDB 的最新版本(2.3.1 版本)为基础进行介绍。第 1 章从 OpenTSDB 的入门开始,介绍市面上多种时序数据库和云端时序数据库,OpenTSDB 的基础概念、源码环境搭建及 Grafana 的基本使用等。第 2 章主要介绍 OpenTSDB 的网络层,涉及 Java NIO 基础、Netty 基本使用,分析了 OpenTSDB 网络层的架构和实现。第 3 章介绍 OpenTSDB 中 UniqueId 组件的原理,主要讲解如何实现 UID 与字符串之间的映射。第 4 章介绍 OpenTSDB 如何实现时序数据的存储及相关优化。第 5 章介绍 OpenTSDB 如何实现时序数据的查询,其中分析了 OpenTSDB 查询中每个步骤的实现。第 6 章和第 7 章主要介绍 OpenTSDB 中的元数据及 Tree 结构的实现和功能。第 8 章主要分析 OpenTSDB 中的插件及工具类实现原理。

未经许可,不得以任何方式复制或抄袭本书之部分或全部内容。
版权所有,侵权必究。

图书在版编目(CIP)数据

OpenTSDB 技术内幕 / 百里燊编著. —北京:电子工业出版社,2019.3
ISBN 978-7-121-36023-7

Ⅰ. ①O… Ⅱ. ①百… Ⅲ. ①云计算 Ⅳ. ①TP393.027

中国版本图书馆 CIP 数据核字(2019)第 022958 号

责任编辑:陈晓猛
印　　刷:北京盛通商印快线网络科技有限公司
装　　订:北京盛通商印快线网络科技有限公司
出版发行:电子工业出版社
　　　　　北京市海淀区万寿路 173 信箱　　　邮编:100036
开　　本:787×980　1/16　　印张:22.5　　字数:472.2 千字
版　　次:2019 年 3 月第 1 版
印　　次:2019 年 11 月第 2 次印刷
定　　价:79.00 元

凡所购买电子工业出版社图书有缺损问题,请向购买书店调换。若书店售缺,请与本社发行部联系,联系及邮购电话:(010)88254888,88258888。
质量投诉请发邮件至 zlts@phei.com.cn,盗版侵权举报请发邮件至 dbqq@phei.com.cn。
本书咨询联系方式:010-51260888-819,faq@phei.com.cn。

前　　言

OpenTSDB 是一个分布式、可伸缩的时间序列数据库，其底层存储以 HBase 为主（这也是笔者使用的存储），当前版本也支持 Cassandra 等存储。正因为其底层存储依赖于 HBase，其写入性能和可扩展性都得到了保证。OpenTSDB 支持多 tag 维度查询，支持毫秒级的时序数据。OpenTSDB 主要实现了时序数据的存储和查询功能，其自带的前端界面比较简单，笔者推荐使用强大的前端展示工具 Grafana。另外，OpenTSDB 也提供了丰富的插件接口，可以帮助开发人员对其进行扩展，在本书中也会进行详细介绍。

如何阅读本书

由于篇幅限制，本书并没有详细介绍 Java 语言的基础知识，但为便于读者理解 OpenTSDB 的设计思想和实现细节，笔者希望读者对 Java 语言的基本语法有一定的了解。

本书共 8 章，主要从源码角度深入剖析 OpenTSDB 的原理和实现。各章之间的内容相对独立，对 OpenTSDB 有一定了解的读者可以有目标地选择合适的章节开始阅读，当然也可以从第 1 章开始向后逐章阅读。本书主要以 OpenTSDB 的最新版本（2.3.1 版本）为基础进行介绍。

第 1 章介绍时序数据库的基本特征，并列举了比较热门的开源时序数据库产品及一些云厂商的时序数据库产品。接下来介绍了 OpenTSDB 的基础知识，以及 OpenTSDB 中最常用的 API，其中重点分析了 put 和 query 这两个核心接口。最后分析了 OpenTSDB 源码中提供的 AddDataExample 和 QueryExample 两个示例。

第 2 章深入分析 OpenTSDB 的网络层实现，其中介绍了 Netty 3 的基础知识，以及 OpenTSDB 网络层如何使用 Netty。另外，本章介绍了 OpenTSDB 网络层中所有的 HttpRpc 实现，重点介绍了 PutDataPointRpc 和 QueryRpc 两个 HttpRpc 实现。

第 3 章简略说明了 OpenTSDB 使用 HBase 存储时序数据的大体设计，尤其介绍了 RowKey 的设计中 UID 的原理和作用。本章具体分析了 HBase 中 tsdb-uid 表的设计，以及 UniqueId 组件管理 UID 的功能。

第 4 章主要介绍了 OpenTSDB 存储时序数据的相关组件及其具体实现。首先分析了 OpenTSDB 中存储时序数据的 TSDB 表的设计，其中涉及 RowKey 的设计、列名的格式及不同格式的列名对应的数据类型。之后又简单介绍了 OpenTSDB 中的压缩优化、追加模式及 Annotation 存储相关的内容。接下来，深入分析了 TSDB 这一核心类的关键字段、初始化过程，以及写入时序数据的具体实现。最后深入分析了 OpenTSDB 中压缩优化方面的具体实现，其中涉及 Compaction 和 CompactionQueue 两个组件的具体实现。

第 5 章主要介绍了 OpenTSDB 查询时序数据的相关组件。首先，介绍了 OpenTSDB 查询时涉及的一些基本接口类和实现类。然后，深入分析了 OpenTSDB 在查询过程中对时序数据的抽象，其中涉及 RowSeq、Span 及 SpanGroup 等组件。接下来，继续分析了 OpenTSDB 在查询时序数据的过程中涉及的其他组件。最后，分析了 TSQuery、TSSubQuery 等核心查询组件的具体实现。

第 6 章主要介绍了 OpenTSDB 中元数据的相关内容。首先，介绍了存储 TSMeta 元数据的 tsdb-meta 表的 RowKey 设计及整张 tsdb-meta 表的结构。然后，分析了 TSMeta 类的核心字段、增删改查 TSMeta 元数据的具体实现。

第 7 章主要介绍了 OpenTSDB 中 Tree（树形结构）相关的实现。首先，简单介绍了 Tree 中关键组成部分的概念及 tsdb-tree 表的结构。然后，深入剖析了 OpenTSDB 树形结构中核心组件的实现。最后，深入分析了构建一个完整 Tree 的过程。

第 8 章主要介绍了 OpenTSDB 提供的插件体系和常用工具类的实现原理。首先，介绍了 OpenTSDB 插件的公共配置及一些共性特征。然后，针对 OpenTSDB 常用的插件接口进行了介绍。接着，分析了 OpenTSDB 加载插件的大致流程。最后，详细分析了 OpenTSDB 中常用的三个工具类的实现，分别是 TextImporter、DumpSeries 及 Fsck。此外，还简单介绍了其他几个工具类的功能。

如果读者在阅读本书的过程中，发现任何不妥之处，请将您宝贵的意见和建议发送到邮箱 shen_baili@163.com，也欢迎读者朋友通过此邮箱与笔者进行交流。

致谢

感谢电子工业出版社博文视点的陈晓猛老师，是您的辛勤工作让本书的出版成为可能。同时，还要感谢许多我不知道名字的幕后工作人员为本书付出的努力！

感谢三十在技术上提供的帮助。

感谢小鱼同学，是你让我看到了星辰大海。

感谢我的母亲，谢谢您的付出和牺牲！

---------- 读者服务 ----------

轻松注册成为博文视点社区用户（www.broadview.com.cn），扫码直达本书页面。

- **提交勘误**：您对书中内容的修改意见可在 提交勘误 处提交，若被采纳，将获赠博文视点社区积分（在您购买电子书时，积分可用来抵扣相应金额）。
- **交流互动**：在页面下方 读者评论 处留下您的疑问或观点，与我们和其他读者一同学习交流。

页面入口：http://www.broadview.com.cn/36023

目　　录

第 1 章　快速入门 1
1.1　时序数据简介 1
1.2　时序数据库 2
1.3　快速入门 5
1.3.1　基础知识 5
1.3.2　HBase 简介 7
1.3.3　源码环境搭建 10
1.3.4　HTTP 接口 17
1.3.5　示例分析 32
1.4　本章小结 36

第 2 章　网络层 38
2.1　Java NIO 基础 38
2.2　Netty 基础 41
2.2.1　ChannelEvent 41
2.2.2　Channel 42
2.2.3　NioSelector 44
2.2.4　ChannelBuffer 45
2.2.5　Netty 3 示例分析 49
2.3　OpenTSDB 网络层 53
2.3.1　TSDMain 入口 53
2.3.2　PipelineFactory 工厂 57
2.3.3　ConnectionManager 63
2.3.4　DetectHttpOrRpc 64
2.3.5　RpcHandler 分析 67

	2.3.6	RpcManager	79
	2.3.7	HttpRpc 接口	83
	2.3.8	拾遗	100
2.4	本章小结		102

第 3 章 UniqueId ... 104

3.1	tsdb-uid 表设计		107
3.2	UniqueId		107
	3.2.1	分配 UID	110
	3.2.2	查询 UID	113
	3.2.3	UniqueIdAllocator	114
	3.2.4	UniqueIdFilterPlugin	121
	3.2.5	异步分配 UID	123
	3.2.6	查询字符串	126
	3.2.7	suggest 方法	127
	3.2.8	删除 UID	129
	3.2.9	重新分配 UID	133
	3.2.10	其他方法	136
3.3	UIDMeta		139
3.4	本章小结		143

第 4 章 数据存储 ... 144

4.1	TSDB 表设计		144
	4.1.1	压缩优化	146
	4.1.2	追加模式	146
	4.1.3	Annotation	147
4.2	TSDB		147
4.3	写入数据		151
4.4	Compaction		161
4.5	CompactionQueue		173
4.6	UID 相关方法		177
4.7	本章小结		179

第 5 章　数据查询 ... 180

- 5.1　DataPoint 接口 ... 180
- 5.2　DataPoints 接口 ... 181
- 5.3　RowSeq ... 182
- 5.4　Span ... 191
- 5.5　SpanGroup ... 197
  - 5.5.1　AggregationIterator ... 202
  - 5.5.2　Aggregator ... 210
- 5.6　DownsamplingSpecification ... 214
- 5.7　Downsampler ... 215
- 5.8　TagVFilter ... 225
- 5.9　TSQuery ... 232
- 5.10　TSSubQuery ... 233
- 5.11　TsdbQuery ... 234
  - 5.11.1　初始化 ... 235
  - 5.11.2　findSpans()方法 ... 239
  - 5.11.3　创建 Scanner ... 241
  - 5.11.4　ScannerCB ... 251
  - 5.11.5　GroupByAndAggregateCB ... 255
  - 5.11.6　SaltScanner ... 259
- 5.12　TSUIDQuery ... 263
- 5.13　Rate 相关 ... 270
- 5.14　本章小结 ... 273

第 6 章　元数据 ... 275

- 6.1　tsdb-meta 表 ... 276
- 6.2　TSMeta ... 277
- 6.3　Annotation ... 283
- 6.4　本章小结 ... 291

第 7 章　Tree ... 292

- 7.1　tsdb-tree 表设计 ... 292
- 7.2　Branch ... 293

7.3	Leaf	299
7.4	TreeRule	301
7.5	Tree 元数据	303
7.6	TreeBuilder	309
7.7	本章小结	319

第 8 章 插件及工具类 320

8.1	插件概述	320
8.2	常用插件分析	321
	8.2.1　SearchPlugin 插件	321
	8.2.2　RTPublisher 插件	323
	8.2.3　StartupPlugin 扩展	324
	8.2.4　HttpSerializer 插件	326
	8.2.5　HttpRpcPlugin 扩展	327
	8.2.6　WriteableDataPointFilterPlugin&UniqueIdFilterPlugin	329
	8.2.7　TagVFilter 扩展	331
8.3	插件加载流程	331
8.4	常用工具类	334
	8.4.1　数据导入	334
	8.4.2　数据导出	338
	8.4.3　Fsck 工具	339
	8.4.4　其他工具简介	347
8.5	本章小结	348

第 1 章
快速入门

物联网领域的发展如火如荼，互联网企业甚至一些传统企业也在争相布局物联网。在很多物联网系统中，需要对联网的智能设备进行监控，并对监控采样得到的数据进行持久化存储，而其首选就是本章要介绍的时序数据库。

即使读者在生产实践中没有接触过时序数据库，相信对时序数据库的一些新闻也一定不陌生。例如，早在 2016 年，百度云在其物联网平台上发布了国内首个多租户的分布式时序数据库产品 TSDB，阿里云于 2017 年的 2017 云栖大会·上海峰会上发布了面向物联网场景的高性能时间序列数据库 HiTSDB 等，时序数据库作为物联网中的基础设施之一，得到了各个互联网巨头企业的重视，其热门程度可见一斑。

1.1 时序数据简介

首先来看一个简单的例子，假设我们现在关心某个 Java 程序的堆内存的使用情况，可以通过 JConsole、JMX 等多种手段获取其堆内存的使用情况，但这只是获取某个时刻的瞬时值。如果发现其堆内存使用量比较低，则可能是因为在上一时刻刚刚进行了 Full GC，如果发现其堆内存使用量比较高，也可能在下一时刻立即触发 Full GC，所以该瞬时值不能反映出任何问题。

相信读者已经想到，我们可以在一段时间内的每个时刻都记录一个瞬时值，例如一分钟记录一个值，然后将这些瞬时值按照时间顺序排列起来，就能发现该程序堆内存使用量的变化规律，从而发现一些问题。如图 1-1 所示，其中展示了该示例对应的时序数据。其实，该示例中提到的"按照时间顺序排列起来的瞬时值"就是一条时序数据，这里为"时序数据"下个简单的定义："时序数据"（即"时间序列数据"）是同一指标按照时间顺序记录的一组数据，示例中的"指标"(metric)就是堆内存大小。

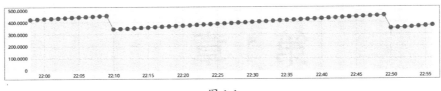

图 1-1

从更加宏观的角度看,时序数据可以描述一个物体在时间维度上的变化,如果可以掌握其关键指标的时序数据,并加以分析,就可以掌握该物体的变化规律、成长过程。我们可以将其具体化到生活中的一些细节上,例如股票中的日线图、周线图、月线图,它们表示的就是股价随时间发生的变化,很多操盘手通过分析这些时序数据进行交易。

随着大数据时代的到来,时序数据量也发生了爆发式的增长,使用传统的关系型数据库,例如 MySQL、Oracle 等,已经很难满足时序数据在存储、分析、展示等方面的需求,为了解决这些问题,市面上出现了很多时序数据库产品,其中有完全开源的产品,也有闭源的商业付费产品,本书的主角——OpenTSDB 就是一款完全开源的时序数据库产品。

通过前面对时序数据的简单描述,相信读者会发现时序数据的一些特点,这也是传统关系型数据库不好解决,而时序数据库需要解决的几个关键点:

(1)时序数据的写入比较稳定。普通应用的数据量一般与请求的 QPS 成正比,但对于时序数据来说,QPS 是稳定的,即每个固定的时间间隔都会收到相应的时序数据。

(2)只写入较近时间的数据。时序数据是随着时间推移而不断产生的,所以时序数据数据库收到的写入请求一般都是近期的数据,即使有少许延迟,也不会很大。

(3)没有更新操作。一般情况下,当一个指标在某个时刻的指标产生后,对其进行更新是没有意义的。

(4)按照时间范围进行查询,且近期数据被查询的概率更高。

(5)多维度的分析查询。在前文的示例中,只涉及一个 JVM 实例,但在实际生产中,每个应用都会涉及多个 JVM 实例,企业级的应用可能会涉及成千上万的 JVM 实例,此时需要从多个维度(例如,不同的机房、不同的功能、不同的业务线)去分析 JVM 之间的相互影响。

1.2 时序数据库

结合前文介绍的时序数据的特点,可以得出几条对时序数据库的基本要求:

- 支持高并发、高吞吐的写入。
- 支撑海量数据的存储。

- 高可用。
- 支持复杂的、多维度的查询。
- 较低的查询延迟。
- 易于横向扩展。

现在市面上也有几款比较成熟的时序数据库产品，如图 1-2 所示（https://db-engines.com/en/ranking/time+series+dbms）。这些产品都是根据不同的应用场景，关注了上述一个或几个点，经过不断的开发和迭代得到的。

Rank Sep 2018	Rank Aug 2018	Rank Sep 2017	DBMS	Database Model	Score Sep 2018	Score Aug 2018	Score Sep 2017
1.	1.	1.	InfluxDB	Time Series DBMS	11.79	+0.23	+3.31
2.	2.	↑5.	Kdb+	Multi-model	3.87	+0.36	+2.10
3.	3.	3.	Graphite	Time Series DBMS	2.70	+0.10	+0.14
4.	4.	↓2.	RRDtool	Time Series DBMS	2.55	+0.08	-0.51
5.	↑6.	↓4.	OpenTSDB	Time Series DBMS	1.79	+0.38	-0.10
6.	↓5.	↑7.	Prometheus	Time Series DBMS	1.59	+0.07	+0.92
7.	7.	↓6.	Druid	Time Series DBMS	1.20	+0.02	+0.22
8.	8.	8.	KairosDB	Time Series DBMS	0.53	+0.04	+0.03

26 systems in ranking, September 2018

图 1-2

InfluxDB 是由 Golang 语言编写而成的，也是 Golang 社区中比较著名的一个产品，在很多 Go 语言的讲座和文章中，都会将 InfluxDB 作为示例产品进行简单介绍。在时序数据库范畴里，其知名度也非常高。InfluxDB 提供了无结构化（schemaless）的存储、高效的压缩存储算法、方便的查询语言、实时的数据采样等功能。另外，可以利用 InfluxDB 搭建可扩展的集群。InfluxDB 中还内置了用户管理和角色管理的功能，这在很多 TSDB 产品中都是不具备的，需要开发人员进行扩展支持。

如果读者准备试用一下 InfluxDB，则希望读者参考其官方文档，因为 InfluxDB 不同版本之间的差异较大，对于最新版本来说，网络上很多资料没有参考价值。

KDB+ 是一个商业产品，并没有开源，不过官方提供了 32 位和 64 位两个版本的试用产品，这两个试用产品也有颇多限制。例如，64 位的版本需要网络在线才能使用。KDB+是一个列式时序列数据库，其自定义了一种叫作"q"的查询语言，该查询语言非常简短、灵活。KDB+速度也比较快，可以轻松支持 TB 级别的数据量。

Graphite 创立于 2006 年，算是比较老牌的时序数据库产品了。Graphite 可以部署成分布式模式，方便横向扩展。Graphite 主要完成了时序数据存储和查询的功能，虽然没有提供数据采集功能，但支持很多第三方插件。经过多年的积累和发展，Graphite 已经可以提供丰富的函数支持，这也是其受到广大用户青睐的原因之一。

RRDTool 的全称是 Round-Robin Database Tool，从名称也能看出来，其采用固定大小的空间来存储时序数据，其中设定了一个指针，随数据的读写移动。相较于其他时序数据库产品，RRDTool 不仅实现了数据的存储，还提供了丰富的工具来绘制图表，丰富的画图功能使其从其他时序数据库产品中脱颖而出。

OpenTSDB 是一个分布式、可伸缩的时间序列数据库，其底层存储以 HBase 为主（这也是笔者使用的存储方式），当前版本也支持 Cassandra 等存储。正因为其底层存储依赖于 HBase，其写入性能、可扩展性都得到了保证。OpenTSDB 支持多 tag 维度查询，支持毫秒级的时序数据。OpenTSDB 主要实现了时序数据的存储和查询，其自带的前端界面比较简单，后面笔者会推荐一个比较强大的前端工具。另外，OpenTSDB 也提供了丰富的插件接口，可以帮助开发人员对其进行扩展。

Prometheus 由 SoundCloud 平台于 2012 年开发，其使用的主要语言是 Golang。Prometheus 是一个开源的监控系统，也是一个高性能的时序列数据库。Prometheus 采用了与 OpenTSDB 中 tag 类似的维度机制，如果读者了解 OpenTSDB，那么学习 Prometheus 也会比较简单。

HiTSDB 是阿里云开发的一套时序数据库系统，并没有相应的开源版本，其官方文档自称具有如下特点。

- 高并发写入：千万级数据秒级写入。
- 高效读取：百万数据点秒级读取。
- 低成本存储：高压缩算法优化，每个数据点平均占 2 个字节。
- 数据计算分析、数据可视化。

有消息称，HiTSDB 已经在阿里内部孵化多年，在阿里集团内部已经支持了 20 多个核心业务场景，例如阿里智慧园区的 Iot 建设。

CTSDB 是腾讯云的时序数据库产品，主打高效、安全、易用的特点。根据其官方文档，CTSDB 使用批量接口写入数据，降低网络开销。CTSDB 的写入策略是，先将时序数据写入内存，然后周期性"dump"成不可变文件，同时生成倒排索引，加速各个维度的查询，号称千万数据秒级可查。CTSDB 同样提供了历史数据聚合、数据过期清理等功能来降低存储成本。CTSDB 还提供了丰富的 RESTful API 接口，同时兼容 Elastic Search 的访问协议。横向扩展、数据自动均衡也是 CTSDB 的特性之一。

百度"天工"时序数据库是百度云提供的时序数据库，其官方文档号称千万数据点秒级写入，亿级数据点秒级查询。同时提供了数据过期自动删除、聚合等功能，支持 SQL 语句、支持与 Hadoop/Spark 大数据平台对接，还提供了丰富的 RESTful API。该产品的另外一个亮点就是三副本、分布式部署，保证了数据的可靠性。

至此，比较常见的时序数据库产品就介绍完了，读者可以根据自己的使用场景和各个时序数据库产品的特性，选择一款产品进行深入的了解。当然，笔者还是强烈推介 OpenTSDB 的，尤其是了解 Java 语言的读者，经过本书后续的分析，相信读者能够完全了解 OpenTSDB 的实现原理。

1.3 快速入门

介绍完时下比较成熟的时序数据库产品之后，本节将带领读者快速了解 OpenTSDB。首先介绍 OpenTSDB 涉及的基础知识，然后搭建 OpenTSDB 的源码环境，接着简单介绍 OpenTSDB 中最常用的 API，最后介绍 OpenTSDB 源码中提供的 AddDataExample 和 QueryExample 两个示例，让读者初步了解 OpenTSDB 读写的大致过程，为后面深入分析 OpenTSDB 的实现打下基础。

1.3.1 基础知识

正如前文介绍的那样，时序数据库的主要功能就是管理时序数据，而一条时序数据则是由多个"点"（DataPoint）构成的。在 OpenTSDB 中，与时序数据息息相关的四个概念如下。

- **metric**：时序数据的指标名称，比如前文示例中提到的"堆内存的大小"。在 OpenTSDB 中一般不会用中文作为指标名称，而是使用一个更加简短的、类似于变量的名称，例如 JVM_Heap_Memory_Usage_MB。
- **timestamp**：表示一条时序数据中点对应的具体时间，可以是秒级或毫秒级的 UNIX 时间戳。
- **tags**：一个或多个标签（tag）组合，主要用于描述 metric 的不同维度。一个 tag 由 tagk 和 tagv 组成，tagk 指定了某个维度，tagv 则是该维度下的某个值。
- **value**：表示一条时序数据中某个 timestamp 对应的那个点的值。

除了 OpenTSDB，还有很多其他的时序数据库也有类似的概念，所以学习 OpenTSDB 之后就可以更快地上手其他时序数据库。

从图 1-3 中可以更加直观地看到 metric、timestamp、tags、value 与时序数据之间的关系，这里依然沿用前文对 JVM 堆内存的示例。

在图 1-3 中只展示了一个 tag（tagk=host，tagv=127.0.0.1），随着业务的不断发展，可能会使用多台服务器，每台服务器上部署多个 JVM 实例。要记录这些 JVM 的堆内存使用量，就会产生多条时序数据，它们有相同的 metric（即 JVM_Heap_Memory_Usage_MB），但是 host 的 tagv 值会因为所在机器的不同而有所不同。另外，还需要一个额外的 tag 来区分同一台机器中的不同 JVM 实例（这里使用 instanceId），这样就能获取多条时序数据。如图 1-4 所示，metric 都是 JVM_Heap_Memory_Usage_MB，但两条时序数据的维度不同，其中 host 这个 tagk 表示服务端的维度，instanceId 这个 tagk 表示 JVM 实例的维度。

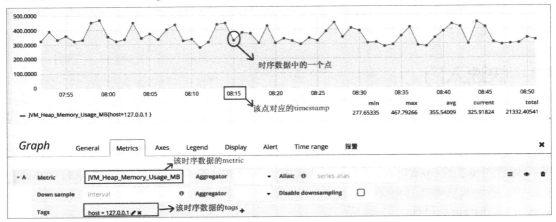

图 1-3

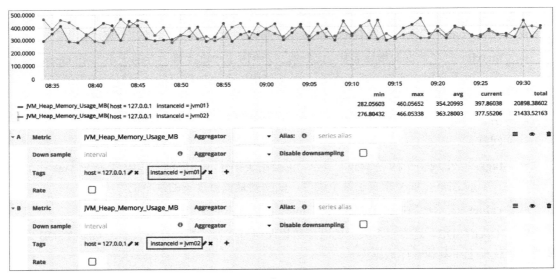

图 1-4

使用 tag 的方式来标识不同维度还有另一个好处，那就是方便聚合。在 OpenTSDB 中，如果要查询 host=127.0.0.1 这台机器上全部 JVM 实例的堆内存聚合值，那么只需要给出{metric= JVM_Heap_Memory_Usage_MB, host=127.0.0.1 }这些信息及具体的聚合方式（例如 SUM 聚合方式）即可。

除了聚合，OpenTSDB 还提供了 Downsampling 功能，在后面介绍其具体实现时再进行详细讲解。

1.3.2　HBase 简介

OpenTSDB 2.3 版本可以支持多种底层存储，例如 HBase、Cassandra 等，其中 HBase 是 OpenTSDB 默认支持的后端存储，本书也将以 HBase 作为 OpenTSDB 的底层存储来进行介绍。

HBase 是一款分布式列存储系统，其底层依赖 HDFS 分布式文件系统。HBase 是 Apache Hadoop 生态系统中的重要一员，其架构是参考 Google BigTable 模型开发的，本质上是一个典型的 KV 存储，适用于海量结构化数据的存储。HBase 相较于传统的关系型数据库有如下优点：

- HBase 是集群部署的，横向扩展方便。
- HBase 的容错性较高，这也是得益于其集群部署的特点，并且相同的数据会复制多份，存放到不同的节点上。
- 相同硬件条件下，HBase 支持的数据量级远超传统关系型数据库。
- HBase 的吞吐量较高，尤其是写入能力，远超传统关系型数据库。

当然，HBase 也有不适用的场景，例如：

- 需要全面事务支持的场景。传统数据库支持多行、多表的事务，而 HBase 只支持单行的事务。
- 传统关系型数据支持 SQL 语句的查询方式，非常灵活，而 HBase 只能通过 RowKey 进行查询或扫描。

具体在哪种场景下应该选用哪种存储，读者可以根据存储的具体特性是否能满足业务的具体要求来决定。

从逻辑上看，HBase 将数据按照表、行和列的形式进行存储，如表 1-1 所示，HBase 表中存储的数据可以非常稀疏。HBase 表中可以有多个列族（Column Family），列族需要在建表时明确指定，且后续不能自动增加。一个列族下面可以有多个列（Column），列的个数不需要在建表时指定，可以随时添加。另外，HBase 表中的数据是按照 RowKey 进行排列的。HBase 表中行和列的交叉点称为 Cell，HBase 会记录每个 Cell 的版本号（Version Number），默认值是 UNIX 时间戳，可以由用户自定义。

表 1-1

RowKey	Family1		Family2			Family3
	col1	col2	col1	col2	col3	col1
rowkey1	value1				value4	
rowkey2		value5		value2		value6
rowkey3			value7			value3

从物理存储上看，HBase 为每个列族都创建了一个单独文件，即 HFile 文件。每个 HFile 文件以 KV 方式存储，其中 Key 为 RowKey+Column Family+Colume，value 为具体数据，如图 1-5 所示。

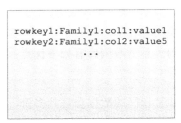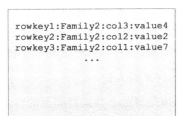

图 1-5

了解了 HBase 的逻辑存储和物理存储之后，下面介绍 HBase 的整体架构。HBase 集群的架构为主从结构，由 ZooKeeper、HMaster 和 HRegionServer 三类组件构成。

作为协调者，ZooKeeper 注册了集群中各个组件的状态信息，所有 HRegion Servers 和运行中的 HMaster 都会跟 ZooKeeper 建立会话连接，并将各自的状态信息保存到 Zookeeper 中对应的临时节点上。其中，HMaster 会竞争创建临时节点，ZooKeeper 会决定哪个 HMaster 作为主节点，HBase 集群需要保证任何只有一个活跃的 HMaster 节点，都有不可用的 HMaster 节点作为备用，当主 HMaster 节点宕机的时候，ZooKeeper 会清除其临时节点，而备用的 HMaster 节点监听到这一变化后，会在 ZooKeeper 上成功创建相应的临时节点并成为主 HMaster 节点。

每个 HRegion Server 也会在 ZooKeeper 中创建一个临时节点，HMaster 节点会监控这些临时节点来确定 HRegion Server 是否正常可用，一旦发现 HRegion Server 不可用，HMaster 会进行一些补救措施，以保证上层应用不受影响，例如，将宕机 HRegion Server 上的 HRegion 进行迁移。

HMaster 节点主要负责 HBase 表和 HRegion 的管理工作，具体如下：

- 管理用户对 HBase 表的增删改动，参与查询的部分过程。
- 将 HRegion 均衡地分布到集群中的 HRegion Server 上，当 HRegion 分裂之后，也需要重新调整其分布。
- 在 HRegion Server 停机后，负责将失效的 HRegion 迁移到其他 HRegion Server 上。

HBase 中有两个特殊的表，一个是 ROOT 表，它保存 META 表的位置，与其他表的主要区别在于，ROOT 表是不能分割的，永远只存在一个 HRegion。另一个是 META 表，它记录了所有的 HRegion 的位置。由于 HBase 中所有 HRegion 的元数据都被存储在 META 表中，所以随着 Region 的不断增多，META 表中的数据也会增大，并分裂成多个新的 HRegion。为了提高访问效率，客户端一般会缓存所有已知的 ROOT 表和 META 表。

HBase 的一张用户自定义的表会按照 RowKey 被切分成若干块，每块叫作一个 HRegion。每个 HRegion 中存储着从 startKey 到 endKey 的记录。这些 HRegion 会被分到集群的各个数据节点中存储，这些数据节点又被称为 HRegion Server。

了解了 HBase 集群中每个组件的大概功能，下面看一下 HBase 读取数据的大致流程：

（1）客户端首先会通过访问 ZooKeeper 查找 ROOT 表的地址。

（2）客户端访问 ROOT 表获取相应的 META 表信息。

（3）客户端查询 META 表定位待查询 RowKey 分布在哪个 HRegion Server 上，同时缓存 HRegion Server 信息。

（4）客户端访问相应的 HRegion Server，读取数据。

HBase 写入数据的流程与读取数据的流程类似，也需要先查找 ROOT 表和 META 表来确定写入的 HRegion 所在的 HRegion Server，最终请求 HRegion Server 完成数据写入。

下面再来深入了解一下 HRegion Server 中的核心组件。

- **HLog**：它是 HBase 对 WAL（全称是"Write Ahead Log"）日志的实现，简言之，就是一个存储底层 HDFS 的日志文件。HLog 日志用来记录那些还没有被刷新到硬盘上的数据，当 HRegion Server 收到客户端的写入请求时，会先在 HLog 中记录一下，然后进行后续的写入操作。这样做是为了数据恢复，例如意外停电和宕机，在 HBase 重启之后，利用 HLog 就可以将未刷新到磁盘的数据恢复，在传统关系型数据库中也有类似的实现。

- **BlockCache**：它是 HRegion Server 中的读缓存，其中记录了经常被读取的数据，默认使用 LRU 算法淘汰缓存数据。

- **MemStore**：它是 HRegion Server 中的写缓存，其中记录了没有被刷新到硬盘的数据。每个列族对应一个 MemStore，并且 MemStore 中的数据都是按照 RowKey 排序的。

- **StoreFile**：每次将 MemStore 刷新到磁盘时，都会生成一个对应的 HFile 文件，而 StoreFile 则是 HBase 对 HFile 的简单封装。在 HFile 中会按照前面介绍的 KV 方式存储数据。

最后，通过 HBase 官方的一张架构图来总结本节对 HBase 的介绍，如图 1-6 所示。

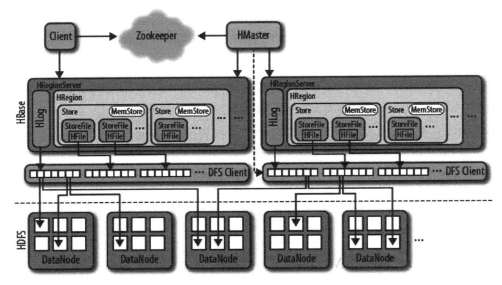

图 1-6

1.3.3 源码环境搭建

了解了 OpenTSDB 的基本概念之后，我们开始搭建 OpenTSDB 的源码环境。首先需要完成一些准备工作，第一步就是从 Oracle 官网下载 JDK 的安装包进行安装并配置环境变量。笔者使用的是 MacOS 系统，需要在.bash_profile 文件中添加 JAVA_HOME 并修改 PATH，如图 1-7 所示。

```
export JAVA_HOME=/Library/Java/JavaVirtualMachines/jdk1.8.0_131.jdk/Contents/Home
export CLASSPATH=.:$JAVA_HOME/lib/dt.jar:$JAVA_HOME/lib/tools.jar
export PATH=$PATH:$JAVA_HOME/bin
```

图 1-7

之后，需要安装 Java 的开发工具，笔者推荐使用 IntelliJ IDEA，读者可以去其官方网站获取相应系统的安装包。

因为 OpenTSDB 使用 Maven 的方式管理其依赖的 jar 包，因此需要安装 Maven。笔者目前使用的是 apache-maven-3.5.0，读者可以去 Apache 官网下载其最新版本的压缩包。下载完成之后，将其解压，并在.bash_profile 文件中进行配置，如图 1-8 所示。

```
export M2_HOME=/Users/maven/Documents/apache-maven-3.5.0
export PATH=$PATH:$JAVA_HOME/bin:$M2_HOME/bin
```

图 1-8

之后还需要在 IDEA 中指定 Maven 路径位置及 setting.xml 配置文件的位置，如图 1-9 所示。

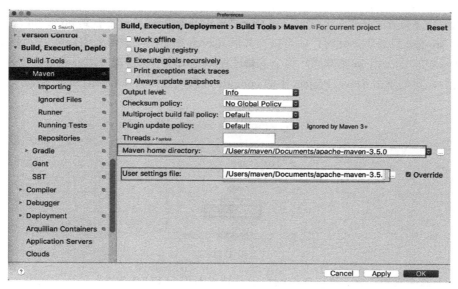

图 1-9

完成上述准备工作之后，我们开始搭建 OpenTSDB 的源码环境。首先从 OpenTSDB 的官方网站下载其 Source Code 压缩包，本书以 OpenTSDB-2.3.1 版本的源码为基础进行分析，该版本是笔者写作时的最新 Release 版本。

下载完成并解压缩之后，通过命令行窗口导航到加压后的文件夹中，并执行 sh build.sh pom.xml 命令，可以看到如下（图 1-10）输出：

```
→ opentsdb-2.3.1 sh build.sh pom.xml
+ test -f configure
+ ./bootstrap
autoreconf: Entering directory `.'
autoreconf: configure.ac: not using Gettext
autoreconf: running: aclocal --force -I build-aux
main::scan_file() called too early to check prototype at /usr/local/bin/aclocal line 617.
autoreconf: configure.ac: tracing
autoreconf: configure.ac: not using Libtool
autoreconf: running: /usr/local/bin/autoconf --force
autoreconf: configure.ac: not using Autoheader
autoreconf: running: automake --add-missing --copy --force-missing
Useless use of /d modifier in transliteration operator at /usr/local/share/automake-1.11/Automake/Wrap.pm line 58.
configure.ac:19: installing `build-aux/install-sh'
configure.ac:19: installing `build-aux/missing'
third_party/validation-api/include.mk:24: variable `VALIDATION_API_SOURCES' is defined but no program or
third_party/validation-api/include.mk:24: library has `VALIDATION_API' as canonical name (possible typo)
```

图 1-10

其中会使用到 autoconf 和 automake 两个工具，如果提示找不到 autoconf 和 automake 的相关命令，则需要读者进行安装。

待上述命令执行完毕之后，就可以在 OpenTSDB 源码的根目录下看到 pom.xml 配置文件及 src-main、src-test 目录了。此时，就可以将其以 maven 项目的形式导入 IDEA，之后 Maven 会自动将其依赖的 jar 包下载到本地，这个下载过程可能比较漫长，需要耐心等待。依赖 jar 包下载完成之后，我们单击 Mave Project 中的 compile 选项，开始编译 OpenTSDB 源码，如图 1-11 所示。

图 1-11

图 1-11 编译成功之后，可以在控制台中看到"BUILD SUCCESS"字样的输出，如图 1-12 所示。

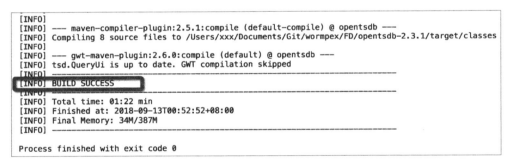

图 1-12

要启动 OpenTSDB，需要提供一个名为 opentsdb.conf 的配置文件，这里只列举启动 OpenTSDB 的最基本配置项，代码如下所示。

```
# OpenTSDB 监听的 HTTP 端口
tsd.network.port = 4242
# 存放静态文件目录
tsd.http.staticroot =/opentsdb-2.3.1/target/opentsdb-2.3.1/queryui
# cache 缓存目录
tsd.http.cachedir = /tmp
# 是否自动为 metric 创建对应的 UID，UID 的概念在第 2 章中详细介绍
tsd.core.auto_create_metrics = true
```

```
# OpenTSDB 底层使用 HBase 进行存储，这里需要指定 HBase 使用的 ZooKeeper 地址(逗号分隔)，
# 以及 HBase 中的 ROOT Region 地址位于哪个 znode 节点中
tsd.storage.hbase.zk_quorum =127.0.0.1:2181
tsd.storage.hbase.zk_basedir =/hbase-dev
```

安装 HBase 的过程本节并没有详细介绍，读者可以参考 HBase 的相关资料完成 HBase 集群的搭建。了解了 opentsdb.conf 配置文件中最基本的配置项之后，再以"--config"参数的形式将其传入 OpenTSDB，如图 1-13 所示，OpenTSDB 的入口类是 net.opentsdb.tools.TSDMain。

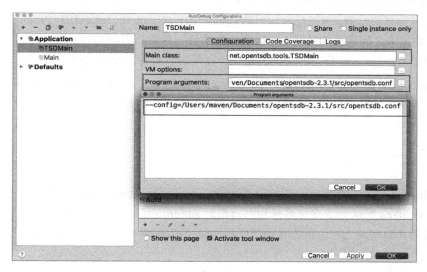

图 1-13

另外，我们需要在 HBase 中创建 OpenTSDB 使用的 4 张表，具体的创建语句如下：

```
create 'tsdb-uid',
  {NAME => 'id', COMPRESSION => 'SNAPPY', BLOOMFILTER => 'ROW'},
  {NAME => 'name', COMPRESSION => 'SNAPPY', BLOOMFILTER => 'ROW'}

create 'tsdb',
  {NAME => 't', VERSIONS => 1, COMPRESSION => 'SNAPPY', BLOOMFILTER => 'ROW'}

create 'tsdb-tree',
  {NAME => 't', VERSIONS => 1, COMPRESSION => 'SNAPPY', BLOOMFILTER => 'ROW'}

create 'tsdb-meta',
  {NAME => 'name', COMPRESSION => 'SNAPPY', BLOOMFILTER => 'ROW'}
```

在本书后面的章节中会详细介绍这 4 张表的功能和存储结构。

至此，OpenTSDB 的源码环境就搭建好了，可以通过前面配置的 TSDMain Application 完成 OpenTSDB 实例的启动。

笔者没有使用 OpenTSDB 自带的前端界面，而是选择了时下比较流行的 Grafana 作为时序数据的前端展示。Grafana 是一个可视化面板，其中提供了自定义 Dashboard 的功能，自带了功能齐全的图形显示组件，例如折线图、柱状图、仪表盘等，而且每种组件都能进行灵活的自定义，Grafana 的图表做得非常漂亮，布局展示也很合理。另外，Grafana 支持将多种时序数据库及监控系统作为其数据源，例如前面介绍的 OpenTSDB、Graphite、InfluxDB、Prometheus、Zabbix 等，当多个数据源之间进行切换时，无须重新熟悉另一套新的 UI 界面及操作方式，从而为我们节省了不少精力。Grafana 官方的文档也是比较完备的，对初次使用的用户来说非常友好。

Grafana 的安装非常简单，其官方网站也给出了各个系统下的详细安装方式。以笔者的 Mac 系统为例，使用 homebrew 进行安装，只需执行如下两条命令即可：

```
brew update
brew install grafana
```

安装 Grafana 之后，其默认监听端口为 3000，访问"http://localhost:3000"这个地址即可进入其主页。Grafana 默认的管理员账号和密码都是 admin，登录之后，将前面启动的 OpenTSDB 实例添加成为其数据源之一。首先找到"Data Sources"选项卡，如图 1-14 所示。

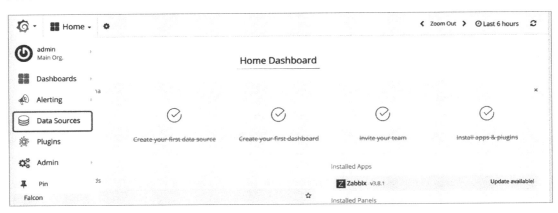

图 1-14

进入"Data Sources"页面之后，选择"Add data source"添加 OpenTSDB 类型的数据源，如图 1-15 所示，数据源的 Type 选择为 OpenTSDB，URL 设置为 OpenTSDB 监听的 IP 地址和端口，下方的 OpenTSDB 选择 2.3 版本。填写完成之后，单击"Save&Test"按钮，检测 Grafana

是否可以正常访问前面启动的 OpenTSDB 实例。

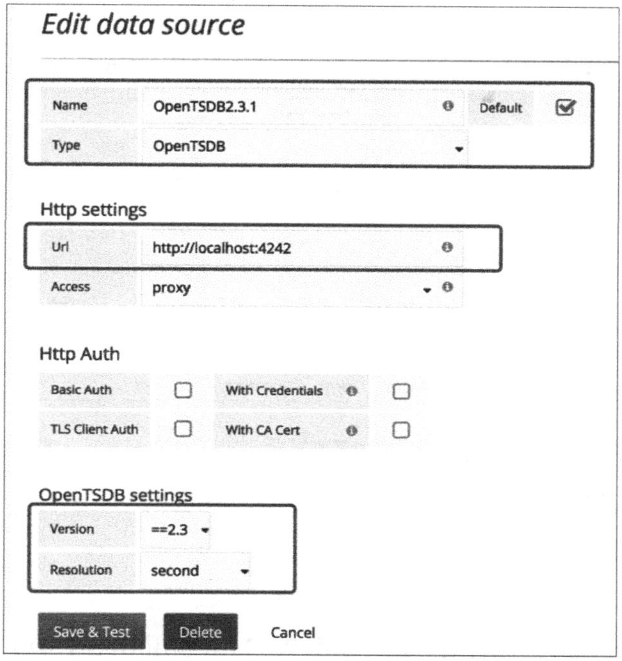

图 1-15

完成 DataSource 的配置之后，回到 Grafana 的主页，添加自定义 Dashboard，如图 1-16 所示，单击 "New Dashboard"。

图 1-16

在新建的 Dashboard 中，我们添加一个 Graph 图表，用来展示后面测试使用的时序数据，如图 1-17 所示。

图 1-17

下面指定该图表展示时序数据的 metric、tag 等信息，如图 1-18 所示，完成自定义 Dashboard

的配置之后记得保存。opentsdb_test 这条时序当前还没有数据，在后面将调用 OpenTSDB 的 HTTP 接口写入数据。

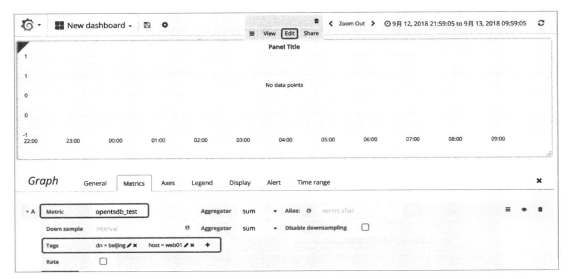

图 1-18

完成自定义 Dashboard 的配置之后，可以用 PostMan 调用 OpenTSDB 提供的 HTTP 接口写入时序数据，具体如图 1-19 所示，其中 JSON 描述了 opentsdb_test 时序中的一个点的必要信息。

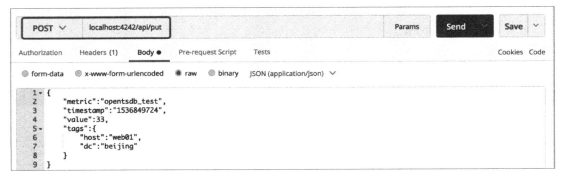

图 1-19

写入完成之后，回到 Grafana 中，刷新前面配置的 Dashboard，即可看到对应的点，如图 1-20 所示。

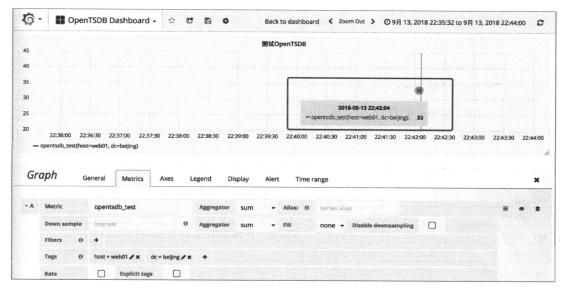

图 1-20

至此,OpenTSDB 的源码环境就全部搭建完成了。

1.3.4 HTTP 接口

OpenTSDB 提供了 HTTP 和 Telnet 两种风格的命令与客户端进行交互,笔者在实践中常用的是 HTTP 方式,本节将简单介绍 OpenTSDB 中提供的 HTTP 接口。

在 OpenTSDB 1.0 版本中提供了比较简单的 HTTP API 用于操作时序数据。在 OpenTSDB 2.0 版本中,HTTP API 的功能进一步得到加强,虽然 OpenTSDB 2.0 依然支持 1.0 版本提供的 HTTP API,但是按照官方的计划,在 OpenTSDB 3.0 中将不再支持 1.0 版本的 HTTP API,所以本节重点介绍的是 OpenTSDB 2.0 的 HTTP API。

OpenTSDB 2.0 提供的 HTTP API 都是以 "/api/" 开头的。在开始介绍这些 HTTP API 之前,先简单介绍一下其特征:

- 请求和响应默认使用 JSON 格式,如果读者需要支持其他格式,则可以参考 OpenTSDB 的官方文档添加相应的插件,这里不再展开介绍 OpenTSDB 添加插件的具体方式。
- OpenTSDB 2.0 提供的 HTTP API 还分为更细的小版本。如果需要明确使用某个特定的小版本,则可以在 URL 中指定,格式是 "/api/v<version>/<endpoint>",例如 "/api/v2/suggest"。如果不明确指定版本,则默认使用最新版本。
- OpenTSDB 2.0 支持 query param 的方式传递参数,同时支持 POST+JSON 的方式传递

参数。笔者推荐后者，因为可以避免在 URL 中编码复杂字符串，同时后者也没有参数长度的限制。
- OpenTSDB 2.0 提供的 HTTP API 是支持压缩传输的。只要将 HTTP 请求的"Content-Encoding"请求头设置成"gzip"即可。

了解了 OpenTSDB 2.0 HTTP API 的上述特性之后，下面详细介绍其具体的 HTTP API 接口，表 1-2 简单罗列了 HTTP 接口的功能及笔者在实践中使用的频率。

表 1-2

接　　口	功　　能	使 用 频 率
/api/put	保存时序数据	非常频繁
/api/query	查询时序数据	非常频繁
/api/uid	有三个子接口，分别用于分配 UID、操作 UIDMeta 及操作 TSMeta	频繁
/api/suggest	实现字符串的自动补全功能	频繁
/api/annotation	操作 Annotation 数据	频繁
/api/tree	其下有多个子接口，主要用于操作树形结构，例如操作 Tree、TreeRule、Branch 等	频繁
/api/search	查询 TSMeta、UIDMeta 等元数据，除了/api/search/lookup，其下其他子接口都需要插件支持	一般
/api/config	查询当前 OpenTSDB 实例的配置信息	不常用
/api/aggregators	查询当前 OpenTSDB 实例支持的聚合函数	不常用
/api/dropcaches	清除当前 OpenTSDB 实例中的缓存	不常用
/api/serializers	查询当前全部序列化器	不常用
/api/version	查询当前 OpenTSDB 实例的版本	不常用

下面对"/api/put"和"/api/query"两个接口进行较为详细的介绍，其他接口会在后面分析其对应功能时进行介绍。

put 接口

在上一节搭建 OpenTSDB 源码环境中提到，客户端可以通过"/api/put"接口将时序数据保存到 OpenTSDB 中。为了节省传输带宽，提高传输效率，该接口可以实现批量写入多个属于不同时序的点，OpenTSDB 在处理请求时，会将这些毫无关系的点分开单独处理，即使其中一个点存储失败，也不会影响其他点的保存。

当 OpenTSDB 处理完一次请求中所有的点（无论成功还是失败）之后，才会向客户端返回响应，如果一次请求中包含的点过多，则 OpenTSDB 响应请求的速度必然会变慢，所以建议读者在保存大量时序数据时进行分批处理。

另外，了解 HTTP 协议的读者知道，当 HTTP 请求体的大小超过一定限制之后，需要将其进行分块传输（Chunked Transfer）。为了处理分块传输的 HTTP 请求，OpenTSDB 提供了一个名为"tsd.http.request.enable_chunked"的配置，将其设置为 true（默认为 false），即可使 OpenTSDB 支持 HTTP 的 Chunked Transfer Encoding。

下面来看一个"/api/put"接口请求体的示例，其中每个点都包含了 metric、tags、timestamp、value 等必要信息：

```
[
    {
        "metric": "JVM_Heap_Memory_Usage_MB",
        "timestamp": 1525003500,
        "value": 1800,
        "tags": {
            "host": "server01",
            "instanceId": "Tomcat01"
        }
    },
    {
        "metric": "JVM_Heap_Memory_Usage_MB",
        "timestamp": 1525003520,
        "value": 2000,
        "tags": {
            "host": "server02",
            "instanceId": "Tomcat01"
        }
    }
]
```

在通过 put 接口进行写入操作时，还可以在 URL 上添加如下可选参数，用于更加精细地控制写入操作的行为及写入操作的返回值信息。

- **summary**：添加该参数之后，会返回写入操作的概述信息。
- **details**：添加该参数之后，会返回写入操作的详细信息。
- **sync**：添加该参数之后，此次写入操作为同步写入，即所有点写入完成（成功或失败）才向客户端返回响应，默认为异步写入。
- **sync_timeout**：同步写入的超时时间。

建议在测试环境中始终指定 details 和 summary 参数，其返回格式大致如下：

```
{
    "errors": [  // 具体错误信息
        {
            "datapoint": {
                "metric": "JVM_Heap_Memory_Usage_MB",
                "timestamp": 1525003620,
                "value": "NaN",
                "tags": {
                    "host": "server02",
                    "instanceId": "Tomcat01"
                }
            },
            "error": "Unable to parse value to a number"
        }
    ],
    "failed": 1,  // 保存失败点的个数
    "success": 0  // 成功保存点的个数
}
```

最后，OpenTSDB 中有一个与写入操作紧密相关的配置项——"tsd.mode"配置，它决定了当前 OpenTSDB 实例处于"只读状态"还是"读写状态"，对应的配置值分别是"ro"和"rw"（默认值）。当写入操作一直失败时，读者可以先检查一下该配置项是否正确。

query 接口

"/api/query"接口是 OpenTSDB 提供给客户端查询时序数据的主要接口，下面来看"/api/query"接口请求体的大致格式，代码如下，其中最重要的是 start 和 end 字段，它们指定此次查询操作的起止时间戳。

```
{
    "start":1525037375896,  // 该查询的起始时间
    "end":1525080575896,    // 该查询的结束时间
    "globalAnnotations":false,  // 查询结果中是否返回 global annotation
    "noAnnotations":false   // 查询结果中是否返回 annotation
    "msResolution":false,   // 返回的点的精度是否为毫秒级，如果该字段为 false,
                            // 则同一秒内的点将按照 aggregator 指定的方式聚合得到该秒的最终值
```

```
    "showTSUIDs":true        // 查询结果中是否携带 tsuid
    "showQuery":true,        // 查询结果中是否返回对应的子查询
    "showSummary":false,     // 查询结果中是否携带此次查询时间的一些摘要信息
    "showStats":false,       // 查询结果中是否携带此次查询时间的一些详细信息
    "delete":false,          // 注意：如果该值设置为 true，则所有符合此次查询条件的点都会被删除
    "queries":[
        // 子查询，这里可以包含多条相互独立的子查询，下面紧接着会详细介绍子查询的内容
    ],
}
```

上述请求体中的 queries 字段可以包含多条相互独立的子查询（在查询请求中至少要包含一个子查询）。子查询分为 Metric Query 和 TSUIDS Query 两种类型，TSUIDS Query 可以看作 Metric Query 的优化。

- **Metric Query**：指定完整的 metric、tag 及聚合信息。
- **TSUID Query**：指定一条或多条 tsuid，不再指定 metric、tag 等。

在 Metric Query 中需要明确指定 metric、Tag 组合等信息，具体格式如下所示。

```
{
    "metric":"JVM_Heap_Memory_Usage_MB",  // 查询使用的 metric
    "aggregator":"sum",                    // 使用的聚合函数
    "downsample":"30s-avg",                // 采样时间间隔和采样函数
    "tags":{                               // tag 组合，在 OpenTSDB 2.0 中已经标记为废弃
                                           // 推荐使用下面的 filters 字段
        "host":"server01",
    }
    "filters":[]                           // TagFilter，下面将详细介绍 Filter 相关的内容
    "explicitTags":false                   // 查询结果是否只包含 filters 中出现的 tag
    "rate":false,                          // 是否将查询结果转换成 rate
    "rateOption":{}                        // 记录了 rate 相关的参数，具体参数后面会进行介绍
}
```

TSUIDS Query 相对 Metric Query 来说简单很多，其具体格式如下所示：

```
{
    "aggregator":"sum",        // 使用的聚合函数
    "tsuids":[                 // 查询的 tsuid 集合，这里读者可以将 tsuid
                               // 理解成时序数据的 id，后面会介绍其具体的组成部分
```

```
            "000001000002000042",
            "000001000002000043"
        ]
}
```

Timestamp

在 OpenTSDB 的查询中支持两种类型的时间：绝对时间和相对时间。绝对时间主要用于精确指定查询的起止时间，例如 2018-09-29 08:01:23~2018-09-29 09:05:10；相对时间主要用于指定查询的时间范围，例如 3h-ago（查询的结束时间是当前时间，起始时间是 3 小时之前）。

绝对时间的格式（yyyy/MM/dd-HH:mm:ss）相信读者都十分清楚，这里不再详细介绍。这里重点介绍相对时间的格式：<amount><time unit>-ago。相对时间由三部分构成，amount 表示时间跨度（对应上述示例中的 3），time unit 表示时间跨度的单位（对应上述示例中的 h），以及固定的"-age"。除了 h（小时）这个时间单位，相对时间还支持如下单位：

```
ms - Milliseconds
s  - Seconds
m  - Minutes
h  - Hours
d  - Days (24 hours)
w  - Weeks (7 days)
n  - Months (30 days)
y  - Years (365 days)
```

除了在指定查询时间的场景，在 Downsampling 等操作时也会涉及类似的格式（但是含义完全不同），希望读者注意区分。

OpenTSDB 存储时间序列的最高精度是毫秒。在使用毫秒精度时，HBase RowKey 中的时间戳占用 6 个字节，而使用秒精度的时候，RowKey 中的时间戳部分占用 4 个字节。即使使用了毫秒精度进行存储，在查询的时候，OpenTSDB 默认返回的时序数据也是秒级的，OpenTSDB 默认会按照查询中指定的聚合方式对 1 秒内的时序数据进行采样聚合，形成最终的查询结果。如果需要返回毫秒级的时间序列，则需要在查询中设置 msResolution 参数，在后面的分析中会看到 OpenTSDB 对毫秒级时序数据的处理方式。

Filtering

OpenTSDB 中的 Filter 类似于 SQL 语句中的 Where 子句，主要用于 tagv 的过滤。当在同一子查询中使用多个 Filter 进行过滤时，这些 Filter 之间的关系是 AND。如果多个 Filter 同时对一组 Tag 进行过滤，那么只要有一个 Filter 开启了分组功能，就会按照该 Tag 进行分组。下面来看指定一个 Filter 的具体格式：

```
{
    "type":"wildcard",    // Filter 类型，可以直接使用 OpenTSDB 中内置的 Filter，也可以通过插
                          // 件的方式增加自定义的 Filter 类型
    "tagk":"host",        // 被过滤的 TagKey
    "filter":"*",         // 过滤表达式，该表达式作用于 TagValue 上，不同类型的 Filter 支持
                          // 不同形式的表达式
    "groupBy":true        // 是否对过滤结果进行分组（group by），默认为 false，即查询结果会被聚
                          // 合成一条时序数据
}
```

在 OpenTSDB 中提供了几个比较实用的内置 Filter 类型，这些 Filter 类型可以直接使用，无须编写插件，具体如下。

- **literal_or、ilteral_or 类型**：literal_or 类型的 Filter 的表达式支持单个字符串，也支持使用 "|" 连接多个字符串，使用方式如下。

```
{
    "type":"literal_or",
    "tagk":"host",
    "filter":"server01|server02|server03",
    "groupBy":false
}
```

其含义与 SQL 语句中的 "WHERE host IN('server01',' server02','server03')" 相同。ilteral_or 是 literal_or 的大小写不敏感版本，使用方式与 literal_or 一致。

- **not_literal_or、not_ilteral_or 类型**：与 literal_or 的含义相反，使用方式与 literal_or 一致。例如：

```
{
    "type":"not_literal_or",
    "tagk":"host",
    "filter":"server01|server02 ",
    "groupBy":false
}
```

其含义与 SQL 语句中的 "WHERE host NOT IN('server01',' server02)" 相同。not_ilteral_or

是 not_literal_or 的大小写不敏感版本，使用方式与 not_literal_or 一致。
- **wildcard、iwildcard 类型**：wildcard 类型的 Filter 提供了前缀、中缀、后缀的匹配功能，其中支持使用"*"通配符匹配任何字符，其表达式中可以包含多个（但至少包含一个）"*"通配符。其使用方式如下所示。

```
{
    "type":"wildcard",
    "tagk":"host",
    "filter":"server*",
    "groupBy":false
}
```

iwildcard 是 wildcard 的大小写不敏感版本，使用方式与 wildcard 一致。
- **regexp**：regexp 类型的 Filter 提供了正则表达式的过滤功能，其使用方式如下。

```
{
    "type":"regexp",
    "tagk":"host",
    "filter":".*",
    "groupBy":false
}
```

其含义与 SQL 语句中的 "WHERE host REGEXP '.*'" 相同。
- **not_key**：not_key 类型的 Filter 提供了过滤指定 TagKey 的功能，其使用方式如下。

```
{
    "type":"not_key",
    "tagk":"host",
    "filter":"",
    "groupBy":false
}
```

其含义是跳过任何包含 host 这个 TagKey 的时序，注意，其 Filter 表达式必须为空。

读者可以看一下 Grafana 的查询界面，可以找到相应的 Filter 对应的配置项，具体如图 1-21 所示。

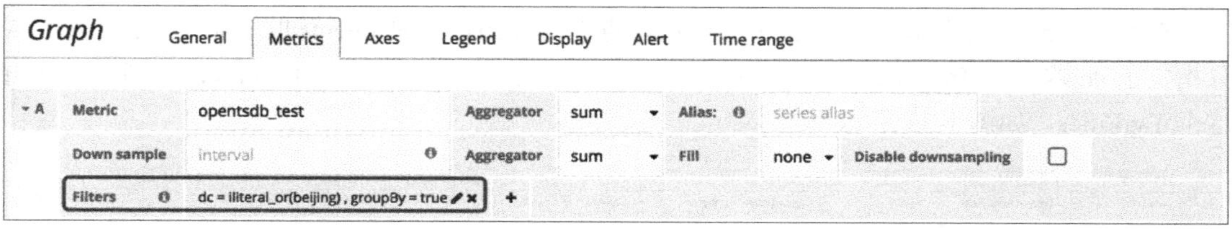

图 1-21

有些读者可能会问，Metric Query 子查询中的 tags 是不是与这里的 filters 功能类似？没错，从 OpenTSDB 2.2 开始，tags 字段被标记为废弃，转而使用 filters 字段实现 tags 的功能，从本节的介绍也可以看出，filters 字段所能实现的功能是 tags 字段的超集。

后面的章节会详细介绍 OpenTSDB 提供的这些内置 Filter 的具体实现。如果上述 OpenTSDB 的内置 Filter 不能满足需求，那么读者还可以自定义 Filter，后面还会简单介绍如何自定义 Filter。

Aggregation

通过前面的介绍，我们了解了 OpenTSDB 使用 tag 组合方式管理时序数据所带来的灵活性。OpenTSDB 可以让用户从更高层次、更加宏观的角度来查看时序数据。例如，OpenTSDB 中存储了一个 Tomcat 集群的监控数据，作为一个开发或运维人员，我们最想先了解的是整个 Tomcat 集群的健康情况，如果发现了异常情况，则查找集群中某个机房 Tomcat 的情况，定位到某台服务器或某个 Tomcat 实例，进行更加深入的分析和处理。这仅仅是时序数据使用的一种场景，可以反映出宏观数据的重要性。

为了支持上述场景，OpenTSDB 提供了聚合功能（Aggregation）。OpenTSDB 的聚合功能是将多条时序数据聚合成一条时序数据。这里依然通过示例介绍"聚合"的概念。继续前面源码环境搭建的示例，我们先使用 PostMan 写入一个点，如图 1-22 所示，其中 host 的 tagk 对应的 tagv 为 web02。

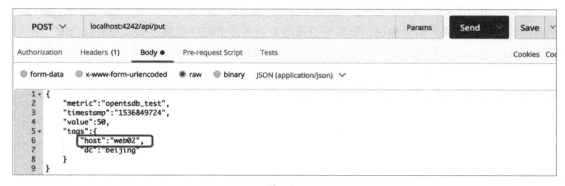

图 1-22

在 Grafana 中配置 A、B、C 三个子查询，查询的 metric 都是 opentsdb_test，但是子查询 A 只指定了 dc 这一个 TagFilter，而子查询 B 和子查询 C 除了指定 dc 这个 TagFilter，还指定了 host 这个 TagFilter，如图 1-23 所示。

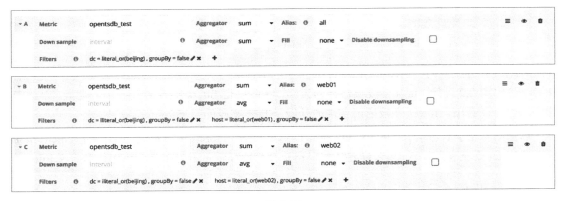

图 1-23

注意，子查询 A 中的 Aggregator 字段设置成了 sum。得到的查询结果如图 1-24 所示。

图 1-24

显然，图中子查询 A 的结果是子查询 B 和子查询 C 的结果之和，也就是前面 Aggregator 指定函数的计算结果。简单地说，如果子查询结果包含多个时序数据，那么 OpenTSDB 会按照其指定 Aggregator 函数对这些时序数据进行聚合，得到一条时序数据返回。

此时，如果将子查询 A 的 Aggregator 指定成 avg，则会得到图 1-25 展示的结果，其中子查询 A 的结果是子查询 B 和子查询 C 的结果的平均值。

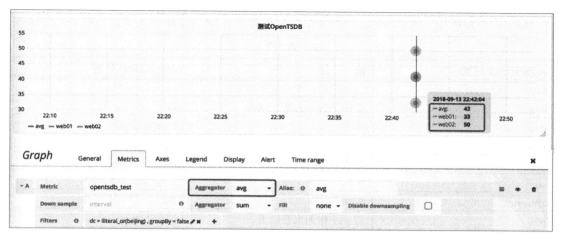

图 1-25

有的读者可能会问，如果在某个时序中的某个（或是某几个）时间点上的点丢失了，那么该如何进行聚合呢？OpenTSDB 会将丢失的点当作 0、MAX、MIN，还是会忽略该时间点呢？在 OpenTSDB 中提供了 Interpolation 来解决该问题。目前 OpenTSDB 支持如下四种类型的 Interpolation。

- **LERP（Linear Interpolation）**：根据丢失点的前后两个点估计该点的值。例如，时间戳 t1 处的点丢失，则使用 t0 和 t2 两个点的值（其前后两个点）估计 t1 的值，公式是 v1=v0+(v2-v0)×((t1-t0)/ (t2-t0))。这里假设 t0、t1、t2 的时间间隔为 5s，v0 和 v2 分别是 10 和 20，则 v1 的估计值为 15。如图 1-26 所示。

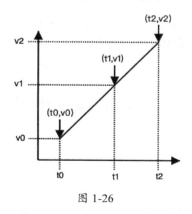

图 1-26

- **ZIM（Zero if missing）**：如果存在丢失点，则使用 0 进行替换。
- **MAX**：如果存在丢失点，则使用其类型的最大值替换。
- **MIN**：如果存在丢失点，则使用其类型的最小值替换。

最后简单介绍几个常用的 Aggregator 函数及其使用的 Interpolation 类型，如表 1-3 所示。

表 1-3

Aggregator 函数	描　　述	Interpolation 类型
avg	计算平均值作为聚合结果	Linear Interpolation
count	点的个数作为聚合结果	ZIM
dev	标准差	Linear Interpolation
min	最小值作为聚合结果	Linear Interpolation
max	最大值作为聚合结果	Linear Interpolation
sum	求和	Linear Interpolation
zimsum	求和	ZIM
p99	将 p99 作为聚合结果	Linear Interpolation

OpenTSDB 提供的其他聚合方式，这里不再一一展示，读者可以参看 OpenTSDB 的官方参考文档，或者访问 OpenTSDB 的"/api/aggregators"接口获取 Aggregator 函数的列表。在后面分析 OpenTSDB 的具体实现时，将详细介绍聚合的实现方法。

Downsampling

在有些查询中，时间跨度比较大，如果按照秒级精度查询，那么得到的查询结果中，点非常多，将它们展示在有限的界面上，显得非常拥挤。OpenTSDB 提供了采样（Downsampling）功能，也就是将同一时序中临近的多个点，按照指定的方式聚合成一个点，在采样返回的结果中，点的时间精度就会变大，点的个数就会变少。下面依然通过一个示例来帮助读者理解 Downsampling 的概念。

首先以秒级精度查询某个 tomcat 实例的 JVM_Heap_Memory_Usage_MB 指标，当时间范围跨越几个小时甚至更长的时候，返回的点就已经很多了，展示在 Grafana 页面中就会变成图 1-27 所示的样子。这种展示效果带给用户的体验非常不好，并且传输大量的点也会浪费带宽。

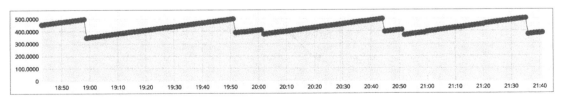

图 1-27

为了减少查询结果的点的个数，可以通过参数指定 OpenTSDB 对查询结果进行采样，例如按照 5m-avg 的方式进行采样。这里的"5m-avg"参数由两个核心部分构成：第一部分是采样的时间范围，即 5 分钟进行一次采样；第二部分是采样使用的聚合函数，这里使用的是 avg（平均值）的聚合方式。所以"5m-avg"这个参数的含义就是每 5 分钟为一个采样区间，将每个区间的平均值作为返回的点。按照 5m-avg 方式进行采样得到的结果中，每个点之间的时间间隔为 5 分钟，其展示在 Grafana 的图表中的内容就会清晰很多，如图 1-28 所示。如果查询的时间跨度继续增大，那么也可以增大采样的时间区间，减少返回的点，从而保证展示的清晰。

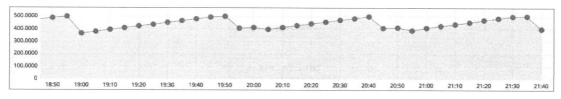

图 1-28

与前面介绍的 Aggregation 类似，时序数据的丢失也会对 Downsampling 处理结果产生一定的影响。OpenTSDB 也为 Downsampling 提供了相应的填充策略，相较于前面介绍的 Interpolation，Downsampling 的填充策略比较简单，如下所示。

- **None（none）**：默认填充策略，当 Downsampling 结果中缺少某个节点时，不会进行处理，而是在进行 "Aggregator" 时通过相应的 interpolation 进行填充。
- **NaN（nan）**：当 Downsampling 结果中缺少某个节点时，会将其填充为 NaN，在进行 "Aggregation" 时会跳过该点。
- **Null（null）**：与 NaN 类似。
- **Zero（zero）**：当 Downsampling 结果中缺少某个节点时，会将其填充为 0。

执行顺序

至此我们知道，OpenTSDB 在处理一个子查询的时候，会涉及过滤、聚合、分组、采样等很多步骤。为了写出正确的查询，需要了解这些步骤的执行顺序，如图 1-29 所示。

在这些步骤中，Filting、Downsampling、Interpolation、Aggregation 这 4 个步骤在前面的章节中已经详细介绍过了。

下面简单介绍一下剩余的 4 个步骤，首先是 Grouping，在前面介绍 TagFilter 时可以看到其中有一个 groupBy 字段，当将它设置成 true 时，OpenTSDB 会根据该 tag 中的 tagv 进行分组，读者可以将其与 SQL 语句中的 group by 子句进行类比。

这里依然延用前文的示例进行说明，我们在子查询 A 中添加一个 host 关联的 TagFilter，并将其中的 groupBy 字段设置为 true，如图 1-30 所示。其中子查询 A 返回了两个点，分别是按照 web01、web02（host 这个 tagk 对应的 tagv）进行分组之后的结果（与子查询 B 和子查询 C 的结果重合）。

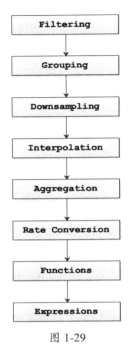

图 1-29

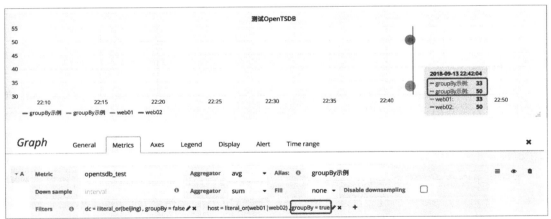

图 1-30

接下来介绍 Rate Conversion。在现实生活中，某些值随时间的推移只会不断增长，而不会减少，其相关的时序表现形式就是一路增长，例如网站访问量、帖子的点击量、某个商店的点单总量等。在这种场景下，总量对我们来说并没有太大的参考价值，真正有参考意义的是增长率。当然，我们可以手动选定两个时间点，并计算这个两点之间的增长率，这种方法虽然可行但比较笨拙，OpenTSDB 提供了 Rate Conversion 来实现该功能。

在前面介绍的子查询中，有两个字段与 Rate Conversion 相关，如下所示。

- **rate 字段**：表示是否进行 Rate Conversion 操作。
- **rateOptions 字段**：记录 Rate Conversion 操作的一些参数，该字段是一个 Map，其中的字段及含义如下。
  - **counter 字段**：参与 Rate Conversion 操作的时序记录是否为一个会溢出（rollover）的单调递增值。
  - **counterMax 字段**：时序的最大值，在后面的示例中会介绍该值的使用方式。
  - **resetValue 字段**：当计算得到的比值超过该字段值时会返回 0，主要是防止出现异常的峰值。
  - **dropResets 字段**：是否直接丢弃 resetValue 的点或出现 rollover 的点。

有的读者可能对 counterMax 和 resetValue 两个字段的功能有些困惑，这里通过官方文档中的一个简单示例进行说明。假设有一条时序记录的是一个单调递增的值，我们的系统中使用 2 byte 来记录该值，当该值增加到 65535 之后会发生溢出并从 0 继续开始增长。假设 t0 时刻的点为 64000，t0～t1 这段时间发生了溢出，t1 时刻的点为 1000，此时计算 rate 就会得到一个负值。为了避免这种情况，可以通过 counterMax 得到正确的值，将 counterMax 设置为 65535，OpenTSDB 在计算时发现 t1 的值小于 t0 的值，就会将 65535 − 64000 + 1000 = 2535 作为差值参与 rate 运算，这样在单调递增的情况下，就会因为溢出而出现异常数据。

虽然 counterMax 可以解决溢出的问题，但解决不了系统重启的问题。在不进行持久化的场景下，当系统重启之后该单调递增值会从 0 开始。假设 t0 为 2000，重启后的 t1 为 500，根据上面的描述，OpenTSDB 会将 65535 − 2000 + 500 = 64035 作为差值，得到的 rate 将出现一个巨大的峰值。OpenTSDB 会通过 resetValue 削掉这个波峰，这里将 resetValue 设置为 100，计算得到的 rate 超过该值时会返回 0，而不是那个异常的波峰值。

OpenTSDB 除返回基本的时序数据外，还提供了一些简单的内置函数，例如 highestMax()、timeShfit()函数等。另外 OpenTSDB 还支持简单的表达式，例如简单四则运算及类似(m2 / (m1 + m2)) × 100 等复合运算。这两个功能分别对应了前面提到的 Functions 步骤和 Expressions 步骤，OpenTSDB 提供的内置函数及支持的表达式，留给读者阅读官方文档进行学习，这里不再一一列举，相信读者在拿到基础的时序数据之后，都能够实现 OpenTSDB 中的函数和表达式。

最后，总结一下 OpenTSDB 处理查询的整个流程：当 OpenTSDB 接收查询请求时，首先会验证 metric、tagk、tagv 是否存在，若其中任何一项不存在，则直接返回错误信息。验证完成之后，OpenTSDB 会初始化用于查询 HBase 表的 Scanner 对象，根据 metric、timestamp、tagk、tagv 确定扫描的起止 RowKey 位置，然后开始 HBase 表的扫描过程。当所有符合过滤条件的时序数据都被查询出来之后，OpenTSDB 会按照查询指定的 tagv 进行分组（Grouping）。分组完成之后，会根据 downsample 字段指定的方式对每组时序数据执行采样操作（Downsampling）。

完成采样（Downsampling）之后，OpenTSDB 会在每个分组内，按照查询中 aggregator 字段指定的聚合方式将多条时序数据聚合成一条，在聚合过程中如果发现有丢失的点，则使用相应的 Interpolation 填充丢失的点。聚合完成之后，会根据查询中指定的参数完成 Rate Conversion 操作计算 rate 值。如果在查询中使用了函数或表达式，则同样在此时进行计算，至此就得到了最终的查询结果，可以将其返回给客户端。

其他接口

前面两节中分别介绍了 put 和 query 接口，它们是 OpenTSDB 最核心、最重要的接口。由于篇幅限制，这里只对相对比较常用的接口做简单介绍。

- /api/suggest 接口：该接口的主要功能是根据给定的前缀查询符合该前缀的 metric、tagk 或 tagv，主要用于给页面提供自动补全功能。如果读者使用 Grafana 配置了前面介绍的示例，那么应该体会到这种自动补全的便捷性。suggest 接口的请求格式大致如下。

```
{
  "type":"metrics",   // 查询的字符串的类型，可选项有 metrics、tagk、tagv
  "q":"sys",          // 字符串前缀
  "max":10            // 此次请求返回值携带的字符串个数的上限
}
```

- /api/query/exp 接口：该接口支持表达式查询。
- /api/query/gexp 接口：该接口主要是为了兼容 Graphite 到 OpenTSDB 的迁移。
- /api/query/last 接口：在有些场景中，只需要一条时序数据中最近的一个点的值，OpenTSDB 通过该接口支持该功能。
- /api/uid/assign 接口：该接口主要为 metric、tagk、tagv 分配 UID，UID 的相关内容和分配的具体实现在后面会进行详细分析。
- /api/uid/tsmeta 接口：该接口支持查询、编辑、删除 TSMeta 元数据。
- /api/uid/uidmeta 接口：该接口支持编辑、删除 UIDMeta 元数据。
- /api/annotation 接口：该接口支持添加、编辑、删除 Annotation 数据。

1.3.5 示例分析

完成 OpenTSDB 源码环境的搭建之后，可以看到 net.opentsdb.examples 包下有两个示例程序，其中 AddDataExample 是时序数据写入的示例，该示例大概有 150 行代码，展示了使用 TSDB

写入时序数据的基本实现，其 main()方法的具体实现如下所示：

```java
public static void main(final String[] args) throws Exception {
    // 第一个命令行参数可以是前面介绍的 opentsdb.conf 文件的路径，这里会调用 processArgs(args)方
    // 法解析命令行参数，并记录 opentsdb.conf 配置文件的位置(略)

    final Config config;
    if (pathToConfigFile != null && !pathToConfigFile.isEmpty()) {
      config = new Config(pathToConfigFile); // 使用指定的 opentsdb.conf 文件创建 Config 对象
    } else { // 未指定配置文件的位置，在默认位置查找 opentsdb.conf 文件并创建 Config 对象
      config = new Config(true);
    }
    final TSDB tsdb = new TSDB(config); // 创建 TSDB 对象，它是 OpenTSDB 的核心组件之一

    String metricName = "my.tsdb.test.metric"; // 指定写入时序的 metric
    byte[] byteMetricUID;
    try {
      // 检测指定的 metric 是否已经存在对应的 UID，UID 的概念将在后面的章节中详细介绍
      byteMetricUID = tsdb.getUID(UniqueIdType.METRIC, metricName);
    } catch (IllegalArgumentException iae) {
      ... ... // 出现此类异常，直接退出程序(略)
    } catch (NoSuchUniqueName nsune) {
      // 出现 NoSuchUniqueName 异常，则表示该 metric 不存在对应的 UID
      byteMetricUID = tsdb.assignUid("metric", metricName);
    }

    long timestamp = System.currentTimeMillis() / 1000; // 写入点的时间戳
    long value = 314159; // 写入点的值
    Map<String, String> tags = new HashMap<String, String>(1); // 记录写入时序的 tag 信息
    tags.put("script", "example1");

    int n = 100;
    ArrayList<Deferred<Object>> deferreds = new ArrayList<Deferred<Object>>(n);
    for (int i = 0; i < n; i++) {
      // 循环调用 TSDB.addPoint()方法，写入时序数据
      Deferred<Object> deferred = tsdb.addPoint(metricName, timestamp, value + i, tags);
      deferreds.add(deferred);
      timestamp += 30;
```

```
    }

    // 前面的写入都是异步的，在这里添加回调对象处理写入成功(或失败)后的结果
    Deferred.groupInOrder(deferreds).addErrback(new AddDataExample().new errBack())
        .addCallback(new AddDataExample().new succBack()).join();

    tsdb.shutdown().join();    // 关闭 TSDB 实例
}
```

通过该示例可以看到，OpenTSDB 写入时序数据的核心操作是在 TSDB.addPoint()方法中完成的，此内容在后面的章节中会进行详细分析，这里读者需要关注的是整个写入的流程。

下面继续来看 QueryExample 示例，它展示了 OpenTSDB 查询一条时序数据的基本流程，其 main()方法的具体实现如下所示。

```
public static void main(final String[] args) throws IOException {

    // 根据指定的(或默认的)opentsdb.conf 配置文件创建 Config 对象，该过程与前面 AddExample 中
    // 创建 Config 对象的过程类似，这里不再展开赘述(略)
    final TSDB tsdb = new TSDB(config);

    // 创建 TSQuery 对象，它对应的是前面介绍的主查询，其中可以包含多个子查询
    final TSQuery query = new TSQuery();
    // 设置主查询的起止时间
    query.setStart("1h-ago");

    // 创建 TSSubQuery 对象，它对应的是前面介绍的子查询
    final TSSubQuery subQuery = new TSSubQuery();
    // 指定该子查询需要查询的 metric
    subQuery.setMetric("my.tsdb.test.metric");

    // 在该子查询中添加 TagVFilter
    final List<TagVFilter> filters = new ArrayList<TagVFilter>(1);
    filters.add(new TagVFilter.Builder().setType("literal_or").setFilter("example1")
        .setTagk("script").setGroupBy(true).build());
    subQuery.setFilters(filters);

    // 设置子查询的 Aggregator 字段
```

```java
subQuery.setAggregator("sum");

// 将子查询添加到主查询中，可以在 subQueries 集合中添加多条子查询(即多个 TSSubQuery 对象)
final ArrayList<TSSubQuery> subQueries = new ArrayList<TSSubQuery>(1);
subQueries.add(subQuery);
query.setQueries(subQueries);
query.setMsResolution(true);  // 设置返回时序数据的时间精度

query.validateAndSetQuery();  // 检测整个 TSQuery 主查询是否合法
// 创建 TSQuery 的过程与前面手动使用 Grafana 配置 Dashboard 的过程十分类似，
// 其中参数字段与前文介绍的内容也能一一对应

// 将 TSQuery 编译成 TsdbQuery 对象，这才是 OpenTSDB 内部使用的对象
Query[] tsdbqueries = query.buildQueries(tsdb);

final int nqueries = tsdbqueries.length;
final ArrayList<DataPoints[]> results = new ArrayList<DataPoints[]>();  // 记录查询结果
final ArrayList<Deferred<DataPoints[]>> deferreds =
    new ArrayList<Deferred<DataPoints[]>>(nqueries);

// 调用 TsdbQuery 的 runAsync() 方法扫描 HBase 表得到时序数据，该方法是一个异步方法
for (int i = 0; i < nqueries; i++) {
  deferreds.add(tsdbqueries[i].runAsync());
}

// QueriesCB 这个 Callback 实现负责将查询到的时序数据添加到 results 集合中
class QueriesCB implements Callback<Object, ArrayList<DataPoints[]>> {
  public Object call(final ArrayList<DataPoints[]> queryResults) throws Exception {
    results.addAll(queryResults);
    return null;
  }
}

// QueriesEB 这个 Callback 实现主要负责处理查询 HBase 表过程中的异常
class QueriesEB implements Callback<Object, Exception> {
  ... ...  // QueriesEB 的具体实现会打印堆栈信息(略)
}
```

```java
try {
    // 前面的 runAsync() 方法是异步的，这里添加 QueriesCB 和 QueriesEB 两个回调，并等待查询结束
    Deferred.groupInOrder(deferreds).addCallback(new QueriesCB())
        .addErrback(new QueriesEB()).join();
} catch (Exception e) {
    e.printStackTrace();
}

for (final DataPoints[] dataSets : results) { // 遍历查询到的时序数据，开始输出
    for (final DataPoints data : dataSets) {
        System.out.print(data.metricName()); // 输出时序数据的 metric
        Map<String, String> resolvedTags = data.getTags();
        for (final Map.Entry<String, String> pair : resolvedTags.entrySet()) {
            System.out.print(" " + pair.getKey() + "=" + pair.getValue());//输出时序数据的 tag
        }
        System.out.print("\n");
        final SeekableView it = data.iterator();
        while (it.hasNext()) { // 遍历时序中的点并输出
            final DataPoint dp = it.next();
            System.out.println("  " + dp.timestamp() + " "
                + (dp.isInteger() ? dp.longValue() : dp.doubleValue()));
        }
        System.out.println("");
    }
}
tsdb.shutdown().join(); // 关闭 TSDB 实例
}
```

通过该实例可以看出，OpenTSDB 扫描 HBase 表获取时序数据的核心操作是在 TsdbQuery.runAsync() 方法中完成的（OpenTSDB 还有别的组件可以完成时序数据查询的功能），在后面的章节中会详细分析，这里读者需要关注的是整个查询流程。

1.4 本章小结

本章首先通过示例对时序数据进行了清晰的介绍，然后介绍了时序数据库应该具备的基本特征。之后列举了一些比较热门的开源时序数据库产品，例如 InfluxDB、Graphite、OpenTSDB 等，并简单介绍了其背景和特点。另外，还简单提到了一些云厂商的时序数据库产品，例如

HiTSDB。

接下来介绍 OpenTSDB 的基础知识，并对 HBase 进行了简单介绍，然后详细介绍了搭建 OpenTSDB 源码环境的步骤，还提到了 Grafana 的安装及它如何配合 OpenTSDB 使用。之后简单介绍了 OpenTSDB 中最常用的 API，其中重点分析了 put 和 query 这两个核心接口。最后，分析了一下 OpenTSDB 源码中提供的 AddDataExample 和 QueryExample 两个示例，让读者初步了解了 OpenTSDB 读写时序数据的大致过程。希望读者跟随本章的介绍，完成 OpenTSDB 源码环境的搭建，了解 Grafana 的安装和使用，并亲自动手实现本章中的小实例，熟悉 OpenTSDB 提供的 API 接口，为后续分析 OpenTSDB 的源码实现打下基础。

第 2 章
网络层

OpenTSDB 的网络层是使用 Netty 3 实现的,本章首先介绍 NIO 的基础知识,然后介绍 Netty 3 的大致原理和基本使用方式,最后详细介绍 OpenTSDB 中定义的 ChannelHandler 和 OpenTSDB 网络层的具体实现。

2.1 Java NIO 基础

本节将介绍 Java NIO 的基础知识,熟悉 Java 编程的读者应该了解,Java NIO 提供了实现 Reactor 模式的 API,Reactor 模式是一种基于事件驱动的模式。常见的单线程 Java NIO 的编程模型(也就是 Reactor 单程模型)如图 2-1 所示。

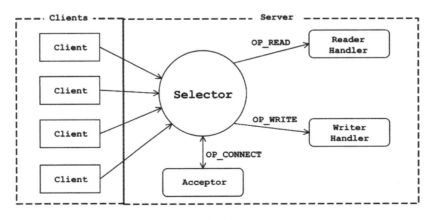

图 2-1

下面简单介绍其工作原理：

（1）创建 ServerSocketChannel 对象并在 Selector 上注册 OP_ACCEPT 事件，ServerSocketChannel 负责监听指定端口上的连接请求。

（2）当客户端发起到服务端的网络连接时，服务端的 Selector 监听到此 OP_ACCEPT 事件，会触发 Acceptor 来处理 OP_ACCEPT。

（3）当 Acceptor 收到来自客户端的 Socket 连接请求时，会为这个连接创建相应的 SocketChannel，并将 SockChannel 设置为非阻塞模式，在 Selector 上注册其关注的 I/O 事件，例如，OP_READ、OP_WRITE。此时，客户端与服务端之间的 Socket 连接正式建立完成。

（4）当客户端通过上面建立的 Socket 连接向服务端发送请求时，服务端的 Selector 会监听到 OP_READ 事件，并触发执行相应的处理逻辑（图 2-1 中的 Reader Handler）。当服务端可以向客户端写数据时，服务端的 Selector 会监听到 OP_WRITE 事件，并触发执行相应的处理逻辑（图 2-1 中的 Writer Handler）。

注意，这里所有事件的处理逻辑都是在同一线程中完成的。这种设计比较适合客户端这种并发连接数较小、数据量较小的场景，例如，Kafka 中的 Producer 和 Consumer 都使用了这种设计。但是，如果在服务端使用这种单线程的模式，则很难完全发挥服务器的硬件性能。例如，请求的处理过程比较复杂，造成了线程阻塞，那么所有后续请求都无法被处理，这就会导致大量的请求超时。另外，一条线程只能运行在一个 CPU 上，这也就造成了服务器计算资源的浪费。为了避免上述情况的发生，要求服务端在读取请求、处理请求及发送响应等各个环节必须能迅速完成，这就提高了编程难度，也提高了对开发人员的要求。

为了满足高并发的需求，并充分利用服务器的硬件资源，服务端需要使用多线程来执行业务逻辑。我们对上述架构稍作调整，将网络读写的逻辑与业务处理的逻辑进行拆分，由不同的线程池来处理，从而实现多线程处理。这也就是常说的 Reactor 多线程模型，其设计架构如图 2-2 所示。

图 2-2 中的 Acceptor 单独运行在一个线程中，也可以使用单线程的 ExecutorService 实现，因为 ExecutorService 会在线程异常退出时，创建新线程进行补偿，所以可以防止出现线程异常退出后整个服务端不能接收请求的情况。图 2-2 中的 ThreadPool 线程池中的所有线程都会在 Selector 上注册事件，然后由其中的 woker thread 负责处理服务端的请求，当然，每个 worker thread 都可以处理多个读写请求。

当 ThreadPool 线程池中的线程个数达到上限之后，请求将会堆积到 ThreadPool 线程中的队列中，当 worker threads 执行完它处理的请求之后，会从该队列中获取待处理的请求进行处理。图 2-2 所示的模式中，即使处理某个请求的线程阻塞了，ThreadPool 中还有其他线程继续从队列中获取请求并进行处理，从而避免了整个服务端阻塞的情况。

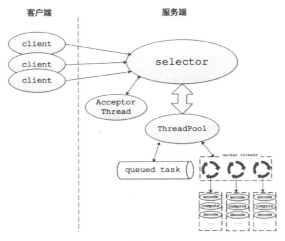

图 2-2

最后需要注意的是,当读取请求与业务处理之间的速度不匹配时,ThreadPool 队列的大小限制就变得尤为重要。如果队列长度的上限太小,则会出现拒绝请求的情况;如果不限制该队列长度的上限,则可能因为堆积过多未处理请求而导致 OutOfMemoryException 异常。这就需要开发人员根据实际的业务需求进行权衡,选择合适的队列长度。

上面的设计是通过将网络处理与业务逻辑进行切分后实现的,此设计中的请求处理是通过多线程实现的,这样能够充分发挥服务器的多 CPU 的计算能力,使其不再成为性能瓶颈。但是,如果同一时间出现大量网络 I/O 事件,上述设计中的单个 Selector 就可能在分发事件时阻塞(或延时)而成为整个服务端的瓶颈。我们可以将上述设计中单独的 Selector 对象扩展成多个,让它们监听不同的网络 I/O 事件,这样就可以避免单个 Selector 带来的上述问题。这也就是我们常说的 Reactor 主从多线程模型,其具体设计架构如图 2-3 所示。

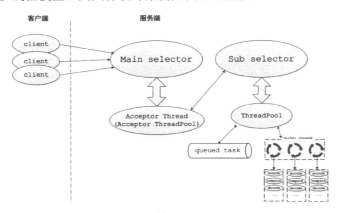

图 2-3

在图 2-3 的设计中，Acceptor Thread 会单独占用一个 Selector，当 Main Selector 监听到 OP_ACCEPT 事件的时候，会创建相应的 SocketChannel。另外，这里也可以将单个 Acceptor Thread 扩展成 Acceptor ThreadPool，这样可以更有效地应对大并发的客户端连接，也可以应对在连接建立过程中比较耗时的场景，例如安全认证操作。然后让 SocketChannel 在 Sub Selector 上注册 I/O 事件，之后就由 Sub Selector 负责监听该 SocketChannel 上的网络事件。这样就可以缓解单个 Selector 带来的瓶颈问题，当然，这里的 Sub Selector 也可以使用 Selector 集合，然后轮询或按照其他选择策略选择合适的 Sub Selector 来处理相应的连接。

2.2　Netty 基础

介绍完 Java NIO 的基础之后，我们接下来介绍 Netty 的基本内容，本节将涉及 Netty 的线程模型、常用组件，以及概念、基本示例等内容。在 OpenTSDB 2.3.1 版本中使用的是 Netty 3，本节主要介绍 Netty 3 的内容，Netty 4 的相关内容留给读者进行自我学习，本节不做具体介绍。虽然 Netty 4 和 Netty 3 有一定差异，但是相信读者通过本章的阅读，了解了 Netty 3 后，再去学习 Netty 4 时就会觉得非常简单易懂。

Netty 是一个 NIO 的框架，其底层是基于前面介绍的 Java NIO 实现的。可以使用 Netty 实现快速完成网络相关的开发，在很多框架或开源产品中都可以看到 Netty 的身影，例如 Dubbo、HBase、ZooKeeper 等，当然也包括本书的主角 OpenTSDB。

2.2.1　ChannelEvent

Netty 作为一个成熟的 NIO 框架，它同时支持前面介绍的 Reactor 单线程模式、Reactor 多线程模式及 Reactor 主从多线程模型，可以在 Netty 的启动参数中进行配置，决定其使用的具体模型。其中，服务端最常用的就是 Reactor 主从多线程模型。Reactor 模型的本质是由网络事件驱动的，既然 Netty 使用了 Reactor 模型，那么必然也是事件驱动的。

Netty3 将其内部发生的所有事件都抽象成了 ChannelEvent 对象，ChannelEvent 接口的子接口和具体实现如图 2-4 所示。

本书毕竟不是 Netty 源码的剖析，这里就简单介绍一下其中比较重要的 ChannelEvent 实现类的具体含义，至于其内部的实现，读者可以参考相关资料进行学习。

- **ChannelStateEvent**：Channel 状态的变化事件。Channel 和 ChannelPipeline 的相关概念在后面会进行详细介绍。

- **MessageEvent**：从 Socket 连接中读取完数据，需要向 Socket 连接写入数据或 ChannelHandler 对当前 Message 解析后触发的事件，它由 NioWorker 和需要对 Message 做进一步处理的 ChannelHandler 产生。

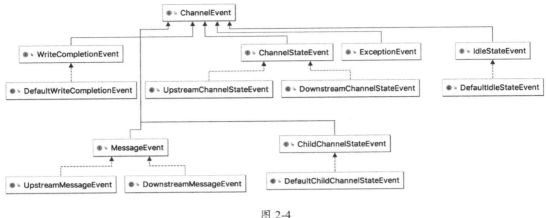

图 2-4

- **WriteCompletionEvent**：表示写完成而触发的事件。
- **ExceptionEvent**：ExceptionEvent 表示在处理网络请求的过程中出现了异常。
- **IdleStateEvent**：IdleStateEvent 主要由 IdleStateHandler 触发，后面会介绍 ChannelHandler 的相关内容。

2.2.2　Channel

在 Netty 中使用 Channel（注意区别于 Java NIO 中的 Channel）对一个底层的 NIO 网络连接进行抽象。除了底层的网络连接，Channel 中还封装了网络连接涉及的其他相关资源，例如 ChannelPipeline。因为 Channel 中封装了底层网络连接，它提供了 connect()、bind() 等方法来连接到某个指定的地址。

ChannelPipeline 是与 Channel 紧密相关的资源之一，它主要负责管理 Channel 相关的 ChannelHandler 对象。每个 Channel 都有一个唯一确定的 ChannelPipeline 对象，我们可以在运行过程中动态增加或删除 ChannelPipeline 中管理的 ChannelHandler。在 ChannelPipeline 内部维护的 ChannelHandler 对象会形成一个双向链表，如图 2-5 所示。

其中，将 Upstream 方向定为正向，Downstream 方向定为反向。当一个 ChannelHandler 处理完请求之后，会将处理结果按照 ChannelPipeline 维护的 ChannelHandler 顺序，传递给下一个 ChannelHandler 进行处理，这样多个 ChannelHandler 就以责任链的方式组织在了一起。

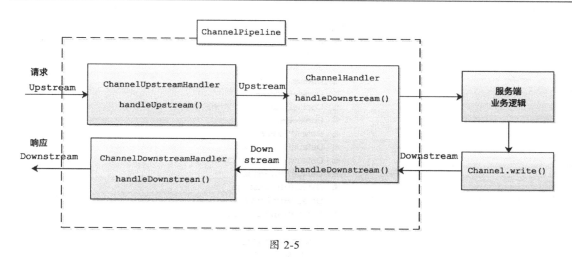

图 2-5

ChannelHandler 接口在 Netty 3 中是处理 ChannelEvent 事件的核心接口。ChannelHandler 接口的继承关系如图 2-6 所示。

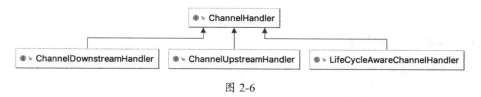

图 2-6

- **ChannelUpstreamHandler**：当数据从网络连接进入 Netty 3，然后进入服务端应用时，ChannelPipeline 会调用其中的 ChannelUpstreamHandler 进行处理。

- **ChannelDownstreamHandler**：当数据从服务端应用进入 Netty 3，然后通过网络连接发送去取的过程中，ChannelPipeline 会调用其中的 ChannelDownstreamHandler 进行处理。

- **LifeCycleAwareChannelHandler**：当一个 ChannelHandler 被添加到 ChannelPipeline 或从 ChannelPipeline 中被删除时，会触发相应的事件并由 LifeCycleAwareChannelHandler 进行处理。

为了帮助用户快速搭建应用的网络模块，Netty 为 ChannelHandler 接口提供了丰富的实现类，这些 ChannelHandler 实现都是针对不同协议的，我们可以通过几个 ChannelHandler 的组合，轻松实现对某个协议的支持。这些 ChannelHandler 的实现大多在 org.jboss.netty.handler 包中，并且根据其支持的协议进行了细分。例如图 2-7 中展示的 org.jboss.netty.handler.http 包中的 ChannelHandler 实现，都是与 HTTP 相关的。

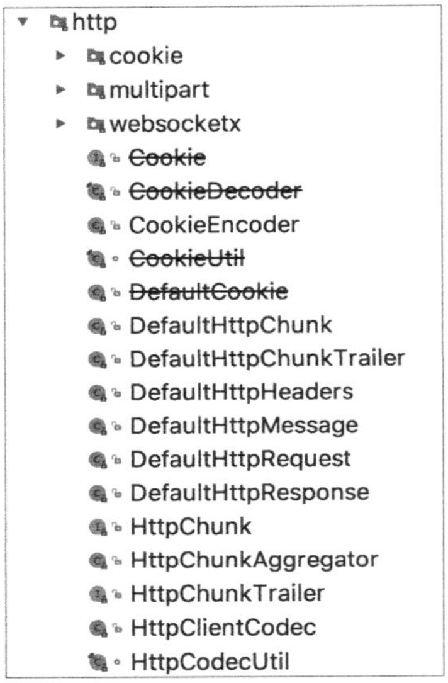

```
▼ http
  ▶ cookie
  ▶ multipart
  ▶ websocketx
    ~~Cookie~~
    ~~CookieDecoder~~
    CookieEncoder
    ~~CookieUtil~~
    ~~DefaultCookie~~
    DefaultHttpChunk
    DefaultHttpChunkTrailer
    DefaultHttpHeaders
    DefaultHttpMessage
    DefaultHttpRequest
    DefaultHttpResponse
    HttpChunk
    HttpChunkAggregator
    HttpChunkTrailer
    HttpClientCodec
    HttpCodecUtil
```

图 2-7

2.2.3 NioSelector

介绍完 Netty 对事件（ChannelEvent）及网络连接（Channel）的抽象之后，再简单介绍一下 Netty 中对线程模型的抽象。

在 Netty 3 中使用 NioSelector 封装了 Java NIO Selector，当产生新的 Channel 时，都需要向这个 NioSelector 进行注册，这样 NioSelector 就可以监听该 Channel 上发生的事件。与使用 Java NIO 中原生 Selector 类似，在向 NioSelector 注册时会将 Channel 实例以 attachment 的形式传入，当监听到 Channel 的相关事件发生时，Channel 就会以 attachment 的形式存在于 SelectionKey 中，这样就可以从事件中直接获取关联的 Channel 对象，并在这个 Channel 中获取与之相关联的 ChannelPipeline 对象。

当 NioSelector 监听到 Channel 上有指定的事件触发时，就会产生 ChannelEvent 实例并将该 ChannelEvent 事件发送到该 Channel 对应的 ChannelPipeline 中。之后，ChannelPipeline 会根据传递方向将 ChannelEvent 按序交给各个 ChannelHandler 进行处理。

如图 2-8 所示，Netty 3 中的 NioSelector 接口继承了 Runnable 接口。另外，NioSelector 接口的实现可以分为两类：Boss 和 Worker。其中 Boss 实现（NioServerBoss、NioClientBoss）负责处理新建连接的相关事件，Worker 实现（NioWorker）负责处理 Channel 上发生的读写相关事件。读者可以回顾前面介绍的 Reactor 主从多线程模型，这里的 Boss 实现对应的就是 MainSelector 部分，Worker 实现对应的就是 SubSelector 部分。

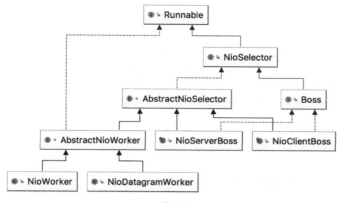

图 2-8

另一个需要读者简单了解的是 NioSelectorPool 接口,其继承结果如图 2-9 所示。

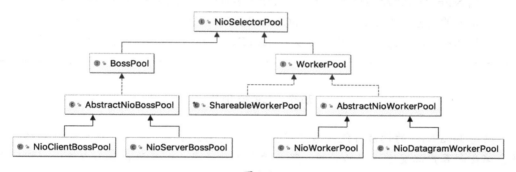

图 2-9

NioSelectorPool 的主要功能就是按照一定的轮询策略获取 NioSelector 对象。从图 2-9 中各个实现类的名称就可以看出它们的功能。例如,当服务端接收客户端的连接请求时,就会通过 NioServerBossPool 获取一个 Boss 对象并进行处理,在成功建立连接之后,Boss 对象会通过 NioWorkPool 获取 Worker 对象并处理该新建连接上的各种事件。

2.2.4　ChannelBuffer

最后介绍 Netty 中存储数据的核心接口——ChannelBuffer。ChannelBuffer 是 Netty 用来存储数据的容器,同时 ChannelBuffer 接口也提供了读写其存储数据的基本功能。其实,Netty 提供的 ChannelBuffer 与 Java NIO 中提供的 ByteBuffer 有些类似,但是 ChannelBuffer 的功能更加强大,对外提供的 API 方法也更加简单易用。

根据实现方式的不同,ChannelBuffer 接口的继承关系如图 2-10 所示。

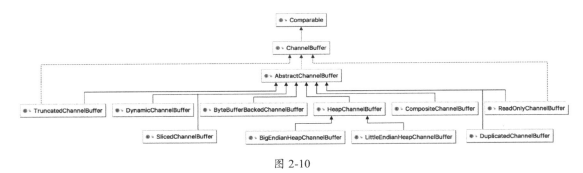

图 2-10

由图 2-10 可以看出，ChannelBuffer 接口有很多实现类，本节主要介绍几个在后面会频繁使用到的实现类。

- **HeapChannelBuffer**：HeapChannelBuffer 是后面最常用的 ChannelBuffer 实现类之一。当 Netty 收到网络数据时，就会默认使用 HeapChannelBuffer 存储这些数据。相信了解 Java 的读者应该可以猜到，HeapChannelBuffer 中的"Heap"就是 Java Heap 的含义，也就是说，HeapChannelBuffer 会在 Java Heap 中开辟一个 byte[] 数组来实现存储功能。

> ### 两个"零拷贝"
>
> 熟悉 Java NIO 的读者可能知道"零拷贝"，这里通过一个简单的场景进行介绍。当服务端在向客户端发送响应的时候，服务端会先从硬盘（或其他存储）中读出数据到内存，然后将内存中的数据原封不动地通过 Socket 发送给消费者。虽然该场景下的发送操作可以描述得非常简单，但是其中涉及的步骤非常多，效率也比较差，尤其是当数据量较大时。按照这种设计，其底层执行步骤大致如下：首先，应用程序调用 read() 方法读取磁盘上的数据时，需要从用户态切换到内核态，然后进行系统调用，将数据从磁盘上读取出来保存到内核缓冲区中；接着，内核缓冲区中的数据传输到应用程序，此时 read() 方法调用结束，从内核态切换到用户态。之后，应用程序执行 send() 方法，此时需要再次从用户态切换到内核态，将数据传输给 Socket Buffer；最后，内核会将 Socket Buffer 中的数据发送到 NIC Buffer（网卡缓冲区）进行发送，此时 send() 方法结束，从内核态切换到用户态。如图 2-11 所示，在这个过程中涉及四次上下文切换（Context Switch）及四次数据复制，并且其中两次复制操作由 CPU 完成。但是在这个过程中，数据完全没有变化，仅仅是从磁盘复制到了网卡缓冲区中，会浪费大量的 CPU 周期。

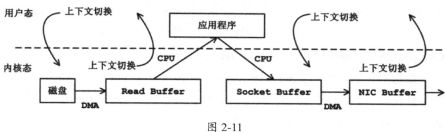

图 2-11

通过"零拷贝"技术可以去掉这些无谓的数据复制操作,也会减少上下文切换的次数。其大致步骤如下:首先,应用程序调用 transferTo() 方法,DMA 会将文件数据发送到内核缓冲区;然后,Socket Buffer 追加数据的描述信息;最后,DMA 将内核缓冲区的数据发送到网卡缓冲区,这样就完全解放了 CPU。如图 2-12 所示,这就是我们说的第一个"零拷贝"的概念。

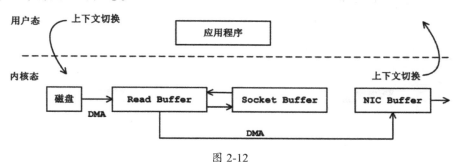

图 2-12

在 Netty 中还有另一个"零拷贝"的概念,这个概念比较简单。Netty 允许我们将多个 ChannelBuffer 合并为一个完整的虚拟 ChannelBuffer,这样就无须创建新的 ChannelBuffer 对象(会重新分配内存),也不需要对原有 ChannelBuffer 中的数据进行拷贝。这就是我们要介绍的第二个"零拷贝"的概念。

在前面展示的继承关系中可以看到 HeapChannelBuffer 有两个子类,分别是 BigEndianHeapChannelBuffer 和 LittleEndianHeapChannelBuffer,从名字也可以看出这两个子类是根据网络字节顺序的方式进行区分的,默认使用的是 BigEndianHeapChannelBuffer。

- **DynamicChannelBuffer**:DynamicChannelBuffer 与 HeapChannelBuffer 的功能类似,但是 DynamicChannelBuffer 可以动态自适应大小,两者的关系类似于 List<Byte> 与 Byte[] 数组之间的关系。一般在数据量已知的情况下,我们通常使用 HeapChannelBuffer,但是在数据量大小未知的情况下,DynamicChannelBuffer 的便捷性就会非常明显。
- **ByteBufferBackedChannelBuffer**:ByteBufferBackedChannelBuffer 是封装了 Java NIO

中 ByteBuffer 的类，主要用于实现对堆外内存的处理（即封装 Java NIO DirectByteBuffer），当然，它也可以封装其他类型的 Java NIO ByteBuffer 实现类。

- **CompositeChannelBuffer**：CompositeChannelBuffer 就是前面提到的 Netty 中 "零拷贝" 概念的具体实现，CompositeChannelBuffer 中可以封装多个 ChannelBuffer，而调用方只看到一个 ChannelBuffer 对象，这样就可以使用 ChannelBuffer 统一的 API 处理多个 ChannelBuffer 对象。同时也避免了内存拷贝带来的开销。
- **DuplicatedChannelBuffer**：DuplicatedChannelBuffer 是对另一个 ChannelBuffer 对象进行的一层封装，两者独立维护读取位置等信息。
- **SlicedChannelBuffer**：SlicedChannelBuffer 与前面介绍的 DuplicatedChannelBuffer 类似，也是对另一个 ChannelBuffer 对象进行了封装，但是区别在于 SlicedChannelBuffer 只能操作底层 ChannelBuffer 对象的一部分，如图 2-13 所示。

图 2-13

Netty 并不推荐直接调用上述 ChannelBuffer 实现类的构造方法，而是推荐使用其提供工厂类进行创建。Netty 中提供了 ChannelBufferFactory 接口，其具体的实现有 DirectChannelBufferFactory 和 HeapChannelBufferFactory，如图 2-14 所示。从这两个实现类的命名可以看出，HeapChannelBufferFactory 创建的 ChannelBuffer 是在 Java Heap 上分配空间的，而 DirectChannelBufferFactory 创建的 ChannelBuffer 则分配堆外内存。

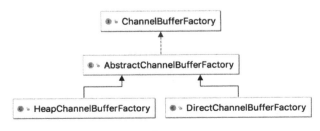

图 2-14

2.2.5　Netty 3 示例分析

介绍完 Netty 的基本概念和核心组件之后，我们使用 Netty 3 简单编写一个示例。这里使用 ServerBootstrap 的方式可以快速搭建服务端代码，其大致步骤如下：

（1）创建 NioServerSocketChannelFactory。

（2）创建 ServerBootstrap 辅助类。ServerBootstrap 是 Netty 提供的服务端启动辅助类。

（3）创建 ChannelPipelineFactory 工厂对象。ChannelPipelineFactory 主要负责为接下来创建的每个 Channel 创建相应的 ChannelPipeline，同时还会在其中指定每个 ChannelPipeline 中包含的 ChannelHandler。

（4）将 ChannelPipelineFactory 设置到 ServerBootstrap 辅助类中。

（5）使用 ServerBootstrap 绑定监听地址和端口。

接下来看一下服务端的具体实现，代码如下：

```java
public class Server {
  public void start() {
    ChannelFactory factory = null;
    try {
      // 创建 NioServerSocketChannelFactory
      factory = new NioServerSocketChannelFactory(
          Executors.newCachedThreadPool(),// boss 线程池，默认线程数是 1
          Executors.newCachedThreadPool(),// worker 线程池
          4 // worker 线程数
      );
      // ServerBootstrap 是 Netty 构建服务端网络组件的辅助类
      ServerBootstrap bootstrap = new ServerBootstrap(factory);
      // 对于每个 Channel，Netty 都会调用 PipelineFactory 为该连接创建一个 ChannelPipline，
      // 并将这里指定的 ChannelHandler 按序添加到 ChannelPipeline 中
      bootstrap.setPipelineFactory(new ChannelPipelineFactory() {
        public ChannelPipeline getPipeline() throws Exception {
          ChannelPipeline pipeline = Channels.pipeline();
          pipeline.addLast("decoder", new StringDecoder());
          pipeline.addLast("encoder", new StringEncoder());
          pipeline.addLast("log", new ServerLogicHandler());
          return pipeline;
        }
```

```java
    });
    // 绑定指定的 IP 地址和 Port
    Channel channel = bootstrap.bind(new InetSocketAddress("127.0.0.1", 8080));
    System.out.println("netty server start success!");
} catch (Exception e) {
    e.printStackTrace();
    if (factory != null) {
        // 如果出现异常,则需要调用 releaseExternalResources()关闭 ChannelPipelineFactory 所
        // 占用的系统资源
        factory.releaseExternalResources();
    }
}
}

public static void main(String[] args) throws InterruptedException {
    Server server = new Server();
    server.start();
    Thread.sleep(Integer.MAX_VALUE);
}
}
```

在上面的 ChannelPipelineFactory 中,我们为每个 ChannelPipeline 添加了 StringDecoder、StringEncoder 及 ServerLogHandler 三个 ChannelHandler 实现,其中前两个都是 Netty 提供的 ChannelHandler 实现,主要完成 ChannelBuffer 中存储的字节数据与 String 之间的转换。而 ServerLogHandler 则是我们自定义的 ChannelHandler,它主要负责打印日志。为了便于实现自定义 ChannelHandler, Netty 提供了 SimpleChannelHandler 这个辅助类,它同时实现了前面介绍的 ChannelUpstreamHandler 和 ChannelDownstreamHandler,并对这两个接口的方法做了相应扩展,这里的 ServerLogHandler 继承了 SimpleChannelHandler。ServerLogHandler 的具体实现代码如下:

```java
public class ServerLogHandler extends SimpleChannelHandler {
    @Override
    public void channelConnected(ChannelHandlerContext ctx, ChannelStateEvent e)
            throws Exception {
        // 处理连接创建成功的事件
        System.out.println("连接创建成功, Channel: " + e.getChannel().toString());
    }
```

```java
@Override
public void messageReceived(ChannelHandlerContext ctx, MessageEvent e)
    throws Exception {
  // 处理接收的消息
  String msg = (String) e.getMessage();
  System.out.println("Server 接收了 Client 的消息, Message: " + msg);

  Channel channel = e.getChannel();
  String str = "Hello, client";

  channel.write(str); // 将响应发给 Client
  System.out.println("Server 发送数据: " + str + "完成");
}


@Override
public void exceptionCaught(ChannelHandlerContext ctx, ExceptionEvent e)
    throws Exception {
  // 处理接收的异常
  e.getCause().printStackTrace();
  e.getChannel().close();
}
}
```

使用 Netty 搭建客户端的过程与搭建服务端的过程十分类似，其具体步骤如下：

（1）创建 NioClientSocketChannelFactory。

（2）创建 ClientBootstrap 端启动辅助类。ClientBootstrap 是 Netty 提供的服务端启动辅助类。

（3）创建 ChannelPipelineFactory 工厂对象。

（4）将 ChannelPipelineFactory 设置到 ClientBootstrap 辅助类中。

（5）使用 ClientBootstrap 连接服务端监听的地址和端口。

接下来介绍客户端的具体实现：

```java
public class Client {
  public static void main(String[] args) {
    // 创建 NioClientSocketChannelFactory
    ChannelFactory factory = new NioClientSocketChannelFactory(
```

```
            Executors.newCachedThreadPool(),
            Executors.newCachedThreadPool(),
            8
    );
    // 创建ClientBootstrap辅助类
    ClientBootstrap bootstrap = new ClientBootstrap(factory);
    // 设置ChannelPipelineFactory
    bootstrap.setPipelineFactory(new ChannelPipelineFactory() {
      public ChannelPipeline getPipeline() throws Exception {
        ChannelPipeline pipeline = Channels.pipeline();
        pipeline.addLast("decoder", new StringDecoder());
        pipeline.addLast("encoder", new StringEncoder());
        pipeline.addLast("log", new ClientLogHandler());
        return pipeline;
      }
    });
    // 连接指定服务端指定地址
    bootstrap.connect(new InetSocketAddress("127.0.0.1", 8080));
    System.out.println("netty client start success!");
  }
}
```

在客户端使用的 ClientLogHandler 与前面介绍的 ServerLogHandler 实现类似，也只是输出一条日志信息，其具体实现代码如下：

```
public class ClientLogicHandler extends SimpleChannelHandler {

    @Override
    public void channelConnected(ChannelHandlerContext ctx, ChannelStateEvent e)
            throws Exception {
        // 处理连接成功事件
        String str = "hello server!";
        e.getChannel().write(str);
    }


    @Override
    public void writeComplete(ChannelHandlerContext ctx, WriteCompletionEvent e)
            throws Exception {
```

```java
    // 发送完成后会产生 WriteCompletionEvent 事件并调用该方法
    System.out.println("Client Write Complete");
}

@Override
public void messageReceived(ChannelHandlerContext ctx, MessageEvent e)
        throws Exception {
    // 处理收到的消息
    String msg = (String) e.getMessage();
    System.out.println("客户端收到消息, msg: " + msg);
}

@Override
public void exceptionCaught(ChannelHandlerContext ctx, ExceptionEvent e)
        throws Exception {
    // 处理异常
    e.getCause().printStackTrace();
    e.getChannel().close();
}
}
```

到这里，Netty 3 的核心概念及基本使用就介绍完了，希望读者通过本节的阅读，能够理解 Netty 3 的设计理念，熟练 Netty 3 的使用，为后面分析 OpenTSDB 的网络层打下基础。至于 Netty 4 相关的内容本书不做详细介绍，虽然 Netty 4 相较于 Netty 3 有一定的改进和优化，但是其核心思想基本一致，相信读者在阅读完本节之后，再参考 Netty 4 的相关文档即可快速上手 Netty 4。

2.3　OpenTSDB 网络层

在前面的介绍中提到，OpenTSDB 2.3.1 的网络层是使用 Netty 3.10.6 搭建的。前面的章节也重点介绍了 Java NIO 和 Netty 3 的基础内容，本节将重点对 OpenTSDB 的网络层进行分析。

2.3.1　TSDMain 入口

前面搭建 OpenTSDB 源码环境的时候简单提到，整个 OpenTSDB 实例启动的入口是 TSDMain 这个类的 main() 方法，也是在这个 main() 方法中完成了 Netty 服务端组件的初始化。

这里先简单介绍一下 TSDMain 初始化 OpenTSDB 实例的过程：

（1）创建 ArgP 对象。ArgP 是 OpenTSDB 提供的命令行解析工具，它会将传入的命令行参数解析成 Map<String, String>的格式，并提供 get()供外部查询。

（2）加载配置文件，并与前面 ArgP 对象的解析结果一起构成 Config 对象。

（3）检测 OpenTSDB 实例启动所必需的参数是否存在。

（4）根据 Config 对象中的配置，创建 Netty 的相关组件，例如 ServerSocketChannelFactory、NioServerBossPool、NioWorkerPool 等，同时设置相关参数。

（5）加载用户自定义的 StartupPlugin 的实现。StartupPlugin 是 OpenTSDB 提供的插件接口之一，可以提供该接口的实现类，修改 Config 对象中的配置信息。后面会详细介绍 StartupPlugin 抽象类和 loadStartupPlugins()方法加载自定义 StartupPlugin 类的实现过程。

（6）创建 TSDB 对象。它是 OpenTSDB 的核心，整个 OpenTSDB 实例的读写都与其紧密相关。

（7）加载并初始化 StartupPlugin 以外的其他类型的用户自定义插件。

（8）根据配置项决定是否预加载 HBase 表的 meta 信息（主要是 Region 信息），这样，在运行过程中就可以省掉这部分开销，尤其是 HBase 的 Regin 特别多的时候，该优化带来的性能提升还是很明显的。

（9）创建 Netty 中的 ServerBootstrap，其中会指定关联的 ChannelPipelineFactory。这里使用的 ChannelPipelineFactory 实现是 OpenTSDB 自定义的 PipelineFactory，它实现了 Netty 的 ChannelPipelineFactory 接口，后面将详细介绍 PipelineFactory 的具体实现。

（10）根据前面得到的 Config 对象，设置 Netty 的相关参数，这些参数主要是 TCP 的相关参数，具体含义不再一一列举，读者可以参考 Netty 的官方文档进行了解。

（11）解析该 OpenTSDB 实例监听的地址和端口，Netty 网络模块开始监听该地址。

（12）整个 OpenTSDB 实例初始化完成，通过 StartupPlugin.setReady()方法通知 StartupPlugin 组件。

（13）上述过程中出现任何异常，都需要通过 ServerSocketChannelFactory.releaseExternalResources()和 TSDB.shutdown()方法释放其占用的系统资源。

下面详细分析 TSDMain.main()方法的具体实现，代码如下：

```
public static void main(String[] args) throws IOException {
    Logger log = LoggerFactory.getLogger(TSDMain.class);// 获取 Logger，为后面的日志输出做准备
    log.info("Starting.");

    // ArgP 是 OpenTSDB 提供的命令行解析工具，它会和下面的 CliOptions 配合解析命令行传入的参数
```

```
final ArgP argp = new ArgP();
// 这里CliOptions.addCommon()方法会注册一些基本的命令行参数,例如:"--table"、"--uidtable"等,
// 后面我们会看到这些参数在别的工具类中也有使用,是公共的命令行参数
CliOptions.addCommon(argp);
// 继续向ArgP对象注册后续需要解析的参数的基本信息
argp.addOption("--port", "NUM", "TCP port to listen on.");
argp.addOption("--bind", "ADDR", "Address to bind to (default: 0.0.0.0).");
... ...   // 省略部分命令行参数的注册

CliOptions.addAutoMetricFlag(argp);   // 注册"--auto-metric"参数
args = CliOptions.parse(argp, args);   // 解析实际传入的命令行参数
args = null;   // args数组解析后会被被记录到ArgP对象中,args数组可以被GC

Config config = CliOptions.getConfig(argp);   // 根据前面ArgP的解析结果创建Config对象

// 接下来是对Config对象中各项配置进行的检测,检测过程比较简单,省略了相关代码。这里
// 只对大致逻辑和配置含义进行简单说明:
// 检测"tsd.http.staticroot"、"tsd.http.cachedir"、"tsd.network.port"三个配置项不能为空、
// 前面搭建环境的时候,简单介绍过这三个配置项的大致含义,分别是:存放前端资源的目录、临时文件目录、
// 服务端接收网络连接的端口号。另外,还要保证OpenTSDB对前两个目录有足够的读写权限

final ServerSocketChannelFactory factory;
int connections_limit = 0;
// 检测"tsd.core.connections.limit"配置项(服务端能处理的最大连接数上限)是否合法

// 根据"tsd.network.async_io"配置项决定是否使用前面介绍的Netty的NIO
if (config.getBoolean("tsd.network.async_io")) {
    int workers = Runtime.getRuntime().availableProcessors() * 2;
    if (config.hasProperty("tsd.network.worker_threads")) {
        // 如果使用NIO,则需要读取worker线程的个数
        workers = config.getInt("tsd.network.worker_threads");
    }
    final Executor executor = Executors.newCachedThreadPool();
    // 类似于前面的示例,创建NioServerBossPool,这里的Boss线程数也设置成了1
    final NioServerBossPool boss_pool =
        new NioServerBossPool(executor, 1, new Threads.BossThreadNamer());
    // 创建NioWorkerPool
```

```java
  final NioWorkerPool worker_pool = new NioWorkerPool(executor,
      workers, new Threads.WorkerThreadNamer());
  // 创建 NioServerSocketChannelFactory
  factory = new NioServerSocketChannelFactory(boss_pool, worker_pool);
} else { // 一般都使用 NIO
  factory = new OioServerSocketChannelFactory(Executors.newCachedThreadPool(),
      Executors.newCachedThreadPool(), new Threads.PrependThreadNamer());
}
// 根据配置信息，加载 StartupPlugin。StartupPlugin 是 OpenTSDB 提供的插件接口之一，我们可以提
// 供该接口的实现类，修改 Config 对象中的配置信息
StartupPlugin startup = loadStartupPlugins(config);

try {
  // 创建 TSDB 对象，它是 OpenTSDB 的核心，整个 OpenTSDB 实例的读写都与其紧密相关
  tsdb = new TSDB(config);
  if (startup != null) {
    tsdb.setStartupPlugin(startup);
  }
  // 初始化 StartupPlugin 以外的其他插件实现类，后面有专门章节介绍 OpenTSDB 中的插件
  tsdb.initializePlugins(true);
  if (config.getBoolean("tsd.storage.hbase.prefetch_meta")) {
    // 根据配置项决定是否预加载 HBase 表的 meta 信息(主要是 Region 信息)
    tsdb.preFetchHBaseMeta();
  }
  // 检测该 OpenTSDB 实例所需要的 HBase 表都是存在的，如果不存在，则会抛出异常
  tsdb.checkNecessaryTablesExist().joinUninterruptibly();
  registerShutdownHook();// 注册 JVM 的钩子函数

  // 下面开始初始化 Netty 相关的网络组件
  final ServerBootstrap server = new ServerBootstrap(factory);
  // 初始化 RpcManager 实例，RpcManager 是 OpenTSDB 网络层的核心组件之一，其中管理各种网络协
  // 议组件，后面会详细介绍其具体实现。这里读者需要注意，RpcManager 是单例的，其生命周期与
  // OpenTSDB 实例一致
  final RpcManager manager = RpcManager.instance(tsdb);
  // 创建并设置 ChannelPipelineFactory
  server.setPipelineFactory(new PipelineFactory(tsdb, manager, connections_limit));
  // 根据前面得到的 Config 对象，设置 Netty 的相关参数，这些参数主要是 TCP 的相关参数
```

```java
    if (config.hasProperty("tsd.network.backlog")) {
      server.setOption("backlog", config.getInt("tsd.network.backlog"));
    }
    server.setOption("child.tcpNoDelay", config.getBoolean("tsd.network.tcp_no_delay"));
    server.setOption("child.keepAlive", config.getBoolean("tsd.network.keep_alive"));
    server.setOption("reuseAddress", config.getBoolean("tsd.network.reuse_address"));

    // 解析该 OpenTSDB 实例监听的地址和端口
    InetAddress bindAddress = null;
    if (config.hasProperty("tsd.network.bind")) {
      bindAddress = InetAddress.getByName(config.getString("tsd.network.bind"));
    }
    final InetSocketAddress addr = new InetSocketAddress(bindAddress,
        config.getInt("tsd.network.port"));
    server.bind(addr); // Netty 监听指定的地址
    if (startup != null) {
      // 该 OpenTSDB 实例初始化完成之后，会通过 StartupPlugin.setReady()方法通知 StartupPlugin 组件
      startup.setReady(tsdb);
    }
  } catch (Throwable e) { // 如果出现异常，则需要释放前面开启的相关资源
    factory.releaseExternalResources();
    if (tsdb != null) tsdb.shutdown().joinUninterruptibly(); // 释放 TSDB 对象占用的资源
    throw new RuntimeException("Initialization failed", e);
  }
}
```

2.3.2 PipelineFactory 工厂

介绍完 OpenTSDB 实例的启动之后，本节将深入介绍 OpenTSDB 的网络层中都涉及了哪些 ChannelHandler 实现，以及这些 ChannelHandler 实现是如何协同工作的。

在 TSDMain.main()方法分析中可以看到，在初始化 Netty 时使用的是 OpenTSDB 自定义的 ChannelPipelineFactory 实现——PipelineFactory，它也是本节的主角。在 ChannelPipelineFactory 接口中只定义了一个 getPipeline()方法，该方法负责为每个 Channel 对象创建相应的 ChannelPipeline，如图 2-15 所示。

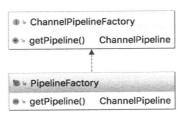

图 2-15

这里需要读者注意的是，PipelineFactory 是一个单例对象（即 PipelineFactory 对象在一个 OpenTSDB 实例中是全局唯一的）。下面来了解一下 PipelineFactory 实现中各个核心字段的含义。

- **connmgr（ConnectionManager 类型）**：在前面介绍 TSDMain 的初始化过程中提到 "tsd.core.connections.limit" 配置项（当前 OpenTSDB 实例所能处理的连接数上限）。ConnectionManager 就是根据该配置项管理当前连接数的 ChannelHandler 实现，在后面会详细介绍其具体实现。

- **HTTP_OR_RPC（DetectHttpOrRpc 类型）**：在前面的介绍中提到，OpenTSDB 同时支持多种网络协议，例如，HTTP、Telnet 等。DetectHttpOrRpc 会根据当前 Channel 上传递的数据内容判定其使用的具体协议，并在对应的 ChannelPipeline 中添加相应的 ChannelHandler 实现。

- **timeoutHandler（IdleStateHandler 类型）**：IdleStateHandler 是 Netty 提供的一个 ChannelHandler 实现，其主要功能就是在 Channel 空闲（不再进行读写操作）一段时间之后，触发相应的 IdleStateEvent。IdleStateHandler 会与后面介绍的时间轮配合，实现定时触发 IdleStateEvent 的功能。

- **rpchandler（RpcHandler 类型）**：RpcHandler 是 OpenTSDB 提供的 ChannelHandler 接口的实现，也是 OpenTSDB 处理的网络请求的核心。在后面会详细介绍 RpcHandler 的具体实现。

- **tsdb（TSDB 类型）**：关联的 TSDB 对象。TSDB 是 OpenTSDB 的核心类，OpenTSDB 的读写都与其紧密相关。

- **socketTimeout（int 类型）**：服务端 Socket 连接的超时时间，对应 Config 中的 "tsd.core.socket.timeout" 配置项。

- **timer（Timer 类型）**：Timer 接口是 Netty 中定义的定时器接口，Netty 同时提供了 HashedWheelTimer 实现类，其核心原理就是下面要介绍的 "时间轮" 概念。

时间轮

时间轮这个概念在很多成熟的框架和系统中都有体现，例如，Kafka、Quartz、Muduo 及这里使用到的 Netty。时间轮主要解决的就是如何更好地处理大规模定时任务的问题。有的读者可能会感到奇怪，既然可以使用 JDK 本身提供的 java.util.Timer 或 DelayQueue 轻松"搞定"定时任务的功能，那么为什么还需要使用时间轮组件呢？

如果使用 Netty 搭建一个高并发、高性能的分布式系统，那么系统中就会出现大量的定时任务，JDK 提供 java.util.Timer 和 DelayedQueue 底层实现使用的是堆这种数据结构，存取操作的复杂度都是 O($n$log(n))，无法支持大量的定时任务。在大多数高性能的框架中，为了将定时任务的存取操作及取消操作的时间复杂度降为 O(1)，一般会使用其他方式实现定时任务组件，例如这里的时间轮方式。除了时间轮方式，还有很多其他的变种方式，例如 ZooKeeper 使用"时间桶"的方式处理 Session 过期。下面简单介绍时间轮的核心原理。图 2-16 展示了时间轮的核心结构。

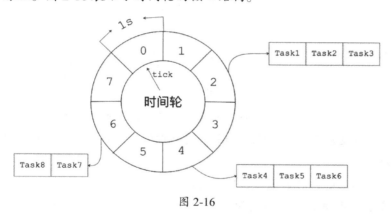

图 2-16

首先需要读者了解的是，时间轮本质上是一种环形数据结构，正如图 2-16 所展示的那样，时间轮中有很多小格子，每个小格子代表一段时间。例如图 2-16 中的时间轮，每个小格子表示 1s 的时间跨度。另外，每个小格子上可以关联一个任务列表，其中记录了在该小格子对应时间到期时的任务。随着时间的流逝，时间轮的指针（即图 2-16 中的 tick）不断后移，当指针指向某个小格子时，即表示其关联列表中的所有任务都已到期，此时就会由时间轮中的 Worker 线程取出任务，并交由系统执行任务。

另外需要注意的是，整个时间轮表示的时间跨度是不变的，例如图 2-16 中的时间轮所表示的时间跨度始终为 7s，随着指针 tick 的后移，当前时间轮能处理的时间段也在不断后移，新来的定时任务可以越过已经到期的小格子。例如图 2-16 处于 2018-08-09 10:08:30 这个时间点，[2018-08-09 10:08:30~2018-08-09 10:08:37]这段时间内的定时任务都可以添加到该时间轮中维护。随着时间的推移，表针 tick 不断后移，我们来到了图 2-17 所示的状态，此时的时间点是 2018-08-09 10:08:33，该时间轮表示的时间跨度依然是 7s，但是其表示的时间段变成了[2018-08-09 10:08:33~2018-08-09 10:08:40]。图 2-17 中 Task9~Task11 都是在 2018-08-09 10:08:40 这个时间点过期的。

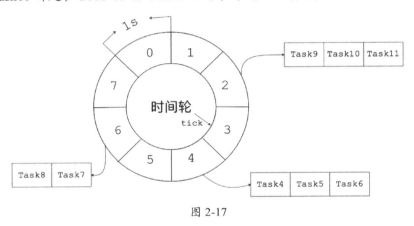

图 2-17

有的读者可能会问下面两个问题：如果需要处理的定时任务的时间跨度超过了 7s，那么我们如何处理这些定时任务呢？如果需要处理的定时任务的时间精度更高，那么又该如何处理呢？

解决第一个问题的一种方案就是增加时间轮中小格子的数量，这样时间轮表示的时间跨度就会变长。解决第二个问题的一种方案就是减小一个小格子所带代表的时间单位，这样指针 tick 转动一次的时间精度就会变高，从而提高了其中定时任务的时间精度。上述两种方案都会造成时间轮所占的空间增大，当出现大量高精度的定时任务时，如果采用上述两种方式进行处理，那么极有可能出现内存不足的情况。

笔者推荐的一种解决方案是"层级时间轮"。在很多高并发的分布式系统中，都可以看到层级时间轮的应用，例如前面提到的 Kafka。层级时间轮中的第一层时间轮的时间跨度比较小，也是最精确的时间轮，之后层级越高的时间轮的时间跨度越大，每个小格子所代表的时间也就越长。如图 2-18 所示，定时任务首先会被添加到高层次的时间轮中，随着该时间轮的指针转动，会有定时任务到期（例如图 2-18 中的 Task12 和 Task13 两个任务），这些任务会重新添加到到二层时间轮中等待过期。这些任务在二层时间轮中过期之后，会再次加入一层时间轮中等待过期，此时的时间精度已经是 1ms 了。当这些任务在一层时间轮中过期时，即是按照 1ms 的时间精度过期的，此时就可以开始执行这些定时任务了。

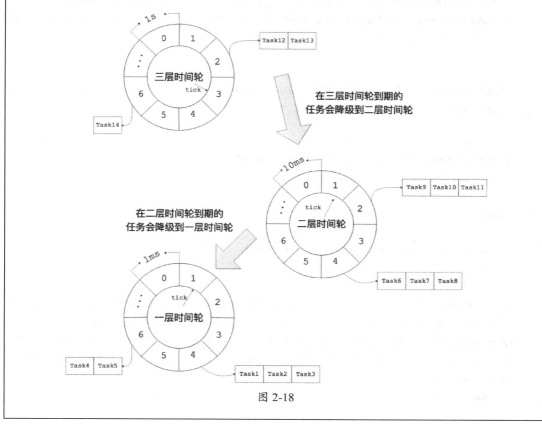

图 2-18

介绍完 PipelineFactory 中的核心字段之后，再来分析其构造方法，具体实现如下：

```java
public PipelineFactory(TSDB tsdb, RpcManager manager, int connections_limit) {
    this.tsdb = tsdb;
```

```
// 获取"tsd.core.socket.timeout"配置项的值
socketTimeout = tsdb.getConfig().getInt("tsd.core.socket.timeout");
timer = tsdb.getTimer(); // 创建 HashedWheelTimer 对象
// 创建 IdleStateHandler 对象，注意，IdleStateHandler 的功能是在 Channel 空闲一段时间后
// 触发 IdleStateEvent 事件，这个功能就是依靠向 HashedWheelTimer 中添加相应的定时任务实现的
timeoutHandler = new IdleStateHandler(timer, 0, 0, socketTimeout);
// 创建 RpcHandler 对象
rpchandler = new RpcHandler(tsdb, manager);
// 创建 ConnectionManager 对象
connmgr = new ConnectionManager(connections_limit);
// 加载 OpenTSDB 默认提供的、用户自定义的 HttpSerializer 接口实现(HTTP 序列化器)，
// 后面会详细介绍该方法的具体操作，以及 HttpSerializer 接口的相关内容。这里省略了 try/catch 代码块
HttpQuery.initializeSerializerMaps(tsdb);
}
```

在 PipelineFactory 构造方法中会调用 TSDB.getTimer()方法创建 HashedWheelTimer 对象，其底层是调用 Threads 辅助类中的 newTimer()方法实现的，该方法的具体实现代码如下：

```
public static HashedWheelTimer newTimer(int ticks, int ticks_per_wheel, String name) {
    // ThreadNameDeterminer 是 Netty 的接口，用于为线程命名
    class TimerThreadNamer implements ThreadNameDeterminer {
        @Override
        public String determineThreadName(String currentThreadName,
            String proposedThreadName) throws Exception {
            return "OpenTSDB Timer " + name + " #" + TIMER_ID.incrementAndGet();
        }
    }
    // 这里重点介绍一下 HashedWheelTimer 构造方法参数的含义,也方便读者后续单独使用 HashedWheelTimer
    // 第一个参数是创建 HashedWheelTimer 中的 worker 线程的线程工厂，第二个参数用于 worker 线程的命名，
    // 第三个参数 ticks 是两次指针转动之间的时间差，第四个参数是 ticks 参数的时间单位，最后一个参
    // 数 ticks_per_wheel 表示当前时间轮有多少个小格子。最后三个可以共同决定当前时间轮的时间跨度
    return new HashedWheelTimer(Executors.defaultThreadFactory(),
        new TimerThreadNamer(), ticks, MILLISECONDS, ticks_per_wheel);
}
```

接下来看一下 PipelineFactory 对 ChannelPipelineFactory 接口的实现，即对 getPipeline()方法的实现，代码如下：

```
public ChannelPipeline getPipeline() throws Exception {
  // 创建 DefaultChannelPipeline 对象
  final ChannelPipeline pipeline = pipeline();
  // 添加 ConnectionManager 和 DetectHttpOrRpc 两个 ChannelHandler 对象
  pipeline.addLast("connmgr", connmgr);
  pipeline.addLast("detect", HTTP_OR_RPC);
  return pipeline;
}
```

2.3.3 ConnectionManager

ConnectionManager 继承了 Netty 提供的 SimpleChannelHandler，其主要功能就是用来对当前 OpenTSDB 实例处理的网络连接数进行控制和管理，ConnectionManager 有如下两个核心字段。

- **connections_limit（int 类型）**：表示当前 OpenTSDB 实例所能处理的最大连接数上限（0 表示没有限制），当达到该上限值之后，当前 OpenTSDB 实例不再创建新的网络连接。
- **channels（DefaultChannelGroup 类型）**：记录当前 OpenTSDB 实例创建的 Channel 对象。

ConnectionManager 的限流操作主要是在 channelOpen()方法中实现的，在 Netty 打开一个 Channel 的时候，会调用对应的 ChannelPipeline 上所有 ChannelHandler 对象的 channelOpen()方法。ConnectionManager.channelOpen()方法的具体实现代码如下：

```
public void channelOpen(ChannelHandlerContext ctx ChannelStateEvent e) throws
IOException {
    if (connections_limit > 0) { // 检测当前连接数是否达到上限值
      final int channel_size = open_connections.incrementAndGet();
      if (channel_size > connections_limit) {
        // 连接数达到上限值之后，抛出异常
        throw new ConnectionRefusedException("...");
        // exceptionCaught will close the connection and increment the counter.
      }
    }
    channels.add(e.getChannel()); // 可以继续创建新连接，将 Channel 对象添加到 channels 结合中
    // 记录相关的监控信息(略)
}
```

ConnectionManager 中另一个需要介绍的方法就是 closeAllConnections()静态方法，该方法

会关闭 channels 字段中维护的全部 Channel 连接，具体实现代码如下：

```
static void closeAllConnections() {
  // 等待所有 Channel 对象关闭
  channels.close().awaitUninterruptibly();
}
```

2.3.4 DetectHttpOrRpc

在成功通过 ConnectionManager 的检查创建连接之后，再来看 ChannelPipeline 中的另一个 ChannelHandler 实现——DetectHttpOrRpc，DetectHttpOrRpc 实现了 Netty 中提供的 FrameDecoder 解码器（抽象类）。在 TCP/IP 数据传输方式中，TCP/IP 包在传输的过程中会分片和重组，FrameDecoder 的主要功能就是帮助接收方将这些 TCP/IP 数据包整理成有意义的数据帧，如图 2-19 所示。

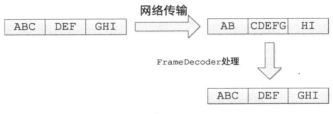

图 2-19

在 Netty 的官方文档中给出了 FrameDecoder 的基本使用示例，这里简单分析一下。如图所 2-20 所示，这里自定义了一种协议格式，完整的消息帧包含定长的消息头（4 byte）和变长的消息体，其中消息头中记录了消息体的长度（不包含消息头）。

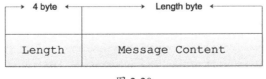

图 2-20

相关的 FrameDecoder 实现代码如下：

```
public class IntegerHeaderFrameDecoder extends FrameDecoder {
  @Override
  protected Object decode(ChannelHandlerContext ctx, Channel channel,
      ChannelBuffer buf) throws Exception {
```

```
    if (buf.readableBytes() < 4) { // 尝试读取 Header
        return null; // 读取失败
    }
    buf.markReaderIndex(); // 记录 ChannelBuffer 中的读取位置
    int length = buf.readInt(); // 获取消息体长度
    if (buf.readableBytes() < length) { // 消息体不完整
        buf.resetReaderIndex(); // 重置读取位置
        return null;
    }
    // 读取完整的消息体，并返回
    ChannelBuffer frame = buf.readBytes(length);
    return frame;
    }
}
```

介绍完 FrameDecoder 的基础知识，我们回来看 DetectHttpOrRpc 的具体实现。DetectHttpOrRpc 会根据从 Channel 中读取的第一个字节判断当前使用的协议，并对当前 ChannelPipeline 上注册的 ChannelHandler 做出调整。DetectHttpOrRpc 的核心方法自然也是 decode()方法，其具体实现代码如下：

```
protected Object decode(ChannelHandlerContext ctx, Channel chan,
        ChannelBuffer buffer) throws Exception {
    if (buffer.readableBytes() < 1) { // 读取第一个字节
        return null;
    }

    final int firstbyte = buffer.getUnsignedByte(buffer.readerIndex());
    // 获取当前 Channel 关联的 ChannelPipeline 对象
    final ChannelPipeline pipeline = ctx.getPipeline();
    // 检测第一个字节的范围，如果在 A~Z 的范围内，则客户端必然使用的是 HTTP，
    // 其他命令行协议(例如 Telnet)的第一个字符必然不是 ASCII 码
    if ('A' <= firstbyte && firstbyte <= 'Z') {
        // 下面添加的 ChannelHandler 对象主要负责处理 HTTP 请求
        // 添加 HttpRequestDecoder, Netty 提供的 ChannelHandler 实现之一，支持对解码 HTTP 的请求
        pipeline.addLast("decoder", new HttpRequestDecoder());
        // 如果 OpenTSDB 实例支持 HTTP Chunk(对应"tsd.http.request.enable_chunked"配置项)
        // 则添加 HttpChunkAggregator, 该 ChannelHandler 支持 HTTP Chunk，后面会简单介绍一下
        //  HTTP Chunk 的概念
```

```
    if (tsdb.getConfig().enable_chunked_requests()) {
      pipeline.addLast("aggregator", new HttpChunkAggregator(
          tsdb.getConfig().max_chunked_requests()));
    }
    // 添加 HttpContentDecompressor 对象，该 ChannelHandler 会将 Gzip 压缩 HTTP 请求进行解压
    pipeline.addLast("inflater", new HttpContentDecompressor());

    // 下面添加的 ChannelHandler 读写主要负责处理 OpenTSDB 实例返回的 HTTP 响应
    pipeline.addLast("encoder", new HttpResponseEncoder());
    pipeline.addLast("deflater", new HttpContentCompressor());
  } else {
    // 如果客户端使用的是其他命令行协议，则添加相应的 ChannelHandler 对其进行解析
    // 本书重点介绍 OpenTSDB 对 HTTP 请求支持，其他协议的处理要比 Http 协议的处理简单得多，
    // 就留给读者自行进行分析了
    pipeline.addLast("framer", new LineBasedFrameDecoder(1024));
    pipeline.addLast("encoder", ENCODER);
    pipeline.addLast("decoder", DECODER);
  }
  // 添加 IdleStateHandler，在 Channel 长时间空闲的时候，触发 IdleStateEvent 事件
  pipeline.addLast("timeout", timeoutHandler);
  pipeline.remove(this);
  // 添加 RpcHandler，后面会详细介绍 RpcHandler 如何处理客户端请求
  pipeline.addLast("handler", rpchandler);

  // Forward the buffer to the next handler.
  return buffer.readBytes(buffer.readableBytes());
}
```

HTTP Chunk

这里简单介绍一下 HTTP Chunk 的基本概念，对此熟悉的读者可以直接跳过该部分，继续后面的阅读。

在使用 HTTP 协议发送数据时，会在 HTTP 头的 Content-Length 字段中告诉对方需要接收的数据量。但是，在有些场景中，无法直接计算具体的数据量，例如发送一个较大的页面或静态资源，这时就可以用 HTTP Chunk 的方式进行传输，此方式会将 HTTP 头中的 Transfer-Encoding 字段设置为 chunk，而不再设置 Content-Length 字段。HTTP 协

议会将 Chunk 数据分成多个数据块进行传输，每个数据块都会以"\r\n"结束，完整的 Chunk 数据以一个空的 Chunk 数据块（即"0\r\n"）作为结束的标志，如图 2-21 所示。

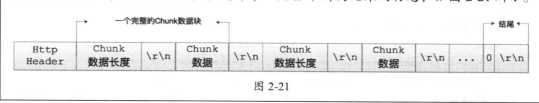

图 2-21

经过对 DetectHttpOrRpc.decode() 方法的分析，可以大致了解 OpenTSDB 为 HTTP 提供的 ChannelPipeline，如图 2-22 所示。

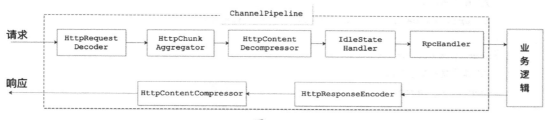

图 2-22

2.3.5 RpcHandler 分析

了解 ChannelPipeline 上其他 ChannelHandler 的功能之后，我们来分析 OpenTSDB 网络模块的核心 ChannelHandler 实现——RpcHandler。RpcHandler 是无状态的，它能够处理 Telnet、HTTP 等多种协议。

下面介绍一下 RpcHandler 实现中核心字段的含义。

- **rpc_manager（RpcManager 类型）**：通过 RpcHandler 解析之后得到的请求信息，会交给 RpcManager 进行处理。
- **tsdb（TSDB 类型）**：该 OpenTSDB 实例关联的 TSDB 实例。
- **http_rpcs_received、http_plugin_rpcs_received、exceptions_caught（AtomicLong 类型）**：这三个字段主要用来记录收到的 HTTP 请求个数、插件收到的 HTTP 请求个数及出现异常的个数。

RpcHandler 中还有其他一些关于 HTTP 跨域请求的相关字段，本书不再详细介绍 HTTP 跨域请求的相关信息，感兴趣的读者可以参考相关资料进行学习。

客户端发来的 HTTP 请求经过前面介绍的各个 ChannelHandler 对象处理之后，最终会进入 RpcHandler.messageReceived() 方法进行处理，该方法的具体实现如下所示。

```java
public void messageReceived(ChannelHandlerContext ctx, MessageEvent msgevent) {
  try {
    // 获取经过前面解析后的消息
    final Object message = msgevent.getMessage();
    if (message instanceof String[]) { // 对 Telnet 消息的处理
      handleTelnetRpc(msgevent.getChannel(), (String[]) message);
    } else if (message instanceof HttpRequest) { // 对 HTTP 请求的处理，这是本书分析的重点
      handleHttpQuery(tsdb, msgevent.getChannel(), (HttpRequest) message);
    } else {
      // 输出错误日志(略)
      exceptions_caught.incrementAndGet();// 记录异常数
    }
  } catch (Exception e) {
    // 输出错误日志(略)
    exceptions_caught.incrementAndGet();// 记录异常数
  }
}
```

当 RpcHandler.messageReceived()方法收到 HTTP 请求时会通过 handleHttpQuery()方法进行处理，在该方法中根据请求 URL 地址创建相应的 AbstractHttpQuery 对象，然后根据 AbstractHttpQuery 对象的具体类型决定将其交给 HttpRpc 还是 HttpRpcPlugin 进行处理。

AbstractHttpQuery

这里先了解一下 AbstractHttpQuery 及其子类，它们的继承关系如图 2-23 所示。

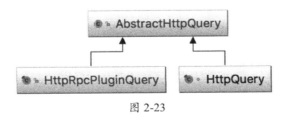

图 2-23

首先介绍 AbstractHttpQuery 中各个核心字段的含义，如下所示。

- **request**（**HttpRequest** 类型）：该 AbstractHttpQuery 对应的 HTTP 请求。
- **start_time**（**long** 类型）：该 AbstractHttpQuery 创建的时间戳，主要用于统计请求处理的时长。
- **chan**（**Channel** 类型）：当前 AbstractHttpQuery 对象关联的 Channel。

- **method（HttpMethod 类型）**：该 HTTP 请求的方法名称。
- **querystring（Map<String, List<String>>）**：此次 HTTP 请求携带的 GET 参数，注意，HTTP 请求参数的解析是延迟加载的，只有在第一次访问 querystring 字段时，才会真正解析 HTTP 请求参数并填充到该集合中。
- **response（DefaultHttpResponse 类型）**：当前 HTTP 请求对应的 HTTP 响应对象。

在 AbstractHttpQuery 中提供了获取请求基本信息的一些方法，这些方法都比较简单，简单介绍一下即可。

- **channel()方法**：获取 chann 字段。
- **getHeaders()方法**：返回 HTTP 请求中携带的 Header 信息。
- **getContent()方法**：将 HTTP 请求体转换成字符串并返回。
- **getQueryPath()方法和 explodePath()方法**：获取 HTTP 请求的 URI 地址。前者是返回完整的请求 URI，后者的返回值则是将 URI 按照 "/" 切分后得到的 String[]数组。
- **getQueryString()和 getQueryStringParam()方法**：获取请求指定的参数。
- **getRemoteAddress()方法**：获取客户端的 IP 地址和端口。

在 AbstractHttpQuery 中提供了 getQueryBaseRoute()方法供子类实现，该方法的返回值会决定其由哪个 RpcHandler 处理。后面会详细介绍 HttpQuery 和 HttpRpcPluginQuery 两个子类对该方法的实现。

AbstractHttpQuery 提供了 sendStatusOnly()和 sendBuffer()两个方法，前者只会向客户端返回 HTTP 响应码，后者 HTTP 响应中除了响应码还会携带响应体。下面先来看一下 sendStatusOnly()方法的具体实现：

```
public void sendStatusOnly(final HttpResponseStatus status) {
  // 检测当前连接的状态，如果连接已经断开，则直接执行 done()方法并返回
  if (!chan.isConnected()) {
    done();
    return;
  }
  // 设置 HTTP 响应的响应码
  response.setStatus(status);
  // 根据 HTTP 请求头中的 keep-alive 字段，设置 HTTP 响应头中的 Content-Length 字段
  final boolean keepalive = HttpHeaders.isKeepAlive(request);
  if (keepalive) {
    HttpHeaders.setContentLength(response, 0);
```

```
        }
        // 将返回 HTTP 响应写入 Channel，经过 ChannelPipeline 中各个 ChannelHandler 处理后，
        // 最终将其返回给客户端
        final ChannelFuture future = chan.write(response);
        if (stats != null) {
            // 在 ChannelFuture 上添加一个 Listener，在 HTTP 响应成功法发送后，会回调该 Listener
            future.addListener(new SendSuccess());
        }
        if (!keepalive) { // 如果不需要保持连接，则在响应发送成功之后，关闭该 Channel
            future.addListener(ChannelFutureListener.CLOSE);
        }
        done(); // 调用 done()方法，其中会记录监控及输出日志
    }
```

接下来看一下 sendBuffer()方法，其具体实现与上面介绍的 sendStatusOnly()方法类似，代码如下：

```
    public void sendBuffer(HttpResponseStatus status, ChannelBuffer buf, String contentType) {
        if (!chan.isConnected()) {
            done(); // 检测当前连接的状态，如果连接已经断开，则直接执行 done()方法并返回
            return;
        }
        // 设置 HTTP 响应头的 Content-Type 字段
        response.headers().set(HttpHeaders.Names.CONTENT_TYPE, contentType);
        response.setStatus(status);// 设置过 HTTP 响应码
        response.setContent(buf);// 设置过 HTTP 响应体
        // 根据 HTTP 请求头中的 keep-alive 字段，设置 HTTP 响应头中的 Content-Length 字段
        final boolean keepalive = HttpHeaders.isKeepAlive(request);
        if (keepalive) {
            HttpHeaders.setContentLength(response, buf.readableBytes());
        }
        // 将返回 HTTP 响应写入 Channel，经过 ChannelPipeline 中各个 ChannelHandler 处理后，
        // 最终会将其返回给客户端
        final ChannelFuture future = chan.write(response);
        if (stats != null) {
            // 在 ChannelFuture 上添加一个 Listener，在该 HTTP 响应成功法发送后，会回调该 Listener
            future.addListener(new SendSuccess());
        }
```

```
    if (!keepalive) { // 如果不需要保持连接，则在响应发送成功之后，关闭该 Channel
      future.addListener(ChannelFutureListener.CLOSE);
    }
    done(); // 调用 done()方法，其中会记录监控及输出日志
}
```

HttpQuery

了解了 AbstractHttpQuery 的基本实现之后，开始分析 HttpQuery，它是 AbstractHttpQuery 的实现类之一，也是最常用的实现类。

- **api_version（int 类型）**：记录了当前 API 的版本号。在静态字段 MAX_API_VERSION 中记录当前最大的 API 版本号（当前是 1）。
- **serializer（HttpSerializer 类型）**：此次请求使用的 HttpSerializer 对象。HttpSerializer 的主要功能就是反序列化 HTTP 请求体，并且序列化 HTTP 响应体。后面会看到 HttpSerializer 抽象类只有 HttpJsonSerializer 这一个实现类，该实现类负责将 JSON 格式的 HTTP 请求体反序列化为 OpenTSDB 中的*Query 对象，同时负责将对应的处理结果序列化成 JSON 并填充到 HTTP 响应体中。
- **show_stack_trace（boolean 类型）**：是否在 HTTP 响应中记录错误信息，该值对应 "tsd.http.show_stack_trace" 配置项。

在开始分析 HttpQuery.getQueryBaseRoute()方法的实现之前，需要了解客户端可能请求的 URI 地址有哪些，如下所示。

- **"/q?start=1h-ago..."**：返回的 Route 字符串是 q，低版本的 API。
- **"/api/v4/query"**：其中指定了 API 的版本号，返回的 Route 字符串是 "api/query"，即去掉版本号。
- **"/api/query"**：如果未指定 API 版本号则使用当前默认版本 API，返回的 Route 字符串是 "api/query"。

通过 HttpQuery.getQueryBaseRoute()方法返回的 Route 字符串用于选择处理该请求的 RpcHandler 对象，该方法的具体实现代码如下：

```
public String getQueryBaseRoute() {
  final String[] split = explodePath(); // 获取按照"/"切分后的 URI
  if (split.length < 1) {
    return "";
  }
  // 如果 URI 第一部分不是"api"，则使用的是低版本的 API，直接将其作为 Route 字符串返回
```

```java
  if (!split[0].toLowerCase().equals("api")) {
    return split[0].toLowerCase();
  }
  this.api_version = MAX_API_VERSION;
  if (split.length < 2) { // 如果只包含"api",则直接将其作为Route字符串
    return "api";
  }
  // 如果URI中带有版本号信息,则对版本号进行检查
  if (split[1].toLowerCase().startsWith("v") && split[1].length() > 1 &&
      Character.isDigit(split[1].charAt(1))) {
    final int version = Integer.parseInt(split[1].substring(1));
    if (version > MAX_API_VERSION) {
      throw new BadRequestException("...");
    }
    this.api_version = version; // 真正初始化api_version字段
  } else {
    // 默认版本号,则直接产生Route字符串并返回
    return "api/" + split[1].toLowerCase();
  }
  if (split.length < 3){ // 如果URI为"api/版本号"则Route字符串为"api"
    return "api";
  }
  // 将API的版本信息截掉,返回Route
  return "api/" + split[2].toLowerCase();
}
```

HttpQuery 与前面介绍的 AbstractHttpQuery 类似,核心也是 send*()方法,它们主要负责向客户端返回 HTTP 响应信息。这些 send*()方法的调用关系如图 2-24 所示。

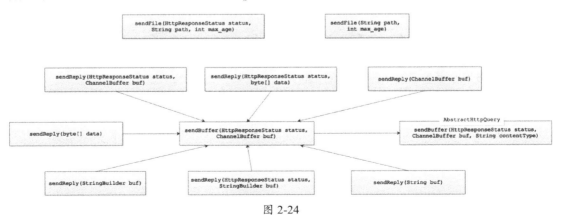

图 2-24

HttpQuery.sendRely()方法的多个重载都是通过调用 HttpQuery.sendBuffer()方法实现的,这里以其中一个重载为例进行分析:

```
public void sendReply(final byte[] data) {
    // 调用 HttpQuery.sendBuffer()方法向客户端返回 HTTP 响应,这里返回的是 202 响应码
    sendBuffer(HttpResponseStatus.OK, ChannelBuffers.wrappedBuffer(data));
}
```

在HttpQuery.sendBuffer()方法中会根据使用的API版本来确定HTTP响应的Content-Type,具体实现代码如下:

```
private void sendBuffer(HttpResponseStatus status, ChannelBuffer buf) {
    // 如果是低版本的 API,则通过 guessMimeType()方法确定 Content-Type,在 guessMimeType()方法中
    // 首先会根据请求的 URI 判断 Content-Type,如果失败,则根据返回的具体数据(即这里传入的
    // ChannelBuffer)
    // 判断 URI。如果使用高版本的 API,则通过 HttpSerializer 确定 Content-Type
    final String contentType = (api_version < 1 ? guessMimeType(buf) :
        serializer.responseContentType());
    // 调用 AbstractHttpQuery.sendBuffer()方法向客户端发送 HTTP 响应,其具体实现在前面已经详细
    // 分析过了,这里不再赘述
    sendBuffer(status, buf, contentType);
}
```

HttpQuery.sendFile()方法会读取指定文件的内容,并将文件内容封装成HTTP响应返回给客户端,其底层虽然没有调用AbstractHttpQuery.sendBuffer()方法,但是实现却与之类似,代码如下:

```
public void sendFile(HttpResponseStatus status, String path,
        int max_age) throws IOException {
    // 检测 HttpQuery 关联的 Channel 是否依然连接(略)
    RandomAccessFile file;
    try {
        // 读取指定的文件
        file = new RandomAccessFile(path, "r");
    } catch (FileNotFoundException e) {
        // 如果读取文件出现异常,则直接返回 404 响应码
        this.sendReply(HttpResponseStatus.NOT_FOUND, serializer.formatNotFoundV1());
        return;
```

```java
    final long length = file.length();
    {
      ... ... // 设置 HTTP 响应头中的相关字段, 包括 Content-Type 字段等(略)
      // 设置 HTTP 响应头中的 Content-Length 字段
      HttpHeaders.setContentLength(response(), length);
      // 将 HTTP 响应头写入 Channel, 最终会发送给客户端
      channel().write(response());
    }
    // DefaultFileRegion 是 Netty 提供的工具类之一, 它底层使用前面介绍的零拷贝方式(第一种)发送文件内容
    final DefaultFileRegion region = new DefaultFileRegion(file.getChannel(), 0, length);
    // 下面开始真正发送文件内容
    final ChannelFuture future = channel().write(region);
    // 添加 Listenr, 在整个文件内容发送完毕之后, 释放读取的文件,
    // 然后调用 done()方法统计此次请求的处理时间并输出日志信息
    future.addListener(new ChannelFutureListener() {
      public void operationComplete(final ChannelFuture future) {
        region.releaseExternalResources();
        done();
      }
    });
    if (!HttpHeaders.isKeepAlive(request())) {
      // 如果不是长连接, 则添加 Listener, 在响应发送完之后, 关闭当前 Channel
      future.addListener(ChannelFutureListener.CLOSE);
    }
  }
```

除此之外, HttpQuery 还提供了一些实用的辅助方法, 这里简单了解一下其功能即可, 具体实现比较简单, 留给读者自行分析:

- makePage()方法会返回较小的 HTML 页面, 比如 home 页面。
- notFound()方法直接返回 404 响应码。
- redirect()方法返回的 HTTP 响应头中会携带 Location 字段, 它会将客户端浏览器跳转到指定的地址。

最后需要介绍的是 HttpQuery.initializeSerializerMaps()方法, 在前面介绍 PipelineFactory 的构造方法时会调用该方法完成初始化 HttpQuery.serializer_map_content_type、serializer_map_query_string 等字段, 其中按照 ContentType、shortName 等为 HttpSerializer 实例建立索引, 后面

会详细介绍这几个字段的作用。HttpQuery.initializeSerializerMaps()方法的具体实现代码如下：

```java
public static void initializeSerializerMaps(final TSDB tsdb)
    throws SecurityException, NoSuchMethodException, ClassNotFoundException {
  // 加载用户自定 HttpSerializer 插件实现
  List<HttpSerializer> serializers = PluginLoader.loadPlugins(HttpSerializer.class);
  // 未发现用户自定义 HttpSerializer 实现，则使用 OpenTSDB 提供的默认实现，即这里的 HttpJsonSerializer
  if (serializers == null) {
    serializers = new ArrayList<HttpSerializer>(1);
  }
  final HttpSerializer default_serializer = new HttpJsonSerializer();
  serializers.add(default_serializer);
  serializer_map_content_type =
      new HashMap<String, Constructor<? extends HttpSerializer>>();
  serializer_map_query_string =
      new HashMap<String, Constructor<? extends HttpSerializer>>();
  serializer_status = new ArrayList<HashMap<String, Object>>();

  for (HttpSerializer serializer : serializers) { // 遍历 serializers 集合
    // 获取 HttpSerializer 的构造方法
    final Constructor<? extends HttpSerializer> ctor =
        serializer.getClass().getDeclaredConstructor(HttpQuery.class);

    // 按照 ContentType、shortName 对所有 HttpSerializer 对象进行索引
    Constructor<? extends HttpSerializer> map_ctor =
        serializer_map_content_type.get(serializer.requestContentType());
    // 检测该 ContentType 是否已有对应的 HttpSerializer 实现，如果有则抛出异常表示冲突(略)
    // 将 HttpSerializer 实现的构造方法记入 serializer_map_content_type 集合中
    serializer_map_content_type.put(serializer.requestContentType(), ctor);

    // 按照 shortName 对所有 HttpSerializer 对象进行索引
    map_ctor = serializer_map_query_string.get(serializer.shortName());
    // 检测该 shortName 是否已有对应的 HttpSerializer 实现，如果有则抛出异常表示冲突(略)
    // 将 HttpSerializer 实现的构造方法记入 serializer_map_query_string 集合
    serializer_map_query_string.put(serializer.shortName(), ctor);

    serializer.initialize(tsdb); // 初始化 HttpSerializer 实例
```

```java
    if (serializer.shortName().equals("json")) {
      continue;
    }
    // 将HttpSerializer实现的一些元数据记录到serializer_status集合中
    ... ... // 省略创建status集合的过程，感兴趣的读者可以参考代码进行学习
    serializer_status.add(status);
  }
}
```

在处理 HTTP 请求的过程中（完成 initializeSerializerMaps()方法初始化之后），会调用HttpQuery.setSerializer()方法设置该HttpQuery对象使用的HttpSerializer实现，该方法的具体实现如下：

```java
public void setSerializer() throws Exception {
  // 首先查找HTTP请求是否通过参数指定了使用HttpSerializer实现
  if (this.hasQueryStringParam("serializer")) {
    final String qs = this.getQueryStringParam("serializer");
    // 根据serializer参数中携带的是HttpSerializer实现的shortName,
    // 故去serializer_map_query_string集合中查找
    Constructor<? extends HttpSerializer> ctor =
        serializer_map_query_string.get(qs);
    if (ctor == null) {
      ... ... // 查找失败则返回4XX响应码(略)
    }
    this.serializer = ctor.newInstance(this); // 创建查找到的HttpSerializer对象
    return;
  }
  // 如果HTTP请求的参数中未明确指定，则根据Content-Type查找相应的HttpSerializer实现，
  // 此次是在serializer_map_content_type集合中查找
  String content_type = request().headers().get("Content-Type");
  if (content_type.indexOf(";") > -1) {
    content_type = content_type.substring(0, content_type.indexOf(";"));
  }
  Constructor<? extends HttpSerializer> ctor =
      serializer_map_content_type.get(content_type);
  if (ctor == null) {
    return;
  }
```

```
    this.serializer = ctor.newInstance(this); // 创建查找到的 HttpSerializer 对象
}
```

至此，抽象类 AbstractHttpQuery 及其实现类 HttpQuery 的大致实现已经介绍完了。AbstractHttpQuery 的另一个实现类 HttpRpcPluginQuery 实现比较简单，只实现了 AbstractHttpQuery.getQueryBaseRoute()抽象方法，这里就不再详细介绍了，感兴趣的读者可以参考源码进行分析。

handleHttpQuery()方法

下面回到 RpcHandler.handleHttpQuery()方法继续介绍 RpcHandler 对 HTTP 请求的处理。该方法首先会根据请求的 URI 创建 AbstractHttpQuery 实现，然后根据 AbstractHttpQuery 返回的 Route 字符串查找 HttpRpc 实现来处理 HTTP 请求。如果在处理过程中出现异常，则会根据异常类型返回 4XX 或 5XX 的响应码及提示信息。RpcHandler.handleHttpQuery()方法的具体实现代码如下：

```
private void handleHttpQuery(final TSDB tsdb, final Channel chan, final HttpRequest req) {
    AbstractHttpQuery abstractQuery = null;
    try {
        // 创建该 HTTP 请求对应的 AbstractHttpQuery 对象，根据访问的 URI 决定使
        // 用哪个 AbstractHttpQuery 的具体实现
        abstractQuery = createQueryInstance(tsdb, req, chan);
        // 在不支持 HTTP Chunk 的情况下收到 Chunk 类型的 HTTP 请求，则直接返回异常信息(略)
        // 通过前面介绍的 AbstractHttpQuery.getQueryBaseRoute()方法获取 Route 字符串
        final String route = abstractQuery.getQueryBaseRoute();
        // 根据 AbstractHttpQuery 的具体类型进行分类处理
        if (abstractQuery.getClass().isAssignableFrom(HttpRpcPluginQuery.class)) {
            ... ... // 省略 HttpRpcPluginQuery 的处理过程，感兴趣的读者可以参考源码进行学习
        } else if (abstractQuery.getClass().isAssignableFrom(HttpQuery.class)) {
            final HttpQuery builtinQuery = (HttpQuery) abstractQuery;
            // 设置该请求使用的 HttpSerializer 对象，在前面已经分析过该方法的具体实现，这里不再赘述
            builtinQuery.setSerializer();
            // 设置跨域访问的相关配置(略)
            // 根据 Route 字符串查找对应的 HttpRpc 对象
            final HttpRpc rpc = rpc_manager.lookupHttpRpc(route);
            if (rpc != null) {
                rpc.execute(tsdb, builtinQuery);// 由查找到的 HttpRpc 对象处理该 HTTP 请求
```

```
      } else {
        builtinQuery.notFound(); // 查找不到相应的 HttpRpc 实现，则直接返回 404
      }
    }
  } catch (Exception ex) {
    // 根据出现的异常类型，返回 4XX 或 5XX 响应码，具体实现与前面介绍的 HttpQuery.sendBuffer()
    // 等方法类似，这里不再展开介绍
  }
}
```

这里简单看一下 createQueryInstance()方法选择 AbstractHttpQuery 具体实现的方式，具体实现代码如下：

```
private AbstractHttpQuery createQueryInstance(TSDB tsdb, HttpRequest request,
    Channel chan) throws BadRequestException {
  final String uri = request.getUri(); // 获取请求的 URI 地址
  ... ... // 检测 URI 的合法性(略)
  if (rpc_manager.isHttpRpcPluginPath(uri)) { // 创建 HttpRpcPluginQuery 对象
    http_plugin_rpcs_received.incrementAndGet();
    return new HttpRpcPluginQuery(tsdb, request, chan);
  } else {     // 使用 HttpQuery 对象
    http_rpcs_received.incrementAndGet();
    HttpQuery builtinQuery = new HttpQuery(tsdb, request, chan);
    return builtinQuery;
  }
}
```

最后需要读者了解的是，RpcHandler 继承了 Netty 中的 IdleStateAwareChannelUpstreamHandler 类，当 Channel 空闲时，触发的 IdleStateEvent 事件会调用其 channelIdle()方法进行处理，具体实现代码如下：

```
public void channelIdle(ChannelHandlerContext ctx, IdleStateEvent e) {
  if (e.getState() == IdleState.ALL_IDLE) { // Channel 不再读写数据
    e.getChannel().close(); // 关闭 Channel 并输出日志
    LOG.info("Closed idle socket: " + channel_info);
  }
}
```

2.3.6 RpcManager

在前面介绍 RpcHandler.handHttpQuery()方法的时候提到，HTTP 请求会交由 HttpRpc 接口相应的具体实现进行处理。在 OpenTSDB 中，所有 HttpRpc 接口对象都是无状态的，它们都是由 RpcManager 进行管理的，RpcManager 本身也是无状态的并且是单例的，其生命周期与整个 OpenTSDB 实例的生命周期一致。

下面介绍 RpcManager 中核心字段的含义。

- **INSTANCE（AtomicReference<RpcManager>类型）**：指向全局唯一的 RpcManager 对象，初始化完成之后，调用方获取的 RpcManager 对象都是该字段指向的 RpcManager 对象。
- **http_commands（ImmutableMap<String, HttpRpc>类型）**：记录所有 HttpRpc 对象。其中 Key 是前面提到的 Route 字符串，Value 就是 HttpRpc 具体实现类的对象。
- **telnet_commands（ImmutableMap<String, TelnetRpc>类型）**：记录所有 TelnetRpc 对象。其 Key/Value 含义与 http_commands 字段中的类似。
- **http_plugin_commands（ImmutableMap<String, HttpRpcPlugin>类型）**：记录所有 HttpRpcPlugin 对象。其 Key/Value 含义与 http_commands 字段中的类似。
- **rpc_plugins（ImmutableList<RpcPlugin>类型）**：记录所有 RpcPlugin 对象。
- **HAS_PLUGIN_BASE_WEBPATH（Pattern 类型）**：通过请求 URI 判定此次 HTTP 请求是否由 HttpRpcPlugin 对象处理的正则表达式。

在 RpcHandler 的构造方法中可以看到，其中调用了 RpcManager.instance()方法完成了 RpcManager 对象的初始化，其主要功能就是初始化 RpcPlugins、HttpRpc、TelnetRpc 及 HttpRpcPlugin 等实现，具体实现代码如下：

```
public static synchronized RpcManager instance(final TSDB tsdb) {
  final RpcManager existing = INSTANCE.get();// 单例模式,先检查是否已存在创建好的 RpcManager
  if (existing != null) {
    return existing;
  }
  // 创建 RpcManager 对象
  final RpcManager manager = new RpcManager(tsdb);
  // 获取当前 OpenTSDB 的模式，ro 表示只能读取时序数据，wo 表示只能写入时序数据，rw 表示可读可写
  final String mode = Strings.nullToEmpty(tsdb.getConfig().getString("tsd.mode"));
```

```java
// 如果使用了用户自定义的Rpc插件,则需要在这里完成加载和初始化
// initializeRpcPlugins()方法及RpcPlugin的具体实现将在后面进行详细介绍
final ImmutableList.Builder<RpcPlugin> rpcBuilder = ImmutableList.builder();
if (tsdb.getConfig().hasProperty("tsd.rpc.plugins")) {
  final String[] plugins = tsdb.getConfig().getString("tsd.rpc.plugins").split(",");
  manager.initializeRpcPlugins(plugins, rpcBuilder);
}
manager.rpc_plugins = rpcBuilder.build();// 初始化rpc_plugins字段

// 初始化HttpRpc和TelnetRpc, initializeBuiltinRpcs()方法中的具体初始化过程在后面会详细介绍
final ImmutableMap.Builder<String, TelnetRpc> telnetBuilder = ImmutableMap.builder();
final ImmutableMap.Builder<String, HttpRpc> httpBuilder = ImmutableMap.builder();
manager.initializeBuiltinRpcs(mode, telnetBuilder, httpBuilder);
manager.telnet_commands = telnetBuilder.build();
manager.http_commands = httpBuilder.build();

// 初始化HttpRpcPlugin,initializeHttpRpcPlugins()方法中的具体初始化过程在后面会详细介绍
final ImmutableMap.Builder<String, HttpRpcPlugin> httpPluginsBuilder =
    ImmutableMap.builder();
if (tsdb.getConfig().hasProperty("tsd.http.rpc.plugins")) {
  final String[] plugins =
      tsdb.getConfig().getString("tsd.http.rpc.plugins").split(",");
  manager.initializeHttpRpcPlugins(mode, plugins, httpPluginsBuilder);
}
manager.http_plugin_commands = httpPluginsBuilder.build();

INSTANCE.set(manager); // 更新INSTANCE引用
return manager;
}
```

这里重点介绍的是初始化 HttpPlugin 相关实现的过程,也就是 RpcManager.initializeBuiltinRpcs() 方法,在该方法中会根据当前 OpenTSDB 的读写模式,决定注册哪些 HttpRpc 和 TelnetRpc 实现,其具体实现代码如下:

```java
private void initializeBuiltinRpcs(String mode, ImmutableMap.Builder<String, TelnetRpc>
    telnet, ImmutableMap.Builder<String, HttpRpc> http) {
  // 是否允许客户端使用"/api/xxx"这种格式URI
  final Boolean enableApi =
```

```java
    tsdb.getConfig().getString("tsd.core.enable_api").equals("true");
// 是否处理 UI 等静态资源的请求
final Boolean enableUi =
    tsdb.getConfig().getString("tsd.core.enable_ui").equals("true");
// 是否允许客户端发送一条特殊的命令(diediedie)来关闭当前 OpenTSDB 实例
final Boolean enableDieDieDie =
    tsdb.getConfig().getString("tsd.no_diediedie").equals("false");

// 只有在 OpenTSDB 实例为可写模式下,才会添加 PutDataPointRpc 实现,
// PutDataPointRpc 处理的是写入时序数据的请求
if (mode.equals("rw") || mode.equals("wo")) {
  final PutDataPointRpc put = new PutDataPointRpc();
  telnet.put("put", put); // 最终会添加到 telnet_commands 集合中
  if (enableApi) {
    http.put("api/put", put); // 最终会添加到 http_commands 集合中
  }
}

if (mode.equals("rw") || mode.equals("ro")) { // 在可读模式下添加相应的 HttpRpc 和
                                              // TelnetRpc
  final StaticFileRpc staticfile = new StaticFileRpc();
  final StatsRpc stats = new StatsRpc();
  final DropCachesRpc dropcaches = new DropCachesRpc();
  final ListAggregators aggregators = new ListAggregators();
  final SuggestRpc suggest_rpc = new SuggestRpc();
  final AnnotationRpc annotation_rpc = new AnnotationRpc();
  final Version version = new Version();

  telnet.put("stats", stats);
  telnet.put("dropcaches", dropcaches);
  telnet.put("version", version);
  telnet.put("exit", new Exit());
  telnet.put("help", new Help());

  if (enableUi) {
    http.put("", new HomePage());
    http.put("aggregators", aggregators);
    http.put("dropcaches", dropcaches);
```

```java
      http.put("favicon.ico", staticfile);
      http.put("logs", new LogsRpc());
      http.put("q", new GraphHandler());
      http.put("s", staticfile);
      http.put("stats", stats);
      http.put("suggest", suggest_rpc);
      http.put("version", version);
    }

    if (enableApi) {
      http.put("api/aggregators", aggregators);
      http.put("api/annotation", annotation_rpc);
      http.put("api/annotations", annotation_rpc);
      http.put("api/config", new ShowConfig());
      http.put("api/dropcaches", dropcaches);
      http.put("api/query", new QueryRpc());
      http.put("api/search", new SearchRpc());
      http.put("api/serializers", new Serializers());
      http.put("api/stats", stats);
      http.put("api/suggest", suggest_rpc);
      http.put("api/tree", new TreeRpc());
      http.put("api/uid", new UniqueIdRpc());
      http.put("api/version", version);
    }
  }

  if (enableDieDieDie) { // 添加 DieDieDie
    final DieDieDie diediedie = new DieDieDie();
    telnet.put("diediedie", diediedie);
    if (enableUi) {
      http.put("diediedie", diediedie);
    }
  }
}
```

按照前面对 RpcHandler 的分析，在 RpcManager 完成初始化操作之后，就可以接收客户端的 HTTP 请求了。RpcManager 会通过 lookupHttpRpc()、lookupTelnetRpc()等方法查找相应的对象来处理请求，这里以 lookupHttpRpc()方法为例进行介绍，其他的 lookup*()方法的实现逻辑类似，代码如下：

```
HttpRpc lookupHttpRpc(final String queryBaseRoute) {
  // 在 http_commands 集合中(根据 Route 字符串) 查找对应的 HttpRpc 对象
  return http_commands.get(queryBaseRoute);
}
```

2.3.7　HttpRpc 接口

通过前面几节的介绍，我们了解了 RpcHandler、RpcManager 的初始化过程，还提到了 HttpRpc 对象与 Route 字符串的映射关系等。本节将重点介绍 HttpRpc 接口及其实现类，由于篇幅限制，本节会详细分析 PutDataPointRpc、QueryRpc 等核心的 HttpRpc 实现类，其他的 HttpRpc 实现类比较简单，只简单介绍一下其功能即可。

```
interface HttpRpc {
  // 所有 HTTP 请求最后都会转化成 HttpQuery 对象，并通过相应 HttpRpc 对象的 execute() 方法进行处理
  void execute(TSDB tsdb, HttpQuery query) throws IOException;
}
```

图 2-25 展示了 OpenTSDB 中提供的 HttpRpc 接口实现类。

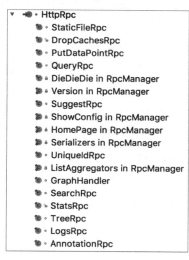

图 2-25

下面简单介绍一下各个 HttpRpc 实现类的功能，内容如下。

- **PutDataPointRpc**：处理所有与时序数据写入相关的请求，后面会详细分析其具体实现。
- **QueryRpc**：处理所有与时序数据查询相关的请求，后面会详细分析其具体实现。
- **UniqueIdRpc**：所有与 UID 相关的请求都是由该 HttpRpc 实现处理的，对应的 HTTP 接口是"/api/uid"，后面会详细分析其具体实现。
- **SuggestRpc**：前面简单介绍过，"/api/suggest"这个 HTTP 接口是用来提示 metric、tagk 或 tagv 的，SuggestRpc 的主要功能就是处理 suggest 相关的请求。
- **AnnotationRpc**：所有增删改查 Annotation 的请求都是由该 HttpRpc 实现的，对应的 HTTP 接口是"/api/annotation"，后面会详细分析其具体实现。
- **TreeRpc**：所有增删改查 Tree 的请求都是由该 HttpRpc 实现的，对应的 HTTP 接口是"/api/tree"，后面会详细分析其具体实现。
- **DropCachesRpc**：在后面介绍 UniqueId 的相关内容时会提到缓存，该 HttpRpc 实现的功能就是将所有 UniqueId 对象中的缓存清空。
- **SearchRpc**：前面提到过"/api/search"这个 HTTP 接口提供了查询 OpenTSDB 元数据的功能，而 SearchRpc 正是实现该功能的 HttpRpc。后面会详细介绍 SearchRpc 的实现及 OpenTSDB 中元数据的存储方式。
- **DieDieDie**：前面提到过，客户端可以通过"/diediedie"这个 HTTP 接口关闭 OpenTSDB 实例，DieDieDie 就是实现该功能的 HttpRpc。
- **ShowConfig**：前面提到过"/api/config"这个 HTTP 接口可以返回当前 OpenTSDB 实例的所有配置信息，这里的 ShowConfig 就是实现该 HTTP 接口功能的 HttpRpc。
- **ListAggregators**：前面提到过"/api/aggregators"这个 HTTP 接口可以返回当前 OpenTSDB 实例支持的聚合函数列表，这里的 ListAggregators 就是实现该 HTTP 接口功能的 HttpRpc。
- **Version**："/api/version"这个 HTTP 接口会返回当前 OpenTSDB 实例的版本信息，这里的 Version 就是实现该 HTTP 接口功能的 HttpRpc。
- **Serializers**："/api/serializers"这个 HTTP 接口会返回当前请求使用的 HttpSerializer 信息，这里的 Serializers 就是实现该 HTTP 接口功能的 HttpRpc。
- **HomePage**：负责返回 OpenTSDB 的首页。
- **StaticFileRpc**：所有静态资源文件都是通过该 HttpRpc 返回的，对应的 HTTP 接口是"/s"。

介绍完每个 HttpRpc 实现的大致功能之后，本节的剩余部分将详细分析几个核心的 HttpRpc 实现。

PutDataPointRpc

PutDataPointRpc 是 OpenTSDB 提供的 HttpRpc 接口实现之一，主要负责处理写入时序数据的请求，对应的 HTTP 接口是 "/api/put"。除实现 HttpRpc 接口外，PutDataPointRpc 还同时实现了 TelnetRpc 接口，如图 2-26 所示，所以 PutDataPointRpc 同时具有处理 HTTP 请求和 Telnet 请求的能力。

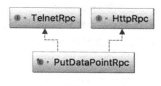

图 2-26

PutDataPointRpc 中的字段都是用来记录全局统计信息的，没有记录状态的相关字段，正如前面介绍的那样，PutDataPointRpc 对象是无状态的，在整个 OpenTSDB 实例中只有一个实例。下面介绍 PutDataPointRpc 中核心字段的含义。

- **requests（AtomicLong 类型）**：统计当前 PutDataPointRpc 对象已经处理的总请求个数，其中包括 HTTP 请求和 Telnet 请求两类。
- **hbase_errors（AtomicLong 类型）**：统计写入 HBase 出现异常的次数。
- **invalid_values（AtomicLong 类型）**：统计写入的时序数据出现不合法值的次数。
- **illegal_arguments（AtomicLong 类型）**：统计写入时序数据时 IncomingDataPoint 携带的 metric、timestamp、tag 等信息出现异常时会增加的字段。
- **writes_blocked（AtomicLong 类型）**：统计写入被阻塞的次数。
- **writes_timedout（AtomicLong 类型）**：统计写入超时的次数。

在开始介绍 PutDataPointRpc 中核心方法的实现之前，先来介绍一下 OpenTSDB 对写入的点的抽象。通过 HTTP 客户端向 OpenTSDB 写入时序数据时发送的实际上是一段 JSON 数据，这段 JSON 数据在到达 OpenTSDB 服务端并解析之后会得到一个 IncomingDataPoint 集合，每个 IncomingDataPoint 对象表示一个待写入的点。IncomingDataPoint 是一个 POJO，其核心字段如下所示。

- **metric（String 类型）**：该点对应的 metric 名称。
- **timestamp（long 类型）**：该点对应的时间戳，该时间戳可以是秒级的，也可以是毫秒级的。
- **value（String 类型）**：该点的具体值。
- **tags（HashMap<String, String>类型）**：该点对应的 tag 组合。

- **tsuid（String 类型）**：该点对应的 tsuid。

下面重点分析的是 PutDataPointRpc.execute() 方法的具体实现，该方法完成了对时序数据写入请求的处理，代码如下：

```java
public void execute(final TSDB tsdb, final HttpQuery query) throws IOException {
  requests.incrementAndGet(); // 增加 requests
  // 检测 HttpMethod，PutDataPointRpc 只处理 POST 请求(略)
  // 解析 HTTP 请求体，得到待写入的点，默认使用的 HttpSerializer 实现是 HttpJsonSerializer，
  // 实际上就是解析 JSON 数据
  final List<IncomingDataPoint> dps = query.serializer().parsePutV1();
  // 检测解析得到的 dps 集合中 IncomingDataPoint 对象的个数(略)
  // 解析 HTTP 请求中携带的其他参数，这里简单介绍一下这几个参数的含义
  // details 参数表示在 HTTP 响应中是否包含写入操作的详细描述信息
  final boolean show_details = query.hasQueryStringParam("details");
  // summary 参数表示在 HTTP 响应中是否包含写入操作的概况信息
  final boolean show_summary = query.hasQueryStringParam("summary");
  // sync 参数表示此次写入是否为同步写入
  final boolean synchronous = query.hasQueryStringParam("sync");
  // sync_timeout 参数表示同步写入的超时时间
  final int sync_timeout = query.hasQueryStringParam("sync_timeout") ?
      Integer.parseInt(query.getQueryStringParam("sync_timeout")) : 0;
  final AtomicBoolean sending_response = new AtomicBoolean();
  sending_response.set(false);
  // details 集合用于记录写入过程中的详细描述信息
  final ArrayList<HashMap<String, Object>> details = show_details
    ? new ArrayList<HashMap<String, Object>>() : null;
  int queued = 0; // 记录当前正在写入的点
  final List<Deferred<Boolean>> deferreds = synchronous ?
      new ArrayList<Deferred<Boolean>>(dps.size()) : null;
  for (final IncomingDataPoint dp : dps) { // 遍历前面解析得到的 IncomingDataPoint
    // 当该点写入发生异常时，会回调 PutErrback 这个 Callback 实现进行处理，后面将详细介绍其实现
    final class PutErrback implements Callback<Boolean, Exception> {
      ... ...
    }

    // 当该点写入成功之后会回调 SuccessCB 这个 Callback 实现，其 call 实现比较简单，直接返回 true
    final class SuccessCB implements Callback<Boolean, Object> {
```

```java
      @Override
    public Boolean call(final Object obj) {
      return true;
    }
  }
  try {
    // 检测该 IncomingDataPoint 中的 metric、timestamp、value、tag 组合等方面是否合法，
    // 如果检测失败则递增 illegal_arguments 值，并根据 show_details 参数决定是否向 details 集
    // 合中记录相应信息(略)
    // 根据当前 IncomingDataPoint 中的 value 值，调用 TSDB 对应的 addPoint()方法写入该点，
    // TSDB.addPoint()方法的具体实现在后面的章节中会进行详细分析
    final Deferred<Object> deferred;
    if (Tags.looksLikeInteger(dp.getValue())) {
      deferred = tsdb.addPoint(dp.getMetric(), dp.getTimestamp(),
        Tags.parseLong(dp.getValue()), dp.getTags());
    } else {
      deferred = tsdb.addPoint(dp.getMetric(), dp.getTimestamp(),
        Float.parseFloat(dp.getValue()), dp.getTags());
    }
    if (synchronous) { // 如果是同步写入，则添加 SuccessCB 作为回调对象
      deferreds.add(deferred.addCallback(new SuccessCB()));
    }
    deferred.addErrback(new PutErrback());// 添加 PutErrback 处理异常
    ++queued;
  } catch (Exception x) {
    // 根据 show_details 参数决定是否向 details 集合中记录相应信息(略)
    // 根据不同的异常类型,决定递增 illegal_arguments、invalid_values 还是 unknown_metrics(略)
  }
}
// 如果是同步写入请求，一般会指定此次写入的超时时间，如果一直等待写入可能会阻塞后面的请求，这里
// 会创建 TimerTask 定时任务，TimerTask 是 Netty 提供的接口，也是添加到 HashedWheelTimer 中
// 的定时任务。当该定时任务到期时，写入依然没有完成，则认为写入超时并向客户端返回超时的 HTTP 响
// 应信息。PutTimeout 的具体实现会在后面进行详细的分析
class PutTimeout implements TimerTask {
  ... ...
}


// 如果此次 HTTP 请求写入需要同步完成(即 HTTP 请求的 sync 参数设置为 true)，则创建 PutTimeOut
```

```java
// 并将其添加到前面创建的 HashedWheelTimer 中，等待过期
final Timeout timeout = sync_timeout > 0 ?
    tsdb.getTimer().newTimeout(new PutTimeout(queued), sync_timeout,
        TimeUnit.MILLISECONDS) : null;

// GroupCB 这个 Callback 实现负责向客户端返回 HTTP 响应，其具体实现会在后面详细分析
class GroupCB implements Callback<Object, ArrayList<Boolean>> {
    ... ...
}

// ErrCB 这个 Callback 实现会处理 Callback 链中出现的异常，其具体实现会在后面详细分析
class ErrCB implements Callback<Object, Exception> {
    ... ...
}

// 如果是同步写入，则等待上述全部 IncomingDataPoint 写入完成后，再调用 GroupCB 回调，
// 如果是异步写入，则直接调用 GroupCB 回调将 HTTP 响应返回
if (synchronous) {
    Deferred.groupInOrder(deferreds).addCallback(new GroupCB(queued))
        .addErrback(new ErrCB());
} else {
    new GroupCB(queued).call(EMPTY_DEFERREDS);
}
}
```

介绍完 PutDataPointRpc.execute()方法的大致步骤之后，下面详细介绍其中涉及的内部类实现。首先来看 PutErrback 实现，当相应的 IncomingDataPoint 写入失败时，会由关联的 PutErrback 对象处理，具体实现代码如下：

```java
final class PutErrback implements Callback<Boolean, Exception> {
    public Boolean call(final Exception arg) {
        handleStorageException(tsdb, dp, arg); // 处理异常
        hbase_errors.incrementAndGet(); // 递增 hbase_errors
        if (show_details) { // 根据 show_details 参数决定是否向 details 集合中记录详细信息
            details.add(getHttpDetails("Storage exception: " + arg.getMessage(), dp));
        }
        return false;
    }
}
```

接下来要分析的是 PutTimeout，它实现了 Netty 提供的 TimerTask 接口。PutTimeOut 定时任务的超时时间就是 HTTP 请求中指定的 sync_timeout 参数。当该任务到期时，若同步写入依然未完成，则认为此次写入超时。PutTimeout 的具体实现代码如下：

```java
class PutTimeout implements TimerTask {
    final int queued; // 此次写入的点的个数，其构造函数中会初始化该字段(略)
    @Override
    public void run(final Timeout timeout) throws Exception {
        if (sending_response.get()) {
            return; // 已经向客户端发送过 HTTP 响应，则直接返回
        } else {
            sending_response.set(true); // 更新 sending_response 标识
        }
        int good_writes = 0;
        int failed_writes = 0;
        int timeouts = 0;
        for (int i = 0; i < deferreds.size(); i++) { // 遍历 deferreds 集合
            try {
                if (deferreds.get(i).join(1)) { // 统计有多少点写入成功，有多少点写入失败
                    ++good_writes;
                } else {
                    ++failed_writes;
                }
            } catch (TimeoutException te) {
                // 根据 show_details 参数决定是否向 details 集合中记录详细信息(略)
                ++timeouts; // 统计有多少点写入超时
            }
        }
        writes_timedout.addAndGet(timeouts); // 更新 writes_timeout 字段
        final int failures = dps.size() - queued;
        if (!show_summary && !show_details) {
            throw new BadRequestException("...");// 抛出异常
        } else {
            final HashMap<String, Object> summary = new HashMap<String, Object>();
            ......// 填充概况信息，记录写入成功、失败、超时的点的个数，以及异常信息(略)
            // 向客户端发送 HTTP 响应信息，HttpQuery.sendReply()方法的具体实现在前面分析过了，这里
            // 不再展开分析
```

```
            query.sendReply(HttpResponseStatus.BAD_REQUEST,
                query.serializer().formatPutV1(summary));
        }
    }
}
```

了解了 PutTimeout 在同步写入超时时如何返回 HTTP 响应后，再来分析 GroupCB 实现，它主要负责在异步写入或同步写入完成时，向客户端发送 HTTP 响应，具体实现代码如下：

```
class GroupCB implements Callback<Object, ArrayList<Boolean>> {
    final int queued; // 此次写入的点的个数，其构造函数中会初始化该字段(略)

    @Override
    public Object call(final ArrayList<Boolean> results) {
        if (sending_response.get()) {
            return null; // 已经向客户端发送过 HTTP 响应，则直接返回
        } else {
            sending_response.set(true); // 更新 sending_response 标识
            if (timeout != null) {
                // 如果是同步写入，则前面会创建 PutTimeout 定时任务，此时写入完成，需要停止该定时任务
                timeout.cancel();
            }
        }
        int good_writes = 0;
        int failed_writes = 0;
        for (final boolean result : results) { // 统计写入成功和写入失败的点的个数
            if (result) {
                ++good_writes;
            } else {
                ++failed_writes;
            }
        }
        final int failures = dps.size() - queued;
        // 根据 summary 参数和 details 参数创建 HTTP 响应体，最后通过 HttpQuery.sendReply()方法
        // 向客户端发送 HTTP 响应，该部分实现与 PutTimeOut 中的实现类似，所以不再粘贴代码
        ... ...
        return null;
    }
}
```

最后，ErrCB 这个 Callback 实现主要处理 Callback 链中出现的异常，它也会先检测 sending_response 字段，如果之前未向客户端发送 HTTP 响应，则尝试取消前面的 PutTimeOut 定时任务并抛出异常。ErrCB 的实现比较简单，这里就不再展开详细介绍了，感兴趣的读者可以参考源码进行学习。

至此，PutDataPointRpc 对 HTTP 请求处理的过程就介绍完了。除此之外，PutDataPointRpc 还能处理 Telnet 请求，该过程与本节介绍的对 HTTP 请求的处理过程类似，这里就不再展开详细介绍了，感兴趣的读者可以参考源码进行学习。

QueryRpc

QueryRpc 是 OpenTSDB 提供的 HttpRpc 接口实现之一，如图 2-27 所示。它主要负责处理查询时序数据的请求，对应的 HTTP 接口是 "/api/query" 和 "/api/query/*"。

图 2-27

QueryRpc 中的三个字段 query_success、query_invalid、query_exceptions（都为 AtomicLong 类型），分别记录了查询成功、查询参数不合法及查询失败的请求个数。

QueryRpc.execute()方法是处理 HTTP 请求的入口方法，它会根据 HTTP 请求的 URI 调用不同的 QueryRpc.handle*()方法进行处理，具体实现代码如下：

```java
public void execute(final TSDB tsdb, final HttpQuery query) throws IOException {

  // 检测 HttpMethod, QueryRpc 只接收 GET、POST、DELETE 三个方法(略)
  // 当 HttpMethod 为 DELETE 时，表示删除查询到的时序数据，此时需要开
  // 启"tsd.http.query.allow_delete"字段(略)
  // 解析该请求的 URI，并根据 URI 地址调用相应的 handle*()方法处理 HTTP 请求
  final String[] uri = query.explodeAPIPath();
  final String endpoint = uri.length > 1 ? uri[1] : "";

  if (endpoint.toLowerCase().equals("last")) { // 请求"/api/query/last"地址
    handleLastDataPointQuery(tsdb, query);
  } else if (endpoint.toLowerCase().equals("gexp")) {// 请求"/api/query/gexp"地址
    handleQuery(tsdb, query, true);
```

```
    } else if (endpoint.toLowerCase().equals("exp")) {// 请求"/api/query/exp"地址
      handleExpressionQuery(tsdb, query);
      return;
    } else { // 请求"/api/query"地址
      handleQuery(tsdb, query, false);
    }
  }
```

handleQuery()方法

下面分析 QueryRpc.handleQuery()方法,该方法定义了查询需要的多个 Callback 实现,并通过 Callback 链定义了查询时序数据的步骤,其内容大致如下:

(1) 查询并处理 Annotation 信息。

(2) 将 TSQuery 转换成 TsdbQuery,同时将 metric、tag 中的字符串转换成 UID。

(3) 调用 TsdbQuery.runAsync()方法查询时序数据。

(4) 根据请求的 URI 和请求携带的表达式处理步骤 3 中查询到的时序数据。

(5) 将步骤 4 的处理结果和前面查询到的 Annotation 信息封装成 HTTP 响应返回给客户端。

QueryRpc.handleQuery()方法的具体实现代码如下:

```
private void handleQuery(TSDB tsdb, HttpQuery query, boolean allow_expressions) {
  final long start = DateTime.currentTimeMillis();
  final TSQuery data_query;
  final List<ExpressionTree> expressions;
  // 如果是 POST 请求,则将 HTTP 请求体解析成 TSQuery 对象
  if (query.method() == HttpMethod.POST) {
    switch (query.apiVersion()) {
      case 0:
      case 1: // 目前 0、1 两个版本都是使用 HttpSerializer 将 JSON 数据解析成 TSQuery 对象
        data_query = query.serializer().parseQueryV1();
        break;
      default: // 目前只有 0、1 两个版本的 API
        query_invalid.incrementAndGet();
        throw new BadRequestException("...");
    }
    expressions = null;
  } else {
```

```java
    expressions = new ArrayList<ExpressionTree>();
    // 如果是其他HttpMethod，例如GET，则将HTTP请求的参数解析成TSQuery对象
    data_query = parseQuery(tsdb, query, expressions);
}

if (query.getAPIMethod() == HttpMethod.DELETE &&
    tsdb.getConfig().getBoolean("tsd.http.query.allow_delete")) {
    // 根据HttpMethod和"tsd.http.query.allow_delete"配置项设置TSQuery中的delete字段
    data_query.setDelete(true);
}

// 检测TSQuery中各个字段及其中的子查询是否合法，如果检测失败，则抛出异常(略)
// TSQuery中子查询的个数
final int nqueries = data_query.getQueries().size();
final ArrayList<DataPoints[]> results = new ArrayList<DataPoints[]>(nqueries);
final List<Annotation> globals = new ArrayList<Annotation>();

// ErrorCB主要处理查询过程遇到的各种异常
class ErrorCB implements Callback<Object, Exception> {
    ... ...
}

// QueriesCB是在时序数据查询结束之后执行的，它负责整理查询到的时序数据，并以DataPoints[]数
// 组的形式返回
class QueriesCB implements Callback<Object, ArrayList<DataPoints[]>> {
    ... ...
}

// BuildCB是真正查询时序数据的地方，它是在metric、tag等字符串解析成UID之后执行的
class BuildCB implements Callback<Deferred<Object>, Query[]> {
    ... ...
}

// GlobalCB主要在完成全局Annotation查询之后，存储这些查询到的Annotation对象
// GlobalCB同时还会将metric、tag等字符串解析成相应的UID，为后续的查询做准备
class GlobalCB implements Callback<Object, List<Annotation>> {
    ... ...
}
```

```java
    if (!data_query.getNoAnnotations() && data_query.getGlobalAnnotations()) {
      // 先查询全局 Annotation，然后查询时序数据。在 Annotation.getGlobalAnnotations()
      // 方法的具体实现在后面会详细介绍，这里不展开分析
      Annotation.getGlobalAnnotations(tsdb,
          data_query.startTime() / 1000, data_query.endTime() / 1000)
        .addCallback(new GlobalCB()).addErrback(new ErrorCB());
    } else {
      // 不需要查询全局 Annotation，则直接开始查询时序数据。TSQuery.buildQueriesAsync()方法负
      // 责将 TSSubQuery 对象解析成 TsdbQuery 对象(包括其中的子查询)，也会进行相应的 UID 解析。
      // TSQuery 的具体实现在后面会详细介绍，这里不展开介绍
      data_query.buildQueriesAsync(tsdb).addCallback(new BuildCB())
        .addErrback(new ErrorCB());
    }
  }
```

接下来看一下 GlobalCB 的 Callback 的具体实现，首先保存查询到的 Annotation 对象，然后调用 TSQuery.buildQueriesAsync()方法创建相应的 TsdbQuery，具体实现代码如下：

```java
class GlobalCB implements Callback<Object, List<Annotation>> {
  public Object call(final List<Annotation> annotations) throws Exception {
    globals.addAll(annotations); // 将查询到的 Annotation 记录到 globals 集合中
    // 调用 TSQuery.buildQueriesAsync()方法将 TSSubQuery 对象解析成 TsdbQuery 对象
    // (包括其中的子查询)，也会进行相应的 UID 解析。
    return data_query.buildQueriesAsync(tsdb).addCallback(new BuildCB());
  }
}
```

在完成 TSQuery 到 TsdbQuery 的转换之后，接下来回调 BuildCB 的 Callback 实现，然后调用 TsdbQuery.runAsync()方法完成时序数据的查询，具体实现代码如下：

```java
class BuildCB implements Callback<Deferred<Object>, Query[]> {
  public Deferred<Object> call(final Query[] queries) {
    ArrayList<Deferred<DataPoints[]>> deferreds =
        new ArrayList<Deferred<DataPoints[]>>(queries.length); // 记录查询结果
    for (final Query query : queries) {
      deferreds.add(query.runAsync());// 查询时序数据
    }
```

```
    // 在查询结束之后会回调 QueriesCB
    return Deferred.groupInOrder(deferreds).addCallback(new QueriesCB());
  }
}
```

完成时序数据的查询之后会回调 QueriesCB，然后根据请求的 URI 和请求携带的表达式处理查询结果，并将处理后的结果及前面查询到的 Annotation 信息封装成 HTTP 响应发送给客户端，具体实现代码如下：

```
class QueriesCB implements Callback<Object, ArrayList<DataPoints[]>> {
  public Object call(final ArrayList<DataPoints[]> query_results)
      throws Exception {
    if (allow_expressions) {
      // 根据URI及具体使用的表达式处理查询结果，Expression的内容后面会详细解析
      // 另外，对"/api/query/gexp"和"/api/query"两个URI上请求的区别，也只有这个参数的区别
      ... ...
    } else {
      results.addAll(query_results);
    }

    // SendIt 比较简单，它直接调用前面介绍的 HttpQuery.sendReply()方法向客户端返回 HTTP 响应
    class SendIt implements Callback<Object, ChannelBuffer> {
      public Object call(final ChannelBuffer buffer) throws Exception {
        query.sendReply(buffer);
        query_success.incrementAndGet();
        return null;
      }
    }

    switch (query.apiVersion()) {
      case 0:
      case 1: // 将处理的结果及前面查询到的 Annotation 信息序列化成 JSON 格式的数据，并回调 SendIt
        query.serializer().formatQueryAsyncV1(data_query, results,
            globals).addCallback(new SendIt()).addErrback(new ErrorCB());
        break;
      default: // 目前还没有其他版本的 API
        throw new BadRequestException("...");
```

```
    }
    return null;
  }
}
```

handleLastDataPointQuery()方法

了解了 QueryRpc.handleQuery()方法如何查询时序数据之后，再来分析 QueryRpc.handleLastDataPointQuery()方法，该方法主要负责查询指定时序的最后一个点。

在上一节已经详细介绍过，handleQuery()方法会将 HTTP 请求解析成 TSQuery 对象，而 handleLastDataPointQuery()方法则会将 HTTP 请求解析成 LastPointQuery 对象。这里先简单介绍一下 LastPointQuery 及其子查询 LastPointSubQuery，LastPointQuery 中各个字段的含义如下。

- **resolve_names（boolean 类型）**：当我们按照指定条件查询到 LastPoint 之后，是否要将 metric 和 tag 对应的 UID 转换成字符串。
- **back_scan（int 类型）**：back_scan 字段指定了向前查找的小时（行）数上限。
- **sub_queries（List<LastPointSubQuery>类型）**：对应的子查询。

LastPointSubQuery 中各个字段的含义如下：

- **tsuid（byte[]类型）**：此次查询的 tsuid。
- **metric（String 类型）**：此次查询的 metric。
- **tags（Map<String, String>类型）**：此次查询的 tag 组合。

与 TSQuery、TSSubQuery、TsdbQuery 三者的关系类似，LastPointQuery 和 LastPointSubQuery 最终会在转换成 TSUIDQuery 之后完成查询，在后面分析 TSUIDQuery 时还会对上述字段进行更详细的说明。

下面回到 handleLastDataPointQuery()方法继续分析，它会将 LastPointQuery 和 LastPointSubQuery 转换成相应的 TSUIDQuery 对象，并调用其 getLastPoint()方法查询指定时序的最后一个点，具体实现代码如下：

```
private void handleLastDataPointQuery(final TSDB tsdb, final HttpQuery query) {
    // 如果是 POST 请求，则将 HTTP 请求体解析成 TSQuery 对象
    // 如果是其他 HttpMethod，例如 GET，则将 HTTP 请求的参数解析成 TSQuery 对象
    // 这个步骤与前面分析的 handleQuery()方法类似，所以这里省略这段代码
    LastPointQuery data_query = ...
    // 检测 LastPointQuery 中是否指定了具体的子查询，如果没有则会抛出异常(略)

    final ArrayList<Deferred<Object>> calls = new ArrayList<Deferred<Object>>();
```

```java
// 用于记录最终的查询结果
final List<IncomingDataPoint> results = new ArrayList<IncomingDataPoint>();
... ... // 省略 ErrBack 这个 Callback 的定义，它主要负责处理异常(略)

// FetchCB 这个 Callback 实现会将查询到的多个 ArrayList<IncomingDataPoint>集合拍平成一
// 个 ArrayList<IncomingDataPoint>集合，其具体实现后面会做简单分析
class FetchCB implements Callback<Deferred<Object>, ArrayList<IncomingDataPoint>> {
    ... ...
}

// 当从 tsdb-meta 表中查找到指定序列的最后写入时间戳之后，会回调该 TSUIDQueryCB
// 在 TSUIDQueryCB 中会调用 TSUIDQuery.getLastPoint()方法查询该序列最后写入的点
// TSUIDQueryCB 的具体实现会在后面详细介绍
class TSUIDQueryCB implements Callback<Deferred<Object>, ByteMap<Long>> {
    ... ...
}

// FinalCB 这个 Callback 会将前面经过 FetchCB 整理好的查询结果序列化成 JSON 并返回给客户端
class FinalCB implements Callback<Object, ArrayList<Object>> {
    public Object call(final ArrayList<Object> done) throws Exception {
        query.sendReply(query.serializer().formatLastPointQueryV1(results));
        return null;
    }
}

// 遍历全部 LastPointSubQuery 子查询完成查询
for (final LastPointSubQuery sub_query : data_query.getQueries()) {
    final ArrayList<Deferred<IncomingDataPoint>> deferreds =
        new ArrayList<Deferred<IncomingDataPoint>>();
    // 如果当前 LastPointSubQuery 子查询指定了 tsuid, 则优先使用 tsuid 进行查询
    if (sub_query.getTSUIDs() != null && !sub_query.getTSUIDs().isEmpty()) {
        for (final String tsuid : sub_query.getTSUIDs()) {
            // 将 LastPointSubQuery 子查询转换成对应的 TSUIDQuery 对象
            final TSUIDQuery tsuid_query = new TSUIDQuery(tsdb, UniqueId.stringToUid(tsuid));
            // 调用 TSUIDQuery.getLastPoint()方法完成时序数据的查询
            deferreds.add(tsuid_query.getLastPoint(data_query.getResolveNames(),
                data_query.getBackScan()));
        }
```

```
    } else { // 如果当前 LastPointSubQuery 子查询未指定 tsuid, 则使用 metric 和 tag 组合进行查询
      final TSUIDQuery tsuid_query = new TSUIDQuery(tsdb, sub_query.getMetric(),
          sub_query.getTags() != null ? sub_query.getTags() : Collections.EMPTY_MAP);
      if (data_query.getBackScan() > 0) {
        deferreds.add(tsuid_query.getLastPoint(data_query.getResolveNames(),
            data_query.getBackScan()));
      } else {
        // 先通过 TSUIDQuery.getLastWriteTimes()方法查询指定时序的最后写入时间戳, 然后
        // 回调 TSUIDQueryCB, 在 TSUIDQueryCB 中会调用 TSUIDQuery.getLastPoint()方法查询
        // 该序列最后写入的点。需要注意的是, 这里没有使用 tsuid 查询, 可能会找到多条符合条件的时序数据
        calls.add(tsuid_query.getLastWriteTimes().addCallbackDeferring(
            new TSUIDQueryCB()));
      }
    }
    if (deferreds.size() > 0) { // 查询完成之后会回调 FetchCB
      calls.add(Deferred.group(deferreds).addCallbackDeferring(new FetchCB()));
    }
  }
  // 待全部查询完成, 且经过 FetchCB 整理完成之后, 会回调 FinalCB, 将结果序列化成 JSON 并返回给客户端
  Deferred.group(calls).addCallback(new FinalCB()).addErrback(new ErrBack())
      .joinUninterruptibly();
}
```

这里简单介绍一下 TSUIDQueryCB 和 FetchCB 两个 Callback 实现。在从 tsdb-meta 表中查找到指定序列的最后写入时间戳之后, 会回调该 TSUIDQueryCB, 而在 TSUIDQueryCB 中会调用 TSUIDQuery.getLastPoint()方法查询该序列最后写入的点。

```
class TSUIDQueryCB implements Callback<Deferred<Object>, ByteMap<Long>> {
  public Deferred<Object> call(final ByteMap<Long> tsuids) throws Exception {
    // 检测 tsuids 集合是否为空(略)
    final ArrayList<Deferred<IncomingDataPoint>> deferreds =
        new ArrayList<Deferred<IncomingDataPoint>>(tsuids.size());
    for (Map.Entry<byte[], Long> entry : tsuids.entrySet()) {
      // 调用 TSUIDQuery.getLastPoint()方法查询指定时序的最后一个点
      deferreds.add(TSUIDQuery.getLastPoint(tsdb, entry.getKey(),
          data_query.getResolveNames(), data_query.getBackScan(), entry.getValue()));
    }
    return Deferred.group(deferreds).addCallbackDeferring(new FetchCB());
```

```
    }
  }

  class FetchCB implements Callback<Deferred<Object>, ArrayList<IncomingDataPoint>> {
    @Override
    public Deferred<Object> call(final ArrayList<IncomingDataPoint> dps) {
      synchronized (results) {
        for (final IncomingDataPoint dp : dps) {// 将多个ArrayList<IncomingDataPoint>拍平
          if (dp != null) {
            results.add(dp);
          }
        }
      }
      return Deferred.fromResult(null);
    }
  }
}
```

handleExpressionQuery()方法

QueryRpc 中最后需要介绍的就是 handleExpressionQuery()方法了,该方法的主要处理 URI 为"/api/query/exp"的 HTTP 请求,其与前面介绍的 handleQuery()方法的最大区别就是支持 Expression 表达式,前面章节也已经介绍过 Expression 表达式的使用方式,这里就不再展开介绍了。

QueryRpc.handleExpressionQuery() 方法本身的实现并不复杂,它会将请求委托给 QueryExecutor 对象处理。它首先会将 HTTP 请求解析成 Query 对象,然后创建 QueryExecutor 对象并调用其 execute()方法完成查询,具体实现代码如下:

```
private void handleExpressionQuery(final TSDB tsdb, final HttpQuery query) {
  // 将HTTP请求解析成Query对象,注意与net.opentsdb.core.Query接口的区分
  final net.opentsdb.query.pojo.Query v2_query =
      JSON.parseToObject(query.getContent(), net.opentsdb.query.pojo.Query.class);
  v2_query.validate(); // 检测请求参数是否合法
  // 创建相应的QueryExecutor对象并调用execute()方法完成查询
  final QueryExecutor executor = new QueryExecutor(tsdb, v2_query);
  executor.execute(query);
}
```

QueryExecutor 如何支持 Expression 表达式的解析和处理,以及如何完成时序数据的查询,这

里不做详细介绍，在后面介绍完 OpenTSDB 的核心逻辑之后，读者可以轻松理解 QueryExecutor 的实现。

HttpRpc 的其他实现相较于本节介绍的 PutDataPointRpc 和 QueryRpc 来说要简单得多，这里不再一一列举分析，感兴趣的读者可以参考源码进行学习。

2.3.8 拾遗

介绍完 OpenTSDB 网络层的具体实现之后，我们回到 TSDMain.main()方法看一下剩余几个未分析的初始化方法。

HBase 元信息检查与预加载

了解 HBase 的读者都知道，客户端读写 HBase 的大致流程如下所示。

（1）客户端首先从配置信息中查找到 ZooKeeper 集群地址，然后与 ZooKeeper 集群建立连接。

（2）客户端读取 ZooKeeper 中指定节点(/<hbase-rootdir>/meta-region-server 节点)的信息，在该节点中记录了 HBase 元数据表（即 META 表）所在的 RegionServer 信息（IP 地址、端口等）。

（3）客户端访问 HBase 的 META 表所在的 Region Server，将 META 表中的元数据加载到本地并进行缓存。

（4）根据缓存的元数据和待查询的 RowKey 确定待查询数据所在的 RegionServer 地址。

（5）客户端连接待查询数据所在的 Region Server，并发送数据读取请求。

（6）在 Region Server 接收客户端读取数据的请求之后，会处理该请求并返回查询到的数据。

这里只是简单介绍了客户端与 HBase 进行交互的简单流程，其中的每一步都需要非常复杂的处理逻辑支撑，感兴趣的读者可以查阅 HBase 相关的资料进行深入学习。

HBase 是可以支撑海量数据的，当 HBase 中数据量特别大的时候，Region 和 Region Server 的数量也会特别大，此时 META 表中的元数据就会比较大。为了加速查询，OpenTSDB 在启动的时候会调用 TSDB.preFetchHBaseMeta()方法预先加载 META 表数据进行优化，具体实现代码如下：

```
public void preFetchHBaseMeta() {
    final long start = System.currentTimeMillis();
    final ArrayList<Deferred<Object>> deferreds = new ArrayList<Deferred<Object>>();
    deferreds.add(client.prefetchMeta(table)); // 预加载 TSDB 表的元数据
```

```
    deferreds.add(client.prefetchMeta(uidtable)); // 预加载 tsdb-uid 表的元数据
    try {
      Deferred.group(deferreds).join(); // 等待上述两个表的元数据加载完成
    } catch (Exception e) {
      LOG.error("Failed to prefetch meta for our tables", e);
    }
  }
```

完成 TSDB 和 tsdb-uid 两张表的元数据加载之后，OpenTSDB 在初始化的过程中还会调用 checkNecessaryTablesExist()方法检测基本的 HBase 表是否存在，具体实现代码如下：

```
public Deferred<ArrayList<Object>> checkNecessaryTablesExist() {
  ArrayList<Deferred<Object>> checks = new ArrayList<Deferred<Object>>(2);
  checks.add(client.ensureTableExists(
      config.getString("tsd.storage.hbase.data_table"))); // 检测 TSDB 表是否存在
  checks.add(client.ensureTableExists(
      config.getString("tsd.storage.hbase.uid_table")));// 检测 tsdb-uid 表是否存在
  if (config.enable_tree_processing()) {
    checks.add(client.ensureTableExists(
        config.getString("tsd.storage.hbase.tree_table")));// 检测 tsdb-tree 表是否存在
  }
  if (config.enable_realtime_ts() || config.enable_realtime_uid() ||
      config.enable_tsuid_incrementing()) {
    checks.add(client.ensureTableExists(
        config.getString("tsd.storage.hbase.meta_table"))); // 检测 tsdb-meta 表是否存在
  }
  return Deferred.group(checks);
}
```

registerShutdownHook

在 OpenTSDB 的初始化过程中，会调用 TSDMain.registerShutdownHook()方法添加 JVM 钩子方法，在该钩子方法中会对 RpcManager、TSDB 等组件的 shutdown()方法进行清理工作，具体实现代码如下：

```
private static void registerShutdownHook() {
  final class TSDBShutdown extends Thread {
```

```
public void run() {
  if (RpcManager.isInitialized()) {
    // 调用 RpcManager.shutdown()方法,该方法会调用所有插件的 shutdown()方法,释放插件所占的资源
    RpcManager.instance(tsdb).shutdown().join();
  }
  if (tsdb != null) {
    tsdb.shutdown().join();// 释放 TSDB 占用的所有资源
  }
 }
}
Runtime.getRuntime().addShutdownHook(new TSDBShutdown());// 添加上述 JVM 钩子
}
```

2.4 本章小结

本章首先介绍了 NIO 的基础知识,包括 NIO 编程的三种模型,并详细介绍了每种模型的优点和缺点。然后介绍了 Netty 3 的大致原理和基本使用方法,其中涉及 Netty 3 的基本组件内容,例如 ChannelEvent、Channel、NioSelector、ChannelBuffer 等,并给出了一个简单的示例程序,其中的服务端和客户端都是使用 Netty 3 完成的。

接下来深入分析 OpenTSDB 的网络层实现。首先分析 TSDMain 类,它是整个 OpenTSDB 实例的入口,也是 OpenTSDB 整个网络层初始化的地方。通过对 TSDMain 进行分析,读者可以了解到 OpenTSDB 各个配置加载的时机、各组件初始化的时机及插件的加载时机。然后详细分析了 PipelineFactory,它实现了 Netty 3 中的 ChannelPipelineFactory 接口,它在创建 ChannelPipeline 时会为其添加 OpenTSDB 自定义的 ChannelHandler。在介绍 PipelineFactory 的同时,还穿插介绍了 Netty 3 中提供的 HashedWheelTimer 的工作原理。随后介绍的是 ConnectionMananger 和 DetectHttpOrRpc,两者都是 Netty 3 中 ChannelHandler 的实现,ConnectionManager 负责管理当前 OpenTSDB 实例的连接数,而 DetectHttpOrRpc 则会根据 Channel 上第一个请求的第一个字节确定当前使用的协议类型。

紧接着介绍了 OpenTSDB 网络模块的核心组件之一——RpcHandle,同时还详细介绍了 HttpQuery 组件的具体实现。OpenTSDB 网络层将 HTTP 请求交给对应的 HttpRpc 对象进行处理,这些 HttpRpc 对象是无状态的,它们都会在 OpenTSDB 实例启动时注册到 RpcManager 中,并由 RpcManager 进行统一管理。

本章简单介绍了 OpenTSDB 网络层中所有的 HttpRpc 实现,重点介绍了 PutDataPointRpc

和 QueryRpc 两个 HttpRpc 实现。其中 PutDataPointRpc 用于支持第 1 章介绍的 put 接口，完成时序数据的写入；QueryRpc 用于支持第 1 章中介绍的 query 接口及其子接口，完成时序数据的查询。最后，简单介绍了 OpenTSDB 实例初始化时预加载 HBase 元数据的功能、检测 HBase 表是否存在的功能，以及注册 JVM 钩子方法的功能。

希望通过本章的介绍，读者能够了解 OpenTSDB 启动的大致流程，熟悉 OpenTSDB 网络层的工作原理和具体实现。

第 3 章
UniqueId

在第 1 章的介绍中提到，OpenTSDB 底层存储使用的是 HBase，这里简单回顾一下 HBase 的几个关键特性。首先，HBase 将表中的数据按照 RowKey 切分成 HRegion，然后分散到集群的 HRegion Server 中存储并提供查询支持。HBase 表设计的关键就是 RowKey 设计，一个良好的 RowKey 设计可以将读写压力均匀地分散到集群中各个 HRegion Server 上，这样才能充分发挥整个 HBase 集群的读写能力。其次，HBase 底层的物理存储中，RowKey 和列族名称是会重复出现的。

我们回想第 1 章中的介绍可以知道，在 OpenTSDB 中可以通过 metric+tag 组合的方式确定唯一一条时序数据，例如{metric=JVM_Heap_Memory_Usage_MB, dc=beijing, host=web01, instanceId=jvm01}，通过 tag 组合可以确定各个维度信息，从而明确知道具体的 JVM 实例是哪一个，再由 metric 确定 JVM 实例的具体指标，从而得到具体的时序。正如读者想到的那样，OpenTSDB 在设计 HBase RowKey 的时候就包含了 metric 和 tag 的信息，另外，还携带了一个 base_time 的信息，它是格式化成以小时为单位的时间戳，表示该行中存储的是该时序在这一小时内的数据。由此，可以得到下面这一 HBase RowKey 的设计：

```
<metric><base_time><tagk1><tagv1><tagk2>tagv2>...<tagkN><tagvN>
```

了解了在 RowKey 中为什么需要这些信息之后，我们来看 OpenTSDB 在这一基础设计上进行的几点优化。

- **缩短 RowKey 长度**：在 OpenTSDB 最终的 RowKey 设计中，其包含的 metric、tagk、tagv 三部分字符串都被转换成 UID(UniqueId,全局唯一的 id 值)，并且在每种类型中，字符串与 UID（UniqueId）是一一对应的关系。这样，既可以通过 UID 唯一确定其表示的字符串，也可以通过字符串确定其对应的 UID。即使是几十个字符的字符串，在 OpenTSDB 的 RowKey 中也会由一个 UID 代替，这样 RowKey 的长度就大大缩短了。前面提到 HBase 底层物理存储中 RowKey 作为 Key 的构成部分之一会重复出现，在海量数据的前提下，使用 UID 优化的方式设计 RowKey，会节省更多的空间。此时得到的 OpenTSDB RowKey 设计如下。

```
<metric_uid><base_time><tagk1_uid><tagv1_uid>...<tagkN_uid><tagvN_uid>
```

- **减少列族**：HBase 底层会按照列族创建对应的 MemStore 和 StoreFile（HFile），列族的增加也会增加 RowKey 重复出现的次数，所以 OpenTSDB 存放时序数据的核心表中只有一个列族。
- **缩短列名**：HBase 底层的 KV 存储中，列名作为 Key 的构成部分之一，也不能设计得过长。OpenTSDB 中的列名设计为相对于 base_time 的时间偏移量，其对应的 value 为该时间戳的点的值。

经过上述优化，大致可以得到 OpenTSDB 中存储时序数据的 HBase 表的设计，如图 3-1 所示。

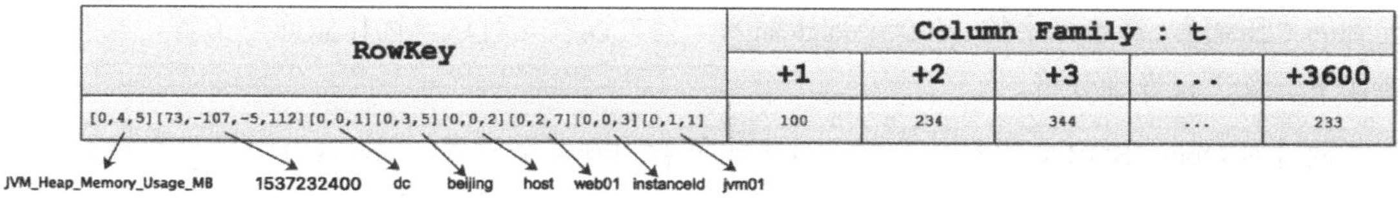

RowKey
Column Family : t
+1
+2
+3
...
+3600
[0,4,5] [73,-107,-5,112] [0,0,1] [0,3,5] [0,0,2] [0,2,7] [0,0,3] [0,1,1]
100
234
344
...
233
JVM_Heap_Memory_Usage_MB
1537232400
dc
beijing
host
web01
instanceId
jvm01

图 3-1

图 3-1 中 RowKey 的各个部分的字符串与 UID（以字节数组的形式表示）的映射关系如图 3-2 所示。

[0,4,5] JVM_Heap_Memory_Usage_MB
[0,0,1] dc
[0,3,5] beijing
[0,0,2] host
[0,2,7] web01
[0,0,3] instanceId
[0,1,1] jvm01

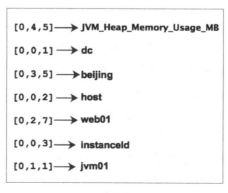

图 3-2

其中 UID 与字符串的映射是可以复用的，下面是{metric=JVM_Heap_Memory_Usage_MB, dc=beijing, host=web02, instanceId=jvm02}这条时序数据对应的一个 RowKey，其中只有 web02、jvm02 两个字符串对应的 UID 发生了变化，如图 3-3 所示。

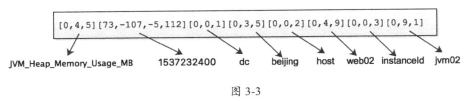

图 3-3

经过上述 UID 的优化，RowKey 的长度大大缩短了。再来看该表的列名设计，当我们要查询{metric=JVM_Heap_Memory_Usage_MB, dc=beijing, host=web02, instanceId=jvm02}这条时序在 2018-09-18 09:00:00（1537232400）这一小时内的数据时，可以先通过 RowKey 定位到 2018-09-18 09:00:00（1537232400）这一行，即上图展示的 RowKey，该行中存储了该时序这一小时内的点，共有 3600 列，每列都表示相应偏移量对应的点的值。例如+1 这一列中存储的就是 2018-09-18 09:00:01（1537232401）对应的点的值。

当该小时内的时序数据已经全部写入完成后，OpenTSDB 还会进行一次优化，即下一章会提到的"压缩"，将该行中的 3600 个列压缩为一列。读者先对这一优化做简单了解，其具体实现在下一章进行详细分析。

通过对 OpenTSDB 表设计的分析，读者可能意识到一个问题，OpenTSDB 中不能使用大量的 tag。如果 tag 过多，即使使用了 UID 映射，RowKey 也会变得很长，所以 OpenTSDB 默认支持的最大 tag 数为 8 对，其官方推荐的 tag 数是 4~5 对。另外，如果时序中 tagv 数量过多，经过笛卡尔积之后产生的行数可能也会较多，对 HBase 不是很友好，会给 HBase 的存储和查询造成一定压力。

至此，OpenTSDB 的核心设计就介绍完了。本章要介绍的是 OpenTSDB 中的 UniqueId 组件，是负责为 metric、tagk 和 tagv 分配 UID 的核心组件，注意，每种类型的 UID 映射是相互隔离的。UniqueId 所能分配的 UID 个数是存在上限的，在默认配置中，UID 的长度为 3 个字节（即 2^24 个 UID）。如果读者分配更多 UID，则需要在启动 OpenTSDB 之前，修改相关配置，提高 UID 的上限值。当然，提高 UID 的上限会导致 UID 所占的字节数变大，增加全部 RowKey 的长度。另一点需要读者注意的是，OpenTSDB 中使用不同的 UniqueId 实例为 metric、tagk、tagv 分配 UID，使得这三种类型的 UID 是不通用的，例如某个 metric 和 tagk 的字面量相同，但是通过映射会得到不同的 UID，这就是前面提到的每种类型的 UID 映射是相互隔离的原因。

3.1 tsdb-uid 表设计

通过前面对 OpenTSDB RowKey 设计的简介可以得知，为了减少 RowKey 的长度，OpenTSDB 会将 metric、tagk、tagv 都映射成 UID，并将它们与 base_time 拼接成 RowKey。OpenTSDB 将 metric、tagk 和 tagv 与关联 UID 的映射关系记录在了 tsdb-uid 表中（该表名是默认值，读者可以通过 tsd.storage.hbase.uid_table 配置进行修改）。这里先来了解一下 tsdb-uid 表的基本结构，如表 3-1 所示。

表 3-1

RowKey	id			name			
	metric	tagk	tagv	metric	tagk	tagv	*_meta
JVM.Heap.Size	1						
host		1					
JVM.Direct.Heap.Size	2						
server01			1				
server02			2				
server03			3				
1				JVM.Heap.Size	host	server01	
2				JVM.Direct.Heap.Size		server02	
3						server03	

tsdb-uid 表的设计比较简单，在 tsdb-uid 表中有两个 Column Family，分别是 name 和 id。在这两个 Column Family 下分别都有三个相同的列，分别是 metric、tagk 和 tagv。其中，id family 中的 RowKey 是字符串（即 metric、tagk、tagv 原始的字符串），列名表示该字符串的类型，每个 value 则是 RowKey 字符串对应的 UID，例如表 3-1 中的第一行，"JVM.Heap.Size"这个 metric 对应生成的 UID 为 1，通过 RowKey 和 id family 中的数据，可以完成字符串到 UID 的映射。name family 中的 RowKey 则是生成的 UID，列名表示的是 UID 的类型，value 则是 UID 对应的字符串，例如表 3-1 中的倒数第二行，值为"2"这个 UID 对应的 metric 为"JVM.Direct.Heap.Size"。

另外，name Family 中可以包含以"_meta"结尾的列，其中存储了一些 UID 相关的元数据，这些元数据都是 JSON 格式的，相关实现后面会进行详细分析。

了解了 tsdb-uid 表的设计之后，相信读者就可以理解前面提到的，OpenTSDB 中不同类型字符串的 UID 映射是相互隔离的，而同种类型字符串与 UID 是一一映射的，不会出现重复映射的情况，这正是因为 tsdb-uid 表使用不同的列记录 metric、tagk、tagv 三类字符串的 UID 映射造成的。

OpenTSDB 中有两种生成 UID 的方式：一种方式是在 HBase 表中专门维护一个 KeyValue，用于实现自增以生成不重复的 UID；另一种方式是使用 java.security.SecureRandom 随机生成 UID，读者可能会说，随机生成 UID 能够保证其唯一性吗？这将在本章进行详细分析。

3.2 UniqueId

介绍完 tsdb-uid 表的设计之后，再来简单介绍 UniqueIdInterface 接口（该接口目前处于废弃状态，简单了解即可）。在 UniqueIdInterface 接口中定义了查询和生成 UID 的基本方法，本章将要详细分析的核心类 UniqueId 实现了该接口，如图 3-4 所示。

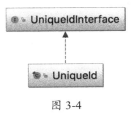

图 3-4

UniqueIdInterface 接口的具体实现代码如下：

```
public interface UniqueIdInterface {
  String kind(); // 该 UniqueIdInterface 对象所管理的 UID 的类型

  short width(); // 该 UniqueIdInterface 对象生成的 UID 的长度，单位是 byte

  // 根据指定 UID(转换成了 byte[]数组)查询对应的字符串
  String getName(byte[] id) throws NoSuchUniqueId, HBaseException;

  // 根据指定字符串查询对应的 UID(转换成了 byte[]数组)
  byte[] getId(String name) throws NoSuchUniqueName, HBaseException;

  // 根据指定的字符串查询对应的 UID，如果查询不到，则为该字符串生成 UID(转换成了 byte[])
  byte[] getOrCreateId(String name) throws HBaseException, IllegalStateException;
}
```

UniqueId 是 OpenTSDB 提供的 UniqueIdInterface 接口的唯一实现类，其核心字段如下所示。

- **client（HBaseClient 类型）**：HBase 客户端，主要负责与 HBase 进行交互。OpenTSDB 使用的 HBase 客户端是 Asynchronous HBase，它是一个非阻塞的、线程安全的、完全异步的 HBase 客户端，其性能也要比原生的 HBase 客户端（HTable）好很多（其官方的数据显示，Asynchronous HBase 客户端的性能是 HTable 的两倍以上），但是其提供的接口与 HTable 并不兼容，所以两者无法无缝切换。在 OpenTSDB 2.3.1 中使用的是 Asynchronous HBase 1.8.2，是笔者写作时的最新版本，若读者对 Asynchronous HBase 客户端感兴趣，可以了解一下其具体实现。

- **table（byte[]类型）**：用于维护 UID 与字符串对应关系的 HBase 表名，通过前面的介绍我们知道，该表名默认值为 "tsdb-uid"。

- **kind（byte[]类型）**：在后面的介绍中会看到，TSDB 中会维护三个 UniqueId 对象，每个对象分别管理不同类型的字符串（metric、tagk、tagv）与其 UID 的映射关系，这里的 kind 字段可选的取值有：metric、tagk、tagv。

- **type（UniqueIdType 类型）**：该字段与上面介绍的 kind 字段的取值一致，其可选项有：metric、tagk、tagv。

- **id_width（short 类型）**：用于记录当前 UniqueId 对象生成的 UID 的字节长度。在 TSDB 中使用的三个 UniqueId 对象中，该字段的默认值都是 3，可以通过 "tsd.storage.uid.width.metric"、"tsd.storage.uid.width.tagk" 和 "tsd.storage.uid.width.tagv" 三个配置项进行修改。

- **randomize_id（boolean 类型）**：为了避免 HBase 的热点问题，UniqueId 支持随机生成 metric 对应的 UID，该字段就表示当前 UniqueId 对象是否使用随机方式生成 UID，我们可以通过 "tsd.core.uid.random_metrics" 配置项来修改其值。后面还会介绍 OpenTSDB 中其他避免热点问题的优化方式。

- **random_id_collisions（int 类型）**：前面提到，UID 在每种类型中要保证唯一性，在使用随机方式生成 metric UID 时就可能出现冲突，如果出现冲突，则需要重新随机生成。该字段主要负责记录出现冲突的次数。

- **name_cache（ConcurrentHashMap<String, byte[]>类型）**：UniqueId 为了加速查询，会将字符串到 UID 之间的对应关系缓存在该 Map 中，其中的 key 是字符串，value 则是对应的 UID。

- **id_cache（ConcurrentHashMap<String, String>类型）**：与 name_cache 类似，该字段中缓存的是 UID 到字符串之间的对应关系，其中的 key 是 UID，value 则是对应字符串。

- **cache_hite（long 类型）、cache_misses（long 类型）**：用于记录缓存命中的次数及缓存未命中的次数。

- **pending_assignments（HashMap<String, Deferred<byte[]>>类型）**：当多个线程并发调用该 UniqueId 对象为同一个字符串分配 UID 时，如果不做任何限制处理，就会出现同一字符串分配多个 UID 的情况，这不仅会造成 UID 的浪费，还会造成不必要的逻辑错误。这里的 pending_assignments 字段记录了正在分配 UID 的字符串，当前线程如果检测到已有其他线程正在为该字符串分配，则不再进行分配，而是等待其他线程分配结束即可，这样就避免了上述并发分配 UID 导致的问题，后面介绍 UniqueId 的具体实现时，还会看到该字段的使用方式。
- **rejected_assignments（int 类型）**：在 OpenTSDB 中，可以自定义 UniqueIdFilterPlugin 插件，UniqueIdFilterPlugin 插件拦截不能分配 UID 的字符串，这样就可以轻松实现类似黑名单的功能。这里的 rejected_assignments 字段是用来记录被 UniqueIdFilterPlugin 拦截的次数。
- **renaming_id_names（Set<String>类型）**：UniqueId 除了实现 UniqueIdInterface 接口、提供创建和查询 UID 的功能，还提供重新分配 UID 与字符串对应关系的功能。该 renaming_id_names 字段用于记录正在进行重新分配的 UID。

UniqueId 中除上述的核心字段外，还定义了很多静态常量（大都是一些默认值），下面分析 UniqueId 具体实现时会说明这些常量的功能和含义。

接下来看一下 UniqueId 的构造方法，该方法用于对参数进行校验并初始化上述核心字段，具体实现代码如下：

```java
public UniqueId(final TSDB tsdb, final byte[] table, final String kind,
                final int width, final boolean randomize_id) {
    this.client = tsdb.getClient();
    this.tsdb = tsdb;
    this.table = table;
    // 若kind为空，则抛异常(省略相关代码)
    this.kind = toBytes(kind); // 将kind字符串转换成byte[]数组，默认使用ISO-8859-1编码方式
    type = stringToUniqueIdType(kind);
    // 检测width是否合法(其取值范围是[1,8])(省略相关代码)
    this.id_width = (short) width;
    this.randomize_id = randomize_id;
}
```

3.2.1 分配 UID

了解了 UniqueId 的核心字段及构造方法之后，下面介绍 UniqueId 的核心方法。首先来看 getOrCreateId()方法，该方法先查询指定字符串对应的 UID，若查询成功则直接返回 UID，若查询失败则为该字符串分配 UID 并返回。UniqueId.getOrCreateId()方法的大致步骤如图 3-5 所示。

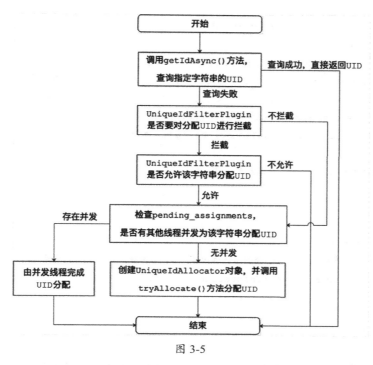

图 3-5

下面再来分析 UniqueId.getOrCreateId() 方法的具体实现就比较简单了，具体实现代码如下：

```
public byte[] getOrCreateId(final String name) throws HBaseException {
  try {
    return getIdAsync(name).joinUninterruptibly();// 调用 getIdAsync()方法查询 name 对应的 UID
  } catch (NoSuchUniqueName e) { // 查询失败时会抛出 NoSuchUniqueName 异常
    if (tsdb != null && tsdb.getUidFilter() != null &&
       tsdb.getUidFilter().fillterUIDAssignments()) { // 是否配置了 UniqueIdFilterPlugin
      try {
        // 检测 name 是否允许分配 UID
        if (!tsdb.getUidFilter().allowUIDAssignment(type, name, null, null).join()) {
          rejected_assignments++; // 若不允许，则递增 rejected_assignments，并抛出异常
          throw new FailedToAssignUniqueIdException(new String(kind), name, 0, "...");
        }
      } catch (Exception e1) { // 简化异常处理代码
        throw new RuntimeException("...", e1);
      }
    }
  }
}
```

```java
    Deferred<byte[]> assignment = null;
    boolean pending = false;
    synchronized (pending_assignments) { // 加锁同步
      assignment = pending_assignments.get(name); // 检测是否有其他线程并发,并为name分配UID
      if (assignment == null) { // 无并发,则向pending_assignments添加相应键值对
        assignment = new Deferred<byte[]>();
        pending_assignments.put(name, assignment);
      } else {
        pending = true; // 存在并发
      }
    }

    if (pending) {
      // 等待并发线程完成UID的分配,并返回其为name分配的UID,这里省略try/catch代码
      return assignment.joinUninterruptibly();
    }

    byte[] uid = null;
    try {
      // 由当前线程完成UID的分配,创建UniqueIdAllocator对象,并调用其tryAllocate()方法
      uid = new UniqueIdAllocator(name, assignment).tryAllocate().joinUninterruptibly();
    } catch (Exception e1) { ... ... // 省略异常处理代码
    } finally {
      synchronized (pending_assignments) { // 当前线程完成UID分配后,清理pending_assignments
        if (pending_assignments.remove(name) != null) {
          LOG.info("Completed pending assignment for: " + name);
        }
      }
    }
    return uid; // 返回name对应的UID
  } catch (Exception e) {
    throw new RuntimeException("Should never be here", e);
  }
}
```

在开始详细分析 getOrCreateId()方法中每个步骤的具体实现之前,需要读者了解,在 OpenTSDB 中鼓励使用异步非阻塞的操作,像 getOrCreateId()方法这种同步阻塞的操作比较少见,也不鼓励使用。后面还会介绍 getOrCreateId()方法的异步版本——getOrCreateIdAsync()方法。

3.2.2 查询 UID

UniqueId.getId()方法、getOrCreateIdAsync()方法及上一小节介绍的 getOrCreateId()方法在查询指定字符串对应的 UID 时，都是通过调用 UniqueId.getIdAsync()方法完成的。例如，getId()方法的实现代码如下：

```java
public byte[] getId(final String name) throws NoSuchUniqueName, HBaseException {
  try {
    return getIdAsync(name).joinUninterruptibly(); // 阻塞等待getIdAsync()方法执行完成
  } catch (Exception e) { // 简化异常处理代码
    throw new RuntimeException("Should never be here", e);
  }
}
```

UniqueId.getIdAsync()方法首先会查询 name_cache 缓存，如果缓存未命中，才会继续调用 getIdFromHBase()方法查询 HBase 表，其具体实现代码如下：

```java
public Deferred<byte[]> getIdAsync(final String name) {
  final byte[] id = getIdFromCache(name); // 从 name_cache 缓存中查询 name 对应的 UID
  if (id != null) { // 缓存命中，则将 cache_hits 加 1，并返回 UID
    incrementCacheHits();
    return Deferred.fromResult(id);
  }
  class GetIdCB implements Callback<byte[], byte[]> {
    // 为便于读者理解，将 GetIdCB 这个 Callback 的具体实现放到后面分析
  }
  incrementCacheMiss(); // 缓存未命中，则将 cache_misses 加 1
  Deferred<byte[]> d = getIdFromHBase(name).addCallback(new GetIdCB());
  return d;
}
```

下面来看 GetIdCB 这个内部类如何实现 Callback 接口。前面提到 Asynchronous HBase 客户端是异步的，其操作返回的 Deferred 可以添加 Callback 对象执行回调操作。这里的 GetIdCB 实现主要做了一些校验操作，并将查询结果添加到缓存中，具体实现代码如下：

```java
class GetIdCB implements Callback<byte[], byte[]> {
  public byte[] call(final byte[] id) {
```

```
    if (id == null) {  // HBase 查询结果为空,则抛出 NoSuchUniqueName 异常
      throw new NoSuchUniqueName(kind(), name);
    }
    // 检测 UID 长度是否合法,若不合法则抛出异常(略)

    // addIdToCache()方法会将 name 字符串到 UID 的映射关系保存到 name_cache 缓存中
    // addNameToCache()方法会将 UID 到 name 字符串的映射关系保存到 id_cache 缓存中
    // 这两个方法的实现比较简单,这里不再展开介绍,感兴趣的读者可以参考其源代码进行分析
    addIdToCache(name, id);
    addNameToCache(id, name);
    return id;
  }
}
```

这里的 getIdFromHBase()方法是通过调用 hbaseGet()方法完成 HBase 查询的(后面介绍的 getNameFromHBase()方法同理),hbaseGet()方法的具体实现代码如下:

```
private Deferred<byte[]> hbaseGet(final byte[] key, final byte[] family) {
  final GetRequest get = new GetRequest(table, key);  // 创建 GetRequest
  get.family(family).qualifier(kind);  // 指定查询的 Family 和 qualifier
  class GetCB implements Callback<byte[], ArrayList<KeyValue>> {  // 定义 Callback 回调
    public byte[] call(final ArrayList<KeyValue> row) {
      // 如果 HBase 表查询结果为空,则返回 null(略)
      return row.get(0).value();  // 获取查询结果的第一个 KeyValue 的 value 值
    }
  }
  // 异步执行 GetRequest 查询 HBase 表,并将查询结果传递到 GetCB 回调中进行处理
  return client.get(get).addCallback(new GetCB());
}
```

3.2.3 UniqueIdAllocator

在前面分析的 UniqueId.getOrCreateId()方法中,最终是通过创建 UniqueIdAllocator 对象并调用其 tryAllocate()方法完成 UID 分配的。本小节将分析 UniqueIdAllocator 的具体实现及其分配 UID 的具体步骤。

下面先来介绍 UniqueIdAllocator 中各个核心字段的含义,如下。

- **name（String 类型）**：记录了当前 UniqueIdAllocator 对象负责分配 UID 的字符串。
- **id（long 类型）**：记录了 name 分配得到的 UID。
- **row（byte[]类型）**：id 字段的 byte[]数组版本。
- **state（byte 类型）**：当前 UniqueIdAllocator 对象的状态。一个 UniqueIdAllocator 对象有四个状态，分别是 ALLOCATE_UID（0，初始值）、CREATE_REVERSE_MAPPING（1）、CREATE_FORWARD_MAPPING（2）和 DONE（3），后面介绍分配 UID 的过程时，会详细介绍每个状态的含义。
- **attempt（short 类型）**：当分配 UID 出现异常时会进行重试，该字段会记录此次分配剩余的重试次数。如果是随机生成方式，默认重试次数为 10，否则其默认值为 3。
- **assignment（Deferred<byte[]>类型）**：当前 UniqueIdAllocator 对象关联的 Deferred 对象。

在 UniqueIdAllocator 的构造方法中会初始化 name 字段和 assignment 字段。在调用其 tryAllocate() 方法时，会初始化 state 字段并调用其 call() 方法开始 UID 分配。UniqueIdAllocator.tryAllocate()方法的具体实现代码如下：

```
Deferred<byte[]> tryAllocate() {
  attempt--; // 递减 attempt
  state = ALLOCATE_UID; // 初始化 state 字段
  call(null);
  return assignment;
}
```

UniqueIdAllocator 分配 UID 大致分为四个阶段，即前面介绍的 state 字段的四个状态，这四个阶段内容如下。

（1）**ALLOCATE_UID 阶段**：通过递增或是随机方式获取 UID。

（2）**CREATE_REVERSE_MAPPING 阶段**：创建 UID 到 name 的映射，并保存到 tsdb-uid 表中。

（3）**CREATE_FORWARD_MAPPING 阶段**：创建 name 到 UID 的映射，并保存到 tsdb-uid 表中。

（4）**DONE 阶段**：返回新分配的 UID。

在开始介绍 UniqueIdAllocator.call() 方法的具体实现之前，需要读者注意的是，UniqueIdAllocator 实现了 Callback 接口，其 call()方法在这四个阶段是重复使用的，具体实现代码如下：

```java
public Object call(final Object arg) {
  if (attempt == 0) { // 检测attempt决定是否能继续重试,若不能重试,则抛出异常(略)
    if (hbe == null && !randomize_id) {
      throw new IllegalStateException("Should never happen!");
    }
    if (hbe == null) {
      throw new FailedToAssignUniqueIdException(...);
    }
    throw hbe;
  }

  if (arg instanceof Exception) {
    if (arg instanceof HBaseException) { // 出现异常
      LOG.error(msg, (Exception) arg);
      hbe = (HBaseException) arg;
      attempt--; // 递减attempt并重试state字段,开始新一轮重试操作
      state = ALLOCATE_UID;
    } else {
      return arg;  // 非HBaseException异常,则不仅重试,直接抛给上层
    }
  }

  class ErrBack implements Callback<Object, Exception> {
      // 定义ErrBack回调,其具体实现最后再介绍
  }

  final Deferred d;
  switch (state) { // 根据state状态决定执行的具体操作
    case ALLOCATE_UID:
      d = allocateUid();// ALLOCATE_UID阶段,生成UID
      break;
    case CREATE_REVERSE_MAPPING:
      d = createReverseMapping(arg); // CREATE_REVERSE_MAPPING阶段,保存UID到name的
                                     // 映射关系
      break;
    case CREATE_FORWARD_MAPPING:
      d = createForwardMapping(arg); // CREATE_FORWARD_MAPPING阶段,保存name到UID的
                                     // 映射关系
```

```
      break;
    case DONE:
      return done(arg);   // DONE 阶段，将分配完成的 UID 返回
    default:
      throw new AssertionError("Should never be here!");
  }
  // 这里的 addBoth() 方法添加的 Callback 是当前的 UniqueIdAllocator 对象
  return d.addBoth(this).addErrback(new ErrBack());
}
```

ALLOCATE_UID 阶段

在 UniqueIdAllocator.allocateUid() 方法中会根据使用方式生成 UID，具体实现代码如下：

```
private Deferred<Long> allocateUid() {
  state = CREATE_REVERSE_MAPPING;   // 推进 state 状态
  if (randomize_id) {   // 随机生成 UID 的方式
    return Deferred.fromResult(RandomUniqueId.getRandomUID());
  } else {
    // 递增方式生成 UID，在 tsdb-uid 表中维护了一个特殊行，该行中的 KV 是用来生成递增 UID 的，
    // 这里的 AtomicIncrementRequest 请求就是原子加一操作，返回值即为新生成的 UID
    return client.atomicIncrement(new AtomicIncrementRequest(table,
        MAXID_ROW, ID_FAMILY, kind));
  }
}
```

这里简单介绍 RandomUniqueId 随机生成 UID 的实现，在 RandomUniqueId 中维护了一个 java.security.SecureRandom 对象用于产生随机数，如下所示：

```
private static SecureRandom random_generator = new SecureRandom(
    Bytes.fromLong(System.currentTimeMillis()));
```

有的读者可能了解到，java.util.Random 工具类是一个伪随机数生成器，从输出中可以很容易计算出种子值，从而预测出下一个生成的随机数。java.security.SecureRandom 则通过操作系统收集了一些随机事件，例如鼠标、键盘单击等，SecureRandom 使用这些随机事件作为种子，从而保证产生非确定的输出。

RandomUniqueId.getRandomUID() 方法的具体实现代码如下：

```java
public static long getRandomUID(final int width) {
  if (width > MAX_WIDTH) { // 检测需要生成的 UID 的字节数
    throw new IllegalArgumentException("...");
  }
  final byte[] bytes = new byte[width];
  random_generator.nextBytes(bytes); // 产生随机数
  long value = 0;
  for (int i = 0; i<bytes.length; i++){
    value <<= 8;
    value |= bytes[i] & 0xFF;
  }
  return value != 0 ? value : value + 1;  // 保证生成的 UID 不为 0
}
```

CREATE_REVERSE_MAPPING 阶段

通过对 UniqueIdAllocator.call()方法的分析我们知道,allocateUid()方法返回的 Deferred 上添加的 Callback 还是当前 UniqueIdAllocator 对象本身,所以当 allocateUid()方法执行完成之后,其生成的 UID 将作为参数传入 UniqueIdAllocator.call()方法,此时的 state 状态为 CREATE_REVERSE_MAPPING,所以会执行 createReverseMapping()方法将 UID 保存到 name 的映射关系。

UniqueIdAllocator.createReverseMapping()方法的具体实现代码如下:

```java
// 如果 ALLOCATE_UID 阶段正常,则该方法的参数 arg 应该是生成的 UID
private Deferred<Boolean> createReverseMapping(final Object arg) {
  // 这里会检测 UID 是否为 long 类型、UID 的值是否合法(大于 0)及 UID 所占字节数是否合法(大于等于
  // id_width),若检测失败则表示 ALLOCATE_UID 阶段异常,这里会抛出异常(略)
  id = (Long) arg; // 生成的 UID
  row = Bytes.fromLong(id); // 将 UID 转换成对应的 byte[]数组
  // 在 ALLOCATE_UID 阶段生成的 UID 为 8 字节,这里会检查超过 id_width 字节是否都为 0
  for (int i = 0; i < row.length - id_width; i++) {
    if (row[i] != 0) {
      throw new IllegalStateException(...);
    }
  }
  // 将 8 字节的 row 整理为 id_width 个字节
  row = Arrays.copyOfRange(row, row.length - id_width, row.length);
  state = CREATE_FORWARD_MAPPING;  // 推进 state 状态
```

```
    // 通过CAS操作将UID到name字符串的映射关系保存到tsdb-uid表中。这里的compareAndSet()操
    // 作也是个原子操作,tsdb-uid表中对应value为空时,才能写入成功。读者可能会问,什么场景下会写
    // 入失败呢?例如,两次为不同字符串随机生成UID时产生了相同的UID,则就会写入失败,触发重试
    return client.compareAndSet(reverseMapping(), HBaseClient.EMPTY_ARRAY);
}

private PutRequest reverseMapping() {
    // 该PutRequest操作的RowKey是UID, Family是name, qualifier是kind, value是name字符串
    return new PutRequest(table, row, NAME_FAMILY, kind, toBytes(name));
}
```

CREATE_FORWARD_MAPPING 阶段

当 createReverseMapping() 方法执行完成之后,其执行结果将作为参数传入 UniqueIdAllocator.call()方法,此时的state状态为CREATE_FORWARD_MAPPING,所以会执行 createForwardMapping()方法将name保存到UID的映射关系。

UniqueIdAllocator.createForwardMapping()方法的具体实现代码如下:

```
// 如果CREATE_REVERSE_MAPPING阶段正常,则该方法的参数arg应该为true
private Deferred<?> createForwardMapping(final Object arg) {
    // 检测arg是否为Boolean类型,若不是Boolean类型,则表示CREATE_REVERSE_MAPPING阶段异常,
    // 这里会继续抛出异常(略)
    if (!((Boolean) arg)) {    // 检测CREATE_REVERSE_MAPPING阶段的CAS操作是否执行成功
        if (randomize_id) {
            random_id_collisions++; // 随机生成的UID发生冲突,递增random_id_collisions
        } else {
            // 日志输出(略)
        }
        attempt--; // 可重试次数减少
        state = ALLOCATE_UID; // 重置state字段,开始下一次尝试
        return Deferred.fromResult(false);
    }
    state = DONE; // 推进state状态
    // 同样是CAS操作,将name字符串到UID的映射关系保存到tsdb-uid表中
    return client.compareAndSet(forwardMapping(), HBaseClient.EMPTY_ARRAY);
}
```

```
private PutRequest forwardMapping() {
  // 该 PutRequest 操作的 RowKey 是 name 字符串, Family 是 id, qualifier 是 kind, value 是 UID
  return new PutRequest(table, toBytes(name), ID_FAMILY, kind, row);
}
```

分析到这里，有的读者会问，为什么要先将 UID 保存到 name 的映射关系，而不是先将 name 保存到 UID 的映射关系呢？

这里我们假设当前线程先保存 name 到 UID 的映射关系，然后出现异常且多次重试后最终保存失败的情况，此时 HBase 的 tsdb-uid 表中只保存了 name 到 UID 的映射，没有保存 UID 到 name 的映射。后续查询该 name 字符串得到的 UID 都是此次未完全分配的 UID，如果调用方使用了该 UID，则通过该 UID 查询 name 字符串时，就会查询失败，从而导致异常。

如果按照 UniqueIdAllocator 的方式，先保存 UID 到 name 的映射，即使出现异常，后续查询该 name 字符串时也会重新分配 UID，最终新分配 UID 与 name 字符串的双向映射都会被成功保存，这样就可以避免上述问题了。

DONE 阶段

与前面介绍的几个阶段类似，createForwardMapping()方法执行完成之后，其执行结果将会作为参数传入 UniqueIdAllocator.done()方法，此时的 state 状态为 DONE，所以会执行 done()方法，其中会保存相关的 UIDMeta 信息，将 name 和 UID 之间的映射关系添加到 name_cache 和 id_cache 中，并最终返回刚刚为 name 字符串分配的 UID。

UniqueIdAllocator.done()方法的具体实现代码如下：

```
// 如果 CREATE_FORWARD_MAPPING 阶段正常, 则该方法的参数 arg 应该为 true
private Deferred<byte[]> done(final Object arg) {
  // 检测 arg 是否为 Boolean 类型,若不是 Boolean 类型,则表示 CREATE_REVERSE_MAPPING 阶段异常,
  // 这里会继续抛出异常(略)
  if (!((Boolean) arg)) { // 检测 CREATE_FORWARD_MAPPING 阶段的 CAS 操作是否执行成功
    if (randomize_id) {
      random_id_collisions++; // 随机生成的 UID 发生冲突, 递增 random_id_collisions
    }
    class GetIdCB implements Callback<Object, byte[]> {
      public Object call(final byte[] row) throws Exception {
        assignment.callback(row);
        return null;
      }
    }
```

```
    getIdAsync(name).addCallback(new GetIdCB());  // 查询 name 字符串对应 UID，并返回
    return assignment;
  }
  // cacheMapping()方法调用了 addIdToCache()方法和 addNameToCache()方法将 UID 和 name 之间的
  // 映射关系保存到 name_cache 和 id_cache 中，实现比较简单，这里不再展开介绍
  cacheMapping(name, row);
  // 根据配置决定是否保存 UIDMeta 信息，后面会详细介绍其具体含义和相关实现
  if (tsdb != null && tsdb.getConfig().enable_realtime_uid()) {
    final UIDMeta meta = new UIDMeta(type, row, name);
    meta.storeNew(tsdb);
    tsdb.indexUIDMeta(meta);
  }
  // 为 name 分配 UID 的过程结束，清理其在 pending_assignments 中的对应记录
  synchronized (pending_assignments) {
    if (pending_assignments.remove(name) != null) {
      LOG.info("Completed pending assignment for: " + name);
    }
  }
  assignment.callback(row);  // 返回生成的 UID
  return assignment;
}
```

至此，UniqueIdAllocator 的具体实现及为 name 字符串分配 UID 的整体实现就分析完了，后面的小节将对 UniqueId 继续进行分析。

3.2.4　UniqueIdFilterPlugin

在 UniqueId.getOrCreateId()方法中，我们看到在为 name 字符串分配 UID 之前，先要通过 UniqueIdFilterPlugin 的检测。首先会检测 TSDB 中是否配置了 uid_filter 字段（UniqueIdFilterPlugin 类型），之后检测该 UniqueIdFilterPlugin 对象是否会拦截 UID 的分配，最后调用 UniqueIdFilterPlugin.allowUIDAssignment()方法检测该 name 字符串是否可以分配 UID。该部分相关的代码片段在前文中已经介绍过，这里不再重复，本小节将详细介绍 UniqueIdFilterPlugin 接口及其相关实现。

首先来看 UniqueIdFilterPlugin 接口的定义，如下所示：

```
public abstract class UniqueIdFilterPlugin {
```

```
// 当 UniqueIdFilterPlugin 对象初始化时会首先调用该方法，如果不能正确初始化，则该方法会抛出异常
public abstract void initialize(final TSDB tsdb);

// 当系统关闭时，会调用 shutdown()方法释放该 UniqueIdFilterPlugin 对象的相关资源
public abstract Deferred<Object> shutdown();

public abstract String version(); // 返回版本信息

public abstract void collectStats(final StatsCollector collector); // 收集监控信息

// 指定的字符串 value 是否可以分配 UID，其中参数 metric 和 tags 用于辅助判断，可以为 null
public abstract Deferred<Boolean> allowUIDAssignment(final UniqueIdType type,
    final String value, final String metric, final Map<String, String> tags);

// 判断当前 UniqueIdFilterPlugin 对象是否拦截 UID 的分配
public abstract boolean fillterUIDAssignments();
}
```

UniqueIdWhitelistFilter 是 OpenTSDB 提供的 UniqueIdFilterPlugin 接口的唯一实现，如图 3-6 所示，我们可以参考 UniqueIdWhitelistFilter 的实现完成自定义的 UniqueIdFilterPlugin 接口实现。

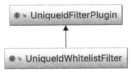

图 3-6

UniqueIdWhitelistFilter 实现的是白名单的功能，其核心字段的含义如下。

- **metric_patterns**（**List<Pattern>类型**）：当前 UniqueIdWhitelistFilter 对象的 metric 白名单，只有 metric 符合该 List 中的所有正则表达式之后，才能进行 UID 的分配。UniqueIdWhitelistFilter.tagk_patterns 和 tagv_patterns 字段的功能与 metric_patterns 类似，不再赘述。
- **metrics_rejected**（**AtomicLong 类型**）：记录了被过滤掉的 metric 的个数，tagks_rejected 和 tagvs_rejected 字段的含义类似，不再赘述。
- **metrics_allowed**（**AtomicLong 类型**）：记录了通过过滤、能够进行 UID 分配的 metric 的个数，tagks_allowed 和 tagvs_allowed 字段的含义类似，不再赘述。

在 UniqueIdWhitelistFilter.initialize()方法中会加载 "tsd.uidfilter.whitelist.metric_patterns" 配

置项中的正则表达式到 metric_patterns 字段中，tagk_patterns 字段和 tagv_patterns 字段类似。

UniqueIdWhitelistFilter.fillterUIDAssignments()方法始终会返回 true。在 allowUIDAssignment() 方法中会根据字符串所属的不同类型，应用不同的正则表达式进行检查，具体实现代码如下：

```java
public Deferred<Boolean> allowUIDAssignment(final UniqueIdType type,
    final String value, final String metric, final Map<String, String> tags) {
  switch (type) { // 根据 type 类型，使用不同的正则表达式进行过滤
    case METRIC:
      if (metric_patterns != null) {
        for (final Pattern pattern : metric_patterns) {
          if (!pattern.matcher(value).find()) { // value 必须匹配全部的正则表达式
            metrics_rejected.incrementAndGet();
            return Deferred.fromResult(false);
          }
        }
      }
      metrics_allowed.incrementAndGet(); // value 通过检查
      break;
    case TAGK:
      // 与处理 metric 类型字符串的逻辑类似，不再重复展示代码
      break;
    case TAGV:
      // 与处理 metric 类型字符串的逻辑类似，不再重复展示代码
      break;
  }
  return Deferred.fromResult(true);
}
```

3.2.5　异步分配 UID

通过对 UniqueId.getOrCreateId()方法的分析我们知道，它是同步阻塞的方法。getOrCreateIdAsync() 方法是 getOrCreateId()方法的异步版本，虽然两者功能及处理逻辑都非常类似，但是由于 getOrCreateIdAsync()方法是完全异步的，两者的具体实现还是有所差异的。下面来分析 UniqueId.getOrCreateIdAsync()方法的具体实现：

```java
public Deferred<byte[]> getOrCreateIdAsync(final String name,
```

```java
    final String metric, final Map<String, String> tags) {
  final byte[] id = getIdFromCache(name); // 首先查询 name_cache 缓存
  if (id != null) {
    incrementCacheHits(); // 缓存命中,递增 cache_hits
    return Deferred.fromResult(id);
  }

  class AssignmentAllowedCB implements Callback<Deferred<byte[]>, Boolean> {
    // AssignmentAllowedCB 这个 Callback 实现是创建 UniqueIdAllocator 对象并调用
    // 其 tryAllocate()方法完成 UID 分配的地方,其具体实现后面会详细分析
  }

  class HandleNoSuchUniqueNameCB implements Callback<Object, Exception> {
    // 下面 getIdAsync()方法查询 HBase 表的结果将会在该 Callback 对象中处理,其具体实现会在后面详细
    // 分析
  }

  // 调用 getIdAsync()方法查询 HBase 表,这里添加 Callback 是上面定义的 HandleNoSuchUniqueNameCB
  // 对象
  return getIdAsync(name).addErrback(new HandleNoSuchUniqueNameCB());
}
```

getIdAsync()方法在前面已经详细分析过了,这里不再重复。下面继续分析 HandleNoSuchUniqueNameCB 的实现,其中会处理 HBase 表的查询结果,具体实现代码如下:

```java
class HandleNoSuchUniqueNameCB implements Callback<Object, Exception> {
  public Object call(final Exception e) {
    // 在 HBase 的 tsdb-uid 表中查询不到指定的字符串时,会抛出 NoSuchUniqueName 异常
    if (e instanceof NoSuchUniqueName) {
      if (tsdb != null && tsdb.getUidFilter() != null &&tsdb.getUidFilter()
            .fillterUIDAssignments()) { // UniqueIdFilterPlugin 是否拦截 UID 的分配
        // 调用 UniqueIdFilterPlugin.allowUIDAssignment()方法判断是否为该字符串分配 UID,
        // 这里添加的回调为 AssignmentAllowedCB 对象
        return tsdb.getUidFilter()
            .allowUIDAssignment(type, name, metric, tags)
            .addCallbackDeferring(new AssignmentAllowedCB());
      } else { // 直接回调 AssignmentAllowedCB 分配 UID
        return Deferred.fromResult(true)
```

```
                .addCallbackDeferring(new AssignmentAllowedCB());
        }
    }
    return e; // 若没有异常或不是 NoSuchUniqueName 类型的异常，则不会触发 UID 分配的逻辑
  }
}
```

HandleNoSuchUniqueNameCB 执行完成后，会回调前面定义的 AssignmentAllowedCB，其中会根据 UniqueIdFilterPlugin 的拦截结果决定是否为 name 字符串分配 UID，具体实现代码如下：

```
class AssignmentAllowedCB implements Callback<Deferred<byte[]>, Boolean> {
  @Override
  public Deferred<byte[]> call(final Boolean allowed) throws Exception {
    if (!allowed) { // name 字符串被 UniqueIdFilterPlugin 拦截，无法分配 UID
      rejected_assignments++; // 递增 rejected_assignments
      return Deferred.fromError(new FailedToAssignUniqueIdException(
          new String(kind), name, 0, "Blocked by UID filter."));// 返回异常
    }
    Deferred<byte[]> assignment = null;
    synchronized (pending_assignments) { // 加锁检测是否存在其他线程并发为该 name 字符串分配 UID
      assignment = pending_assignments.get(name);
      if (assignment == null) {// 不存在其他线程并发为该 name 字符串分配 UID
        assignment = new Deferred<byte[]>();
        pending_assignments.put(name, assignment);
      } else { // 存在其他线程并发为该 name 字符串分配 UID
        LOG.info("Already waiting for UID assignment: " + name);
        return assignment;
      }
    }
    // 创建 UniqueIdAllocator 对象，并调用其 tryAllocate() 方法完成 UID 分配，前面已经详细分析过
    return new UniqueIdAllocator(name, assignment).tryAllocate();
  }
}
```

分析完 getOrCreateIdAsync() 方法之后，可以将前面的 getOrCreateId() 方法与它进行比较，后者涉及的所有过程都是异步非阻塞的，其中涉及查询 HBase 表、UniqueIdFilterPlugin 拦截、UniqueIdAllocator 分配 UID 等，而在前者的这些步骤中，都能看到 join() 或 joinUninterruptibly() 方法等阻塞调用。另外，OpenTSDB 官方也推荐使用后者异步非阻塞的版本。

3.2.6 查询字符串

在本章前面介绍的 getIdAsync()方法是通过指定字符串查询对应 UID，在 OpenTSDB 中还有另一个需求，就是通过指定的 UID 查询相应的字符串，该功能是在 UniqueId.getNameAsync()方法中完成的，它可以看做是 getIdAsync()方法的逆过程。UniqueId 实现的 getName()方法（该方法定义在 UniqueIdInterface 接口中）的底层也是通过调用 getNameAsync()方法实现的。

下面来看 UniqueId.getNameAsync()方法的具体实现，代码如下：

```
public Deferred<String> getNameAsync(final byte[] id) {
    // 检测参数 id 的长度是否合法(略)
    // 首先查询 id_cache 缓存中是否存在指定 UID 到字符串的映射关系
    final String name = getNameFromCache(id);
    if (name != null) {
      incrementCacheHits(); // 缓存命中，递增 cache_hits
      return Deferred.fromResult(name); // 返回相应字符串
    }
    incrementCacheMiss();// 缓存未命中，递增 cache_misses
    class GetNameCB implements Callback<String, String> {
        // 处理 HBase 表的查询结果，后面将进行详细分析
    }
    // getNameFromHBase()方法底层调用了前面介绍的 hbaseGet()方法完成 HBase 表的查询，
    // 这里不再展开分析。这里的回调是上面定义的 GetNameCB
    return getNameFromHBase(id).addCallback(new GetNameCB());
}
```

GetNameCB 的这个 Callback 实现比较简单，主要处理查询 HBase 表的结果，代码如下：

```
class GetNameCB implements Callback<String, String> {
    public String call(final String name) {
        if (name == null) { // 如果在 HBase 表中查询不到相应的字符串，则抛出 NoSuchUniqueId 异常
          throw new NoSuchUniqueId(kind(), id);
        }
        addNameToCache(id, name); // 将字符串到 UID 的映射关系保存到 name_cache 缓存中
        addIdToCache(name, id); // 将 id 到字符串的映射关系保存到 id_cache 缓存中
        return name;
    }
}
```

到这里，我们已经介绍了 UniqueId 提供的三个最基本功能：

- 为指定的字符串分配 UID。
- 根据指定的 UID 查询相应的字符串。
- 根据指定的字符串查询相应的 UID。

3.2.7　suggest 方法

在 UniqueId 中为了大量的字符串分配 UID，在 tsdb-uid 表中也就记录了大量的字符串，为了方便用户查询这些字符串，UniqueId 提供了前缀提示的功能，该功能是在 UniqueId.suggest() 方法中完成的。在默认情况下，suggest()方法只返回 25 个（由 UniqueId.MAX_SUGGESTIONS 字段指定）匹配指定前缀的字符串，还有一个重载的 suggest()方法，我们可以指定返回字符串的个数，它们的底层都是通过调用 UniqueId.suggestAsync()方法实现的。

在 UniqueId.suggestAsync()方法中，会创建 SuggestCB 对象并调用其 search()方法进行查询，具体实现代码如下：

```
public Deferred<List<String>> suggestAsync(final String search, final int max_results) {
  return new SuggestCB(search, max_results).search();
}
```

SuggestCB 中各个核心字段的含义如下。

- **scanner**（Scanner 类型）：Asynchronous HBase 客户端中使用 Scanner 来扫描 HBase 表中的连续数据，在后面介绍 SuggestCB 的实现时会看到其基本使用方式。
- **max_results**（int 类型）：此次查询返回的最大字符串个数。
- **suggestions**（LinkedList<String>类型）：此次查询到的、符合指定前缀的字符串会暂存在该集合中。

在 SuggestCB 的构造方法中，会调用 UniqueId.getSuggestScanner()方法初始化 scanner 字段，在 getSuggestScanner()方法中也展示了 org.hbase.async.Scanner 的基本使用方式，具体实现代码如下：

```
private static Scanner getSuggestScanner(final HBaseClient client,
    final byte[] tsd_uid_table, final String search, final byte[] kind_or_null,
    final int max_results) {
  final byte[] start_row;
```

```
   final byte[] end_row;
   if (search.isEmpty()) { // 未指定查询前缀，则使用默认的扫描前缀
      start_row = START_ROW; // 默认扫描的起始RowKey为'!'(ASCII表中的第一个字符)
      end_row = END_ROW;// 默认扫描的结束RowKey为'~'(ASCII表中的最后一个字符)
   } else { // 指定了查询的前缀(即这里的参数search)
      start_row = toBytes(search); // 扫描的起始RowKey
      // 扫描的结束RowKey是将起始RowKey的最后一个字符加1
      end_row = Arrays.copyOf(start_row, start_row.length);
      end_row[start_row.length - 1]++;
   }
   // 创建Scanner对象，并指定扫描的表
   final Scanner scanner = client.newScanner(tsd_uid_table);
   scanner.setStartKey(start_row); // 指定扫描的起止RowKey
   scanner.setStopKey(end_row);
   scanner.setFamily(ID_FAMILY); // 指定了扫描的Family
   if (kind_or_null != null) { // 判断是否指定了扫描的qualifier
      scanner.setQualifier(kind_or_null);
   }
   // 指定客户端与HBase表每次RPC最多返回的行数，一次扫描可能有多次RPC请求
   scanner.setMaxNumRows(max_results <= 4096 ? max_results : 4096);
   return scanner;
}
```

了解了 Scanner 的基本使用方式之后，继续分析 SuggestCB，SuggestCB.search()方法的具体实现代码如下：

```
Deferred<List<String>> search() {
   // 从HBase表中扫描多行数据，然后调用Callback进行处理，
   // 这里添加的Callback对象就是当前SuggestCB对象本身
   return (Deferred) scanner.nextRows().addCallback(this);
}
```

在 SuggestCB.call()方法中实现了处理 HBase 表扫描结果的主要逻辑，具体实现代码如下：

```
// 正常情况下，call()方法的参数是前面Scanner扫描到的多行数据
public Object call(final ArrayList<ArrayList<KeyValue>> rows) {
   if (rows == null) { // 已经处理完扫描范围内的所有行，返回suggestions字段中缓存的查询结果
      return suggestions;
```

```java
        }
        for (final ArrayList<KeyValue> row : rows) {  // 遍历扫描到的行
          if (row.size() != 1) {
            if (row.isEmpty()) {  // 跳过空行
              continue;
            }
          }
          final byte[] key = row.get(0).key();  // RowKey
          final String name = fromBytes(key);  // 从 RowKey 中解析出 name 字符串
          final byte[] id = row.get(0).value();  // 获取 UID
          final byte[] cached_id = name_cache.get(name);  // 检测 name_cache 缓存
          if (cached_id == null) {  // name_cache 中没有缓存 name 字符串
            cacheMapping(name, id);  // 将 name 字符串与 UID 的映射添加到 name_cache 缓存中
          } else if (!Arrays.equals(id, cached_id)) {
            // 从 HBase 中查询得到的 UID 与缓存中的 UID 不一致，则需要抛出异常
            throw new IllegalStateException("...");
          }
          suggestions.add(name);  // 将查询得到的 name 字符串缓存到 suggestions 中
          if ((short) suggestions.size() >= max_results) {  // 查询得到的字符串个数已经
                                                            // 达到了 max_results 指定的个数
            // 关闭 Scanner 对象不再继续扫描，添加 Callback，将返回 suggestions 字段缓存的查询结果
            return scanner.close().addCallback(new Callback<Object, Object>() {
              @Override
              public Object call(Object ignored) throws Exception {
                return suggestions;
              }
            });
          }
          row.clear();  // 释放
        }
        return search();  // 查询得到的字符串数量不足，继续调用 search() 方法进行扫描
      }
```

3.2.8　删除 UID

在 UniqueId 中还提供了删除 UID 的功能，在 UniqueId.deleteAsync() 方法中不仅会删除 HBase 表中保存的字符串与 UID 的映射关系，还会删除 id_cache 和 name_cache 缓存中的相应内容，

其大致流程如图 3-7 所示。

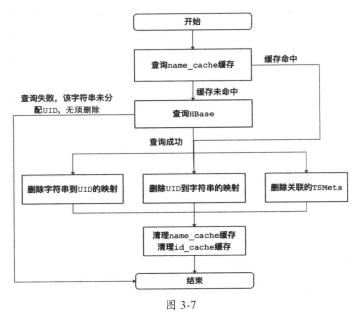

图 3-7

这里先来了解 UniqueId.deleteAsync()方法的具体实现，代码如下：

```
public Deferred<Object> deleteAsync(final String name) {
    // 保证 TSDB 不能为空(略)
    final byte[] uid = new byte[id_width];
    final ArrayList<Deferred<Object>> deferreds = new ArrayList<Deferred<Object>>(2);
    // 定义三个 Callback 实现，后面将详细分析其具体实现
    class ErrCB implements Callback<Object, Exception> {
        ... ...
    }

    class GroupCB implements Callback<Deferred<Object>, ArrayList<Object>> {
        ... ...
    }

    class LookupCB implements Callback<Deferred<Object>, byte[]> {
        ... ...
    }
```

```java
    final byte[] cached_uid = name_cache.get(name); // 查询 name_cache 缓存
    if (cached_uid == null) { // 缓存未命中
      // 在 HBase 表中查询 name 字符串对应的 UID，然后回调 LookupCB 对象
      return getIdFromHBase(name).addCallbackDeferring(new LookupCB())
          .addErrback(new ErrCB());
    }
    // 缓存命中，确定在该 name 字符串中存在对应的 UID
    System.arraycopy(cached_uid, 0, uid, 0, id_width);
    // 删除 HBase 表中记录的 name 字符串到 UID 的映射
    final DeleteRequest forward =
        new DeleteRequest(table, toBytes(name), ID_FAMILY, kind);
    deferreds.add(tsdb.getClient().delete(forward));
    // 删除 HBase 表中记录的 UID 到 name 字符串的映射
    final DeleteRequest reverse =
        new DeleteRequest(table, uid, NAME_FAMILY, kind);
    deferreds.add(tsdb.getClient().delete(reverse));
    // 删除 HBase 表中 UID 关联的 TSMeta 信息
    final DeleteRequest meta = new DeleteRequest(table, uid, NAME_FAMILY,
        toBytes((type.toString().toLowerCase() + "_meta")));
    deferreds.add(tsdb.getClient().delete(meta));
    // 等待上述三个 DeleteRequest 请求全部执行完毕之后，回调 GroupCB 对象
    return Deferred.group(deferreds).addCallbackDeferring(new GroupCB())
        .addErrback(new ErrCB());
}
```

下面来分析上述几个内部 Callback 实现。首先来看 LookupCB 实现，当 name_cache 缓存未命中的时候，需要调用 getIdFromHBase() 方法查询 HBase 表以确定是否为 name 字符串分配过 UID，查询结束之后会以查询到的 UID 作为参数回调 LookupCB，LookupCB 主要负责删除 HBase 表中的相关映射和元数据。

```java
class LookupCB implements Callback<Deferred<Object>, byte[]> {
  @Override
  public Deferred<Object> call(final byte[] stored_uid) throws Exception {
    if (stored_uid == null) { // name 字符串并没有对应的 UID，后续的删除操作也就没有必要
      return Deferred.fromError(new NoSuchUniqueName(kind(), name));
    }
    // 下面的删除操作与 deleteAsync() 方法中命中 name_cache 缓存后的删除操作类似
    System.arraycopy(stored_uid, 0, uid, 0, id_width);
```

```java
        final DeleteRequest forward =    // 删除 HBase 表中记录的 name 字符串到 UID 的映射
            new DeleteRequest(table, toBytes(name), ID_FAMILY, kind);
        deferreds.add(tsdb.getClient().delete(forward));

        final DeleteRequest reverse =    // 删除 HBase 表中记录的 UID 到 name 字符串的映射
            new DeleteRequest(table, uid, NAME_FAMILY, kind);
        deferreds.add(tsdb.getClient().delete(reverse));
        // 删除 HBase 表中 UID 关联的 TSMeta 信息
        final DeleteRequest meta = new DeleteRequest(table, uid, NAME_FAMILY,
            toBytes((type.toString().toLowerCase() + "_meta")));
        deferreds.add(tsdb.getClient().delete(meta));
        // 等待上述三个 DeleteRequest 请求全部执行完毕之后，回调 GroupCB 对象
        return Deferred.group(deferreds).addCallbackDeferring(new GroupCB());
    }
}
```

当 HBase 表中的映射关系和元数据被成功删除之后会回调 GroupCB，然后清理 name_cache 和 id_cache 缓存中相应的数据，具体实现代码如下：

```java
class GroupCB implements Callback<Deferred<Object>, ArrayList<Object>> {
    @Override
    public Deferred<Object> call(final ArrayList<Object> response) throws Exception {
      name_cache.remove(name);  // 清理 name_cache 缓存
      id_cache.remove(fromBytes(uid));  // 清理 id_cache 缓存
      return Deferred.fromResult(null);
    }
}
```

当上述任意一个缓解出现异常的时候会回调 ErrCB，与 GroupCB 类似，它也会清理 name_cache 和 id_cache 缓存，具体实现代码如下：

```java
class ErrCB implements Callback<Object, Exception> {
    @Override
    public Object call(final Exception ex) throws Exception {
      name_cache.remove(name);  // 清理 name_cache 缓存
      id_cache.remove(fromBytes(uid));  // 清理 id_cache 缓存
      return ex;
    }
}
```

3.2.9 重新分配 UID

在有些异常场景下，例如 OpenTSDB 的客户端程序发生故障，导致 UniqueId 为大量非法字符串分配了 UID，会浪费大量的 UID。在初始化整个 OpenTSDB 系统时，可以将 UID 的字节长度设置得很大，这样虽然可以缓解 UID 浪费的问题，但是 UID 的数量依旧是有限的，而且增加 UID 所占字节数的长度会浪费一定的存储空间。

UniqueId 中提供了 rename()方法用于回收并重新分配已使用的 UID，这就可以缓解前面提到的大量 UID 浪费的问题。在开始分析 UniqueId.rename()方法的具体实现之前，需要读者注意，rename()方法并不是线程安全，如果有多个线程并发调用该方法重用同一个 UID，可能会导致数据发生混乱。UniqueId.rename()方法的大致步骤如图 3-8 所示。

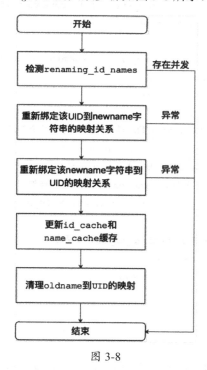

图 3-8

UniqueId.rename()方法的具体实现代码如下：

```java
public void rename(final String oldname, final String newname) {
  final byte[] row = getId(oldname); // 查询 oldname 字符串对应的 UID
  final String row_string = fromBytes(row);
  {
```

```java
byte[] id = null;
try {
   id = getId(newname); // 查询 newname 字符串对应 UID
} catch (NoSuchUniqueName e) { // 正常，newname 并没有关联的 UID
}
if (id != null) { // newname 字符串已分配 UID，抛出异常
   throw new IllegalArgumentException("...");
}
}

// 已经有其他线程在重用该 UID 或是在为该 newname 字符串重新分配 UID，则抛出异常
if (renaming_id_names.contains(row_string) || renaming_id_names.contains(newname)) {
   throw new IllegalArgumentException("...");
}
renaming_id_names.add(row_string); // 在 renaming_id_names 中添加相应记录，防止并发操作
renaming_id_names.add(newname);
final byte[] newnameb = toBytes(newname);
try {
   // 与前面介绍的 UniqueIdAllocator 的逻辑类似，第一步是重新绑定该 UID 到 newname 字符串的映射关系
   final PutRequest reverse_mapping = new PutRequest(
       table, row, NAME_FAMILY, kind, newnameb);
   // 完成 reverse_mapping 这个 PutRequest 指定的写入操作
   hbasePutWithRetry(reverse_mapping, MAX_ATTEMPTS_PUT, INITIAL_EXP_BACKOFF_DELAY);
} catch (HBaseException e) {
   // 如果发生异常，则需要清理 renaming_id_names 集合中的相应内容，方便后续重新分配 UID
   renaming_id_names.remove(row_string);
   renaming_id_names.remove(newname);
   throw e; // 向上抛出异常
}

try {
   // 与前面介绍的 UniqueIdAllocator 的逻辑类似，第二步是重新绑定该 newname 字符串到 UID 的映射关系
   final PutRequest forward_mapping = new PutRequest(
       table, newnameb, ID_FAMILY, kind, row);
   // 完成 forward_mapping 这个 PutRequest 指定的写入操作
   hbasePutWithRetry(forward_mapping, MAX_ATTEMPTS_PUT,
       INITIAL_EXP_BACKOFF_DELAY);
} catch (HBaseException e) {
```

```
    // 如果发生异常，则需要清理 renaming_id_names 集合中的相应内容，方便后续重新分配 UID
    renaming_id_names.remove(row_string);
    renaming_id_names.remove(newname);
    throw e;
  }

  // 完成 HBase 表的更新之后，更新 id_cache 和 name_cache 缓存，将它们与 HBase 表保持一致
  addIdToCache(newname, row);
  id_cache.put(fromBytes(row), newname);
  name_cache.remove(oldname);

  try {
    // 最后一步是清理 oldname 字符串到 UID 的映射，而 UID 到 oldname 字符串的映射已经被
    // 前面的 reverse_mapping 操作覆盖，无须删除
    final DeleteRequest old_forward_mapping = new DeleteRequest(
        table, toBytes(oldname), ID_FAMILY, kind);
    // 执行 old_forward_mapping 对应的删除操作并阻塞等待期执行完毕
    client.delete(old_forward_mapping).joinUninterruptibly();
  } catch (Exception e) {
    throw new RuntimeException(msg, e);
  } finally {
    // 成功执行完上述全部操作之后，清理 renaming_id_names 中的相应内容
    renaming_id_names.remove(row_string);
    renaming_id_names.remove(newname);
  }
  // Success!
}
```

在 UniqueId.rename() 方法中是通过调用 hbasePutWithRetry() 方法完成 HBase 表的更新操作的，其中实现了类似 UniqueIdAllocator 分配 UID 的重试功能，hbasePutWithRetry() 方法的具体实现代码如下：

```
// 默认重试次数为 6(由 MAX_ATTEMPTS_PUT 字段指定)，两次重试之间初始的时间间隔是 800 毫秒，
// 之后每次递增一倍
private void hbasePutWithRetry(final PutRequest put, short attempts, short wait)
    throws HBaseException {
  put.setBufferable(false);
  while (attempts-- > 0) { // 检测是否能够继续重试
```

```
try {
    // 注意与前面UniqueIdAllocator之间的区别，这里不再执行CAS操作，而是直接执行put操作
    client.put(put).joinUninterruptibly();
    return;
} catch (HBaseException e) {
    if (attempts > 0) { // 检测剩余的重试次数
        try {
            Thread.sleep(wait); // 两次重试之间需要等待一段时间
        } catch (InterruptedException ie) {
            throw new RuntimeException("interrupted", ie);
        }
        wait *= 2; // 重试间隔变长
    } else {
        throw e;
    }
} catch (Exception e) { // 日志输出(略)
    }
}
// 始终重试失败，则抛出异常
throw new IllegalStateException("This code should never be reached!");
}
```

3.2.10 其他方法

前面已经详细分析了UniqueId的核心功能，本节将简单介绍UniqueId提供的一些辅助方法，这些方法大多是静态方法。

首先要介绍的是UniqueId.getTagPairsFromTSUID()方法。在前面介绍OpenTSDB的基本概念时提到，TSUID是由metric UID、tagk UID及tagv UID三部分组成的，getTagPairsFromTSUID()方法的主要功能是从TSUID中将tagk和tagv部分的UID解析出来并返回，具体实现代码如下：

```
public static List<byte[]> getTagPairsFromTSUID(final byte[] tsuid) {
    // 检测tsuid的长度是否合法(略)
    final List<byte[]> tags = new ArrayList<byte[]>();
    final int pair_width = TSDB.tagk_width() + TSDB.tagv_width(); // 计算每对tag的长度
    // 遍历tsuid，截取每对tag的UID，并添加到tags集合中
    for (int i = TSDB.metrics_width(); i < tsuid.length; i += pair_width) {
```

```java
    if (i + pair_width > tsuid.length) {
      throw new IllegalArgumentException("...");
    }
    tags.add(Arrays.copyOfRange(tsuid, i, i + pair_width));
  }
  return tags;
}
```

getTagPairsFromTSUID()方法返回的集合中的每一个byte[]数组是tagk UID和tagv UID组合起来的,如果需要获取单独的tagk UID和tagv UID,可以使用getTagsFromTSUID()方法,其实现与 getTagPairsFromTSUID()方法非常类似,这里不再展开介绍,感兴趣的读者可以参考源码进行学习。

通过前面章节的介绍我们知道,将OpenTSDB的RowKey中的Salt和时间戳两部分去掉得到的就是tsuid,UniqueId.getTSUIDFromKey()方法就提供了从RowKey中提取tsuid的功能,具体实现代码如下:

```java
public static byte[] getTSUIDFromKey(final byte[] row_key,
    final short metric_width, final short timestamp_width) {
  int idx = 0;
  // 计算一对tagk UID和tagv UID的长度
  final int tag_pair_width = TSDB.tagk_width() + TSDB.tagv_width();
  // 计算所有tagk UID和tagv UID的长度
  final int tags_length = row_key.length -
      (Const.SALT_WIDTH() + metric_width + timestamp_width);
  // 检测tags_length是否为tag_pair_width的整数倍
  if (tags_length < tag_pair_width || (tags_length % tag_pair_width) != 0) {
    throw new IllegalArgumentException("...");
  }
  final byte[] tsuid = new byte[row_key.length - timestamp_width - Const.SALT_WIDTH()];
  // 过滤掉salt部分和时间戳部分
  for (int i = Const.SALT_WIDTH(); i < row_key.length; i++) {
    if (i < Const.SALT_WIDTH() + metric_width ||
        i >= (Const.SALT_WIDTH() + metric_width + timestamp_width)) {
      tsuid[idx] = row_key[i];
      idx++;
    }
  }
}
```

```
    return tsuid;
}
```

最后,简单介绍一下 preloadUidCache()方法。从该方法的名称也能猜出其功能是在 OpenTSDB 启动的时候,预先加载一部分 UID 映射关系到缓存中,可以通过 "tsd.core.preload_uid_cache" 配置项开启预加载缓存的功能,还可以通过 "tsd.core.preload_uid_cache.max_entries" 配置项决定缓存预加载的数据量。preloadUidCache()方法的具体实现代码如下:

```
public static void preloadUidCache(final TSDB tsdb,
    final ByteMap<UniqueId> uid_cache_map) throws HBaseException {
  int max_results = tsdb.getConfig().getInt(
      "tsd.core.preload_uid_cache.max_entries"); // 获取配合的缓存预加载的数据量
  // 检测配置的 max_results 值是否合法(略)
  Scanner scanner = null;
  try {
    int num_rows = 0;
    // 创建 Scanner 对象
    scanner = getSuggestScanner(tsdb.getClient(), tsdb.uidTable(), "", null, max_results);
    for (ArrayList<ArrayList<KeyValue>> rows = scanner.nextRows().join();
        rows != null; rows = scanner.nextRows().join()) {
      for (final ArrayList<KeyValue> row : rows) {
        for (KeyValue kv : row) {
          final String name = fromBytes(kv.key());// 获取 name 字符串
          final byte[] kind = kv.qualifier(); // qualifier 对应的是 kind
          final byte[] id = kv.value(); // 获取 UID
          UniqueId uid_cache = uid_cache_map.get(kind);
          if (uid_cache != null) { // 将扫描的映射关系加载到对应类型的 UniqueId 的缓存中
            uid_cache.cacheMapping(name, id);
          }
        }
        num_rows += row.size();
        row.clear();   // 释放该行数据
        if (num_rows >= max_results) { // 预加载的数据达到指定的数量
          break;
        }
      }
    }
  } catch (Exception e) { // 省略异常处理的相关代码
  } finally {
```

```
    if (scanner != null) {
      scanner.close();//关闭 Scanner 对象，释放资源
    }
  }
}
```

在 UniqueId 中还提供了很多其他比较简单的辅助方法，例如，longToUID()方法会将 byte[] 数组类型的 UID 转换成 long 值，uidToLong()方法会将 long 类型的 UID 转换成 byte[]数组等，这些方法都比较简单，这里不再展开介绍，感兴趣的读者可以参考源码进行学习。

3.3 UIDMeta

如果 OpenTSDB 开启了"tsd.core.meta.enable_realtime_uid"配置项，则在 UniqueIdAllocator 分配 UID 的过程中（DONE 阶段），除了会将 UID 与字符串之间的映射关系保存到 tsdb-uid 表中，还会将该 UID 关联的元数据也记录到其中。UniqueIdAllocator 中相关的代码片段如下：

```
if (tsdb != null && tsdb.getConfig().enable_realtime_uid()) {
  final UIDMeta meta = new UIDMeta(type, row, name); // 创建 UIDMeta 对象
  meta.storeNew(tsdb); // 将 UIDMeta 中保存的元数据也保存到 tsdb-uid 中
  tsdb.indexUIDMeta(meta); // 如果开启了相应配置，可以为元数据建立索引
}
```

下面介绍一下 UIDMeta 中核心字段的含义，其中部分字段就是后面将要写入 HBase 表中的元数据信息，如下所示。

- **uid**（**String** 类型）：当前 UIDMeta 对象关联的 UID。
- **type**（**UniqueIdType** 类型）：当前 UIDMeta 所属的类型。
- **name**（**String** 类型）：UID 对应的字符串。
- **display_name**（**String** 类型）：可选项，用于展示的名称，默认与 name 相同。
- **description**（**String** 类型）：可选项，自定义描述信息。
- **notes**（**String** 类型）：可选项，详细的描述信息。
- **created**（**long** 类型）：UID 的创建时间。
- **custom**（**HashMap<String, String>**类型）：用户自定义的附加信息。
- **changed**（**HashMap<String, Boolean>**类型）：用于标识某个字段是否被修改过，下面介绍 UIDMeta 的具体实现时会提到其作用。

在 UIDMeta 的构造方法中,除了会初始化 UID、name、type 等字段,还会重置 changed 字段,代码如下:

```java
public UIDMeta(final UniqueIdType type, final byte[] uid, final String name) {
  this.type = type; // 初始化 type、UID、name
  this.uid = UniqueId.uidToString(uid);
  this.name = name;
  created = System.currentTimeMillis() / 1000; // 初始化 created 字段
  initializeChangedMap(); // 重置 changed 字段
  changed.put("created", true); // 标识 created 字段被修改过
}

private void initializeChangedMap() { // 标识所有字段都没有被修改过
  changed.put("display_name", false);
  changed.put("description", false);
  changed.put("notes", false);
  changed.put("custom", false);
  changed.put("created", false);
}
```

接下来看一下 UIDMeta.storeNew() 方法如何将新建的 UIDMeta 元数据保存到 HBase 表中,代码如下:

```java
public Deferred<Object> storeNew(final TSDB tsdb) {
  // 检测 UID、name、type 是否合法(略)
  // 写入的 Family 始终是 name,根据 type 类型决定写入的 qualifier,写入的具体内容
  // 由 getStorageJSON() 方法返回
  final PutRequest put = new PutRequest(tsdb.uidTable(),
    UniqueId.stringToUid(uid), FAMILY, (type.toString().toLowerCase() + "_meta")
      .getBytes(CHARSET), UIDMeta.this.getStorageJSON());
  return tsdb.getClient().put(put);
}
```

getStorageJSON() 方法返回的是一段 JSON 数据,其中包含了 type、display_name、description、notes、created 及 custom 字段所包含的信息,创建这段 JSON 的方式比较简单,不再展开介绍,感兴趣的读者可以参考相关源码进行学习。

UIDMeta.syncToStorage() 方法完成了修改元数据的功能,该方法会先加载 UID 对应的元数

据，然后对比当前 UIDMeta 对象与加载得到的元数据，最后执行 CAS 操作完成更新。syncToStorage()方法的大致实现代码如下：

```java
public Deferred<Boolean> syncToStorage(final TSDB tsdb, final boolean overwrite) {
  // 检测 UID 和 type 字段是否合法(略)
  boolean has_changes = false;
  for (Map.Entry<String, Boolean> entry : changed.entrySet()) {
    if (entry.getValue()) { // 检测 UIDMeta 是否有字段被修改
      has_changes = true;
      break;
    }
  }
  if (!has_changes) {
    throw new IllegalStateException("No changes detected in UID meta data");
  }
  final class NameCB implements Callback<Deferred<Boolean>, String> {
      // 后面详细介绍 NameCB 的具体实现
  }
  // 根据 type 类型，加载 UID 对应的字符串
  return tsdb.getUidName(type, UniqueId.stringToUid(uid))
    .addCallbackDeferring(new NameCB(this));
}
```

在 NameCB 中会根据 UID 和 name 字符串查询相应的元数据，具体实现代码如下：

```java
final class NameCB implements Callback<Deferred<Boolean>, String> {
  private final UIDMeta local_meta;  // 当前 UIDMeta 对象

  public NameCB(final UIDMeta meta) { local_meta = meta; }

  @Override
  public Deferred<Boolean> call(final String name) throws Exception {
    final GetRequest get = new GetRequest(tsdb.uidTable(), UniqueId.stringToUid(uid));
    get.family(FAMILY); // 查询的 Family 为 name
    // 根据 type 类型指定 qualifier
    get.qualifier((type.toString().toLowerCase() + "_meta").getBytes(CHARSET));
    // 查询相应元数据，这里的回调为 StoreUIDMeta
```

```
    return tsdb.getClient().get(get).addCallbackDeferring(new StoreUIDMeta());
  }
}
```

在 StoreUIDMeta 中将查询得到的 JSON 元数据反序列化成 UIDMeta 对象并与当前的 UIDMeta 对象进行比较，最后执行 CAS 操作完成更新，具体实现代码如下：

```
final class StoreUIDMeta implements Callback<Deferred<Boolean>, ArrayList<KeyValue>> {

  @Override
  public Deferred<Boolean> call(final ArrayList<KeyValue> row) throws Exception {
    final UIDMeta stored_meta;
    if (row == null || row.isEmpty()) {
      stored_meta = null;
    } else { // 反序列化 JSON，得到 UIDMeta 对象
      stored_meta = JSON.parseToObject(row.get(0).value(), UIDMeta.class);
      stored_meta.initializeChangedMap();
    }

    final byte[] original_meta = row == null || row.isEmpty() ?
        new byte[0] : row.get(0).value(); // 保存目前 HBase 表中保存的 JSON 数据
    if (stored_meta != null) { // 将当前的 UIDMeta 对象与 stored_meta 对象进行对比
      // syncMeta()方法会根据 overwrite 参数及各个字段的修改情况，决定是否复制 stored_meta 中
      // 的字段
      local_meta.syncMeta(stored_meta, overwrite);
    }

    final PutRequest put = new PutRequest(tsdb.uidTable(),
        UniqueId.stringToUid(uid), FAMILY, (type.toString().toLowerCase() +
        "_meta").getBytes(CHARSET), local_meta.getStorageJSON());
    // 执行 CAS 操作完成元数据的更新
    return tsdb.getClient().compareAndSet(put, original_meta);
  }
}
```

UIDMeta.getUIDMeta()方法根据指定的 type 和 UID 查询指定的元数据并返回 UIDMeta，其与 syncToStorage()方法中的查询过程类似，不再重复介绍。UIDMeta.delete()方法根据当前 UIDMeta 对象的 type 字段和 UID 字段删除相应的元数据，实现比较简单，不再赘述，感兴趣的

读者可以参考其代码进行学习。

3.4　本章小结

本章首先简略说明了 OpenTSDB 使用 HBase 存储时序数据的大体设计，重点介绍了 RowKey 的设计中 UID 的原理和作用。接下来是本章的主要内容，即 OpenTSDB 中 UID 相关的内容，首先与读者一起分析了 HBase 中 tsdb-uid 表的设计，在该表中保存了 UID 与字符串的映射关系及相关的元数据。然后，详细剖析了 UID 相关的核心类——UniqueId，它实现了（同步/异步）分配 UID（又分为随机和递增两种生成方式）、根据字符串查询 UID、根据 UID 查询字符串、suggest 方法、删除 UID 和重新分配 UID 等核心功能。另外，UniqueId 还以静态方法的形式提供一些辅助方法，对此也进行了简单分析。最后，介绍了 UIDMeta 是如何写入、更新、删除和查询 UID 相关元数据信息的，在后面分析 OpenTSDB Tree 的时候，还会看到 UIDMeta 的身影。

希望读者通过阅读本章的内容，可以了解 OpenTSDB 中 HBase 表和 RowKey 的大致设计及其中涉及的 UID 的概念，理解 UniqueId 的工作原理和 UIDMeta 元数据所存储的相关信息，为后面分析 OpenTSDB 读写时序数据的功能打下基础，也希望能够为读者在实践中扩展 OpenTSDB 的功能提供帮助。

第 4 章
数据存储

第 3 章已经分析了 OpenTSDB 中核心表的设计,并对 OpenTSDB 中的 UniqueId 组件的实现进行了分析。本章将详细介绍 OpenTSDB 中 TSDB 表的设计,以及 OpenTSDB 是如何将时序数据写入该表中的。另外,还将分析前面提到的 OpenTSDB 中压缩优化的实现。

4.1 TSDB 表设计

在本节中,我们先来详细分析 OpenTSDB 用来存储时序数据的 TSDB 表的基本结构。OpenTSDB 中全部的时序数据都保存在一个 HBase 表中,默认的表名叫作"TSDB"。TSDB 表中只有一个名为"t"的 Column Family(列族)。其中的 RowKey 就如前面介绍的那样,包含 metric_uid、base_time、tagk_uid、tagv_uid 等部分,另外还包含一个可选的 salt 部分,如图 4-1 所示。

| salt | metric_uid | base_time | tagk1_uid | tagv1_uid | ... | tagkN_uid | tagvN_uid |

图 4-1

这里添加 salt 部分主要是为了防止发生写入或查询的热点情况。HBase 底层使用了 LSM-Tree,表中的数据会按照列进行存储,每行中的每一列数据在存储文件时,都会以 Key-Value 的形式存在于文件中,其中的 Key 是通过 RowKey、列族名称(Column Family)、列名(qualifier)组成的,value 则是这里的列值。HFile 文件中的数据是按照 RowKey 的排序进行保存的。也就是说,HBase 表中的 RowKey 是有序的,这些基础知识在第 1 章中都简略介绍过了,不再展开回顾。如果 metric_uid 是从 0 开始递增的,则大量 RowKey 的前缀会相同,这些行极有可能被分布到一个 HRegion Server 上,甚至同一个 HRegion 中,如果这样,对这部分数据的读写都会落到 HBase 集群中的一台机器上，无法充分发挥 HBase 集群的处理能力，甚至可能将这台机器直接压垮。当通过 HMaster 的协调由其他机器接管这些 HRegion 时，同样也有可能被压垮，最终集群中的机器被逐个压垮，整个 HBase 集群变得不可用。

RowKey 中的 salt 部分将 RowKey 中除了 base_time 的部分进行了 Hash，然后按照指定的 Bucket 个数进行取模，最后转换成字节（根据 Bucket 个数决定是一个字节还是两个字节）并写入 RowKey 的起始位置，这样使得 metric_uid 从 0 开始递增，RowKey 也会因为 salt 值的变化，而分配到不同的 HRegion 中，从而充分发挥 HBase 集群的能力。后面会提到，将 RowKey 中的 salt 部分和 base_time 部分去除之后，剩余的部分被称为"tsuid"，可以唯一表示一条时序数据。

了解完 TSDB 表的 RowKey 结构之后，我们来看 TSDB 表中的列名（qualifier）设计，其实际结构并没有第 2 章介绍的内容那么简单，其中包含很多信息。列名的长度是根据时序数据的时间精度而变化的。

- 如果存储的时序数据的精度是秒级的，则 qualifier 长度为 2 字节。从高位到低位来看，其中高 12 位保存了从 base_tim 开始的秒级偏移量（offset），base_time+offset 即为该列对应的秒级时间戳。接下来的 4 位是 flag 标志，主要用于标识该点的数据类型及所占字节的长度，如图 4-2 所示。

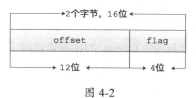

图 4-2

- 如果时序数据的精度是毫秒级的，则 qualifier 长度为 4 字节。从高位到低位来看，其中高 4 位始终为 1，用于标识其精度为毫秒级。接下来 22 位保存了 base_time 的毫秒级偏移量（offset），base_time+offset 即为该列对应的毫秒级时间戳。随后的 2 位暂时保留，没有使用。最后 4 位是 flag 标志，主要用于标识该点的数据类型及所占字节的长度，如图 4-3 所示。

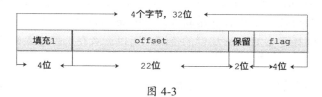

图 4-3

无论时序数据的精度是秒级还是毫秒级，其 qualifier 的最后 4 位都是 flag。从高位到低位来看，最高位表示该点的值的类型（1 表示整数，0 表示浮点数）。接下来的三位表示该值的长度（偏移量为 1），例如 000 表示 1 个字节，011 表示 4 个字节，这三位的合法取值只有 000、

001、011 和 111，其他取值都是不合法的。

4.1.1 压缩优化

OpenTSDB 在写入时序数据时，首先会基于每个数据点相对于 RowKey 中 base_time 的偏移量（offset），将其 value 值存入不同的列（qualifier）中，这样做可以提高 HBase 表的写入效率。正如前面提到的，HBase 底层的文件存储中会重复存储 RowKey、Column Family、Column 等信息。为了节省存储空间，OpenTSDB 在写入时会将 RowKey 记录到 CompactionQueue（也就是后面介绍 TSDB 核心字段时的 compactionq 字段）中，并启动一个后台线程，定期根据 CompactionQueue 中记录的 RowKey 将对应的时序数据进行压缩。

压缩的主要操作就是将 CompactionQueue 中记录的数据行中分散在不同列中的点的值汇总起来，写入一个列中。在 HBase 底层存储中，压缩后的一行数据就会只保存一个 RowKey、列族名称和列名。

另外一点需要读者了解的是压缩后的 qualifier 格式和 value 格式。前面提到，在未压缩之前，每个 qualifier 的长度是 2 个字节或是 4 个字节，压缩之后的 qualifier 则是将被压缩的 qualifier 进行合并。例如，某一行中只有两列，它们在压缩之前的 qualifier 分别是 07B3 和 07D3，则该行被压缩后的 qualifier 为 07B307D3。压缩之后的 value 也是将原有的 value 进行合并。有的读者会问，这样合并之后怎么进行读取呢？OpenTSDB 在读取时会先切分压缩之后的 qualifier，然后根据每个 qualifier 的低 4 位决定对应 value 的长度，最后切分压缩后的 value 完成读取。在后面的章节中，会详细分析压缩时序数据和读取压缩数据的相关逻辑。

4.1.2 追加模式

除了上一小节介绍的压缩优化方式，在 OpenTSDB 中还直接提供了追加写入点的方式，用于优化 HBase 的存储空间。在追加模式下，OpenTSDB 在写入的时候，会将 RowKey 中所有点的 value 值写到一个单独的 qualifier 中，这样就和压缩之后的效果一样了，同时还可以减小定期压缩时，读取数据到 OpenTSDB 内存及重新写入 HBase 所带来的开销。但是，世界上没有免费的午餐，追加模式会消耗更多 HBase 集群的资源，所以读者在选择写入模式时需要进行一定的权衡。

在追加模式下，使用的唯一的 qualifier 是 0x050000。有的读者可能要问，追加模式下怎么区分每个点对应的时间戳呢？OpenTSDB 在追加写入每个点的 value 值时，会先写入该点相对于 base_time 的 offset 值，然后再追加该点的 value 值，该 Cell 中的值就是时间戳 offset 和 DataPoint value 相互间隔连接起来的，其大致结构如下：

```
<offset1><value1><offset2><value2>...<offsetN><valueN>.
```

从这种存储方式中可以看出，先写入的点的 offset 值及 value 值就会被保存到前面，所以追加模式并不能保证底层存储的点按照其 offset 值排序，具体的排序操作是在查询时完成的。另外，可以通过配置在追加模式的基础上开启一个重写线程，它与压缩线程类似，会定期将 HBase 表的数据读出、排序并重新写入 HBase 表中。

4.1.3 Annotation

在 TSDB 表中，除了按照上述形式存储时序数据，还可以存储 Annotation 信息，Annotation 表示的是一些提示性信息。OpenTSDB 通过 qualifier 的字节长度和其中第一个字节区分一个 qualifier 中存储的是 Annotation 还是点的 value 值，前面提到存储时序数据点的 qualifier 是 2 个字节或 4 个字节，而存储非时序的其他类型数据对应的 qualifier 则是 3 个字节或 5 个字节，其中使用第一个字符区分当前 qualifier 中存储的数据类型，例如这里的 Annotation，其对应的 qualifier 的第一个字节就始终为 "0x01"。在 OpenTSDB 后续版本中，还引入了其他类型的数据，例如 HistogramDataPoint，其 qualifier 的第一个字节则为 "0x6"。

存储 Annotation 的 qualifier 的剩余字节与存储时序数据的 qualifier 含义相同，都是表示相对于 RowKey 中 base_time 的 offset（偏移量）。同样，3 个字节表示该 offset 的精度为秒级，5 个字节表示该 offset 的精度为毫秒级。

在 TSDB 表中存储的 Annotation 数据实际上是 UTF-8 编码的 JSON 数据。OpenTSDB 的官方文档强烈建议读者不要手动修改其中的数据，后面介绍 Annotation 的相关实现时会看到。其中 JSON 数据（包括其中各字段的顺序）会因此影响其 CAS 等相关操作。

4.2 TSDB

TSDB 是 OpenTSDB 中最核心的类，它的底层依赖于前面介绍的 UniqueId、Asynchronous HBase 客户端等多个组件，实现了写入点、查询点等基本功能（后续补充基本功能）。TSDB 的依赖关系如图 4-4 所示。

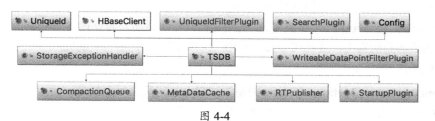

图 4-4

TSDB 中核心字段的含义如下。

- **client（HBaseClient 类型）**：Asynchronous HBase 客户端，负责与底层 HBase 存储进行交互。
- **table（byte[]类型）**：HBase 表名，OpenTSDB 用该表存储时序数据，默认值为"TSDB"。
- **uidtable（byte[]类型）**：HBase 表名，该表用于存储 UID，默认值为"tsdb-uid"，也就是前面介绍的 UniqueId 使用的 HBase 表。
- **metrics、tag_names、tag_values（UniqueId 类型）**：TSDB 中维护的三个 UniqueId 对象，它们分别为 metric、tagk、tagv 字符串分配 UID，这三个 UniqueId 对象共用了 tsdb-uid 表存储字符串与 UID 之间的映射关系，并且会保证同一类型中 UID 不会重复。UniqueId 的具体实现在前面介绍过了，这里不再重复。
- **config（Config 类型）**：在 Config 对象中记录了当前 OpenTSDB 实例的全部配置信息，其中包含了用户配置的值，以及 OpenTSDB 提供的默认值。
- **timer（HashedWheelTimer 类型）**：时间轮，主要起到定时器的功能，例如负责控制查询超时时间、空闲销毁时间等，后面会详细分析 HashedWheelTimer 的具体原理。
- **compactionq（CompactionQueue 类型）**：在 OpenTSDB 中会启动一个后台线程（Compaction Thread）定期压缩 TSDB 表中的时序数据，该 compactionq 队列用来记录待压缩的 RowKey，在后面的分析过程中会详细分析压缩的具体功能和实现。
- **rejected_dps、rejected_aggregate_dps（AtomicLong 类型）**：当写入的点被拦截或因异常写入失败，则会在 rejected_dps 或 rejected_aggregate_dps 中进行记录。
- **datapoints_added（AtomicLong 类型）**：当成功写入点之后，会将递增的字段进行记录。
- **uid_filter（UniqueIdFilterPlugin 类型）**：UID 分配的拦截器，在前面介绍 UniqueId 时已经详细介绍过 UniqueIdFilterPlugin 的原理和具体实现了，这里不再展开介绍。
- **treetable（byte[]类型）**：HBase 表名，OpenTSDB 中的 tree 信息会存放到该表中，后续会介绍其具体结构和使用方式。
- **meta_table（byte[]类型）**：HBase 表名，OpenTSDB 中的相关元数据会保存到该表中，后续会介绍其具体结构和使用方式。
- **startup（StartupPlugin 类型）**：初始化插件，可以将自定义的 StartupPlugin 抽象类实现添加到配置中，这样在 OpenTSDB 启动时即可被调用，从而完成一些自定义的初始化操作。
- **meta_cache（MetaDataCache 类型）**：TSMeta 元数据缓存插件，后面有专门章节介绍 OpenTSDB 中的插件机制，本章不对插件进行详细分析。

- **search**（SearchPlugin 类型）：搜索插件。
- **rt_publisher**（RTPublisher 类型）：实时推送插件。
- **ts_filter**（WriteableDataPointFilterPlugin 类型）：时序数据的拦截器插件。
- **storage_exception_handler**（StorageExceptionHandler 类型）：异常处理器。

这里最后提到的几个插件并没有详细介绍其含义，在后面分析代码时，我们会详细分析其原理和使用方式。

在 TSDB 的构造函数中会根据 Config 配置初始化上面介绍的字段，具体实现代码如下：

```
public TSDB(final HBaseClient client, final Config config) {
  this.config = config;  // 初始化 Config 字段
  if (client == null) {  // 初始化 HBaseClient(Asynchronous HBase 客户端)
    // org.hbase.async.Config 是初始化 HBaseClient 对象的配置对象,注意与 OpenTSDB 中的
    // Config 进行区分
    final org.hbase.async.Config async_config;
    if (config.configLocation() != null && !config.configLocation().isEmpty()) {
      async_config = new org.hbase.async.Config(config.configLocation());
    } else {
      async_config = new org.hbase.async.Config();
    }
    // org.hbase.async.Config 对象中两个最基本的配置项是：记录 HBase -ROOT- region 地址的 ZooKeeper
    // 目录、HBase 使用的 ZooKeeper 地址
    async_config.overrideConfig("hbase.zookeeper.znode.parent",
        config.getString("tsd.storage.hbase.zk_basedir"));
    async_config.overrideConfig("hbase.zookeeper.quorum",
        config.getString("tsd.storage.hbase.zk_quorum"));
    this.client = new HBaseClient(async_config);  // 创建 HBaseClient 对象
  } else {
    this.client = client;
  }
  // 指定 metric UID、tagk UID、tagv UID 所占的字节数
  if (config.hasProperty("tsd.storage.uid.width.metric")) {
    METRICS_WIDTH = config.getShort("tsd.storage.uid.width.metric");
  }
  // 通过 Config 配置初始化 TAG_NAME_WIDTH、TAG_VALUE_WIDTH 字段,与 METRICS_WIDTH 类似(略)

  if (config.hasProperty("tsd.storage.max_tags")) {  // 每个 metric 的 tag 个数的上限
```

```java
    Const.setMaxNumTags(config.getShort("tsd.storage.max_tags"));
}
if (config.hasProperty("tsd.storage.salt.buckets")) { // salt bucket 的个数
    Const.setSaltBuckets(config.getInt("tsd.storage.salt.buckets"));
}
if (config.hasProperty("tsd.storage.salt.width")) { // salt 在 RowKey 中所占的字节数
    Const.setSaltWidth(config.getInt("tsd.storage.salt.width"));
}
// 根据 Config 配置初始化 TSDB 使用的 HBase 表名
table = config.getString("tsd.storage.hbase.data_table").getBytes(CHARSET);
uidtable = config.getString("tsd.storage.hbase.uid_table").getBytes(CHARSET);
treetable = config.getString("tsd.storage.hbase.tree_table").getBytes(CHARSET);
meta_table = config.getString("tsd.storage.hbase.meta_table").getBytes(CHARSET);
// 初始化 metrics、tag_names、tag_values 三个 UniqueId 对象
if (config.getBoolean("tsd.core.uid.random_metrics")) { // 是否使用随机方式生成 metric UID
    metrics = new UniqueId(this, uidtable, METRICS_QUAL, METRICS_WIDTH, true);
} else {
    metrics = new UniqueId(this, uidtable, METRICS_QUAL, METRICS_WIDTH, false);
}
tag_names = new UniqueId(this, uidtable, TAG_NAME_QUAL, TAG_NAME_WIDTH, false);
tag_values = new UniqueId(this, uidtable, TAG_VALUE_QUAL, TAG_VALUE_WIDTH, false);
compactionq = new CompactionQueue(this); // 初始化 compactionq

// 根据 Config 中的配置设置时区(略)
timer = Threads.newTimer("TSDB Timer");// 初始化 timer 字段
// 根据 Config 配置决定是否预加载 UID 缓存
if (config.getBoolean("tsd.core.preload_uid_cache")) {
    final ByteMap<UniqueId> uid_cache_map = new ByteMap<UniqueId>();
    uid_cache_map.put(METRICS_QUAL.getBytes(CHARSET), metrics);
    uid_cache_map.put(TAG_NAME_QUAL.getBytes(CHARSET), tag_names);
    uid_cache_map.put(TAG_VALUE_QUAL.getBytes(CHARSET), tag_values);
    UniqueId.preloadUidCache(this, uid_cache_map);
}
// 设置可以出现在 metric、tagk、tagv 中的特殊字符(略)
// 初始化 Expression 相关内容，后面会详细介绍 Expression 相关的内容
ExpressionFactory.addTSDBFunctions(this);
}
```

4.3 写入数据

介绍完 TSDB 表结构及 TSDB 的核心字段之后，本节将详细介绍 TSDB 写入时序的具体实现。写入时序数据的功能是在 TSDB.addPoint()方法中完成的，addPoint()方法有三个重载方法，分别用于添加 value 为 long 类型、float 类型和 double 类型的 Data Point。下面是添加 value 为 long 类型的点的 addPoint()方法重载：

```java
public Deferred<Object> addPoint(final String metric, final long timestamp,
    final long value, final Map<String, String> tags) {
  final byte[] v;
  // 将 value 转成对应的 byte[]数组，这里会根据 value 值的范围决定转换后的 byte[]数组长度
  if (Byte.MIN_VALUE <= value && value <= Byte.MAX_VALUE) {
    v = new byte[]{(byte) value};
  } else if (Short.MIN_VALUE <= value && value <= Short.MAX_VALUE) {
    v = Bytes.fromShort((short) value);
  } else if (Integer.MIN_VALUE <= value && value <= Integer.MAX_VALUE) {
    v = Bytes.fromInt((int) value);
  } else {
    v = Bytes.fromLong(value);
  }
  // 根据 value 的长度计算对应的 flag，即 qualifier 的低 4 位
  final short flags = (short) (v.length - 1);
  return addPointInternal(metric, timestamp, v, tags, flags);
}
```

写入 value 为 double 类型的点的 addPoint()方法重载如下所示：

```java
public Deferred<Object> addPoint(final String metric,
    final long timestamp, final double value, final Map<String, String> tags) {
  // 检测 value 是否为合法的 double 值(略)
  // FLAG_FLOAT 为 0x8，标识此次写入的是一个浮点数，浮点数类型对应的 flags 高位始终为 1
  // double 类型值实际是 8 个字节，所以低 3 位为 0x7, double 类型值对应的 flags 则为 0xF
  final short flags = Const.FLAG_FLOAT | 0x7;
  return addPointInternal(metric, timestamp,
      Bytes.fromLong(Double.doubleToRawLongBits(value)), tags, flags);
}
```

写入 value 为 float 类型的点的 addPoint()方法重载如下所示：

```
public Deferred<Object> addPoint(final String metric,
    final long timestamp, final float value, final Map<String, String> tags) {
  // 检测 value 是否为合法的 float 值(略)
  final short flags = Const.FLAG_FLOAT | 0x3;  // float 类型值对应的 flags 为 0xB
  return addPointInternal(metric, timestamp,
      Bytes.fromInt(Float.floatToRawIntBits(value)), tags, flags);
}
```

整个 addPoint()方法的执行流程大致如图 4-5 所示，首先检测 timestamp 及该点的其他各项信息是否合法，然后生成该点对应的 RowKey 及 qualifier，最后将点写入 HBase 中的 TSDB 表中。

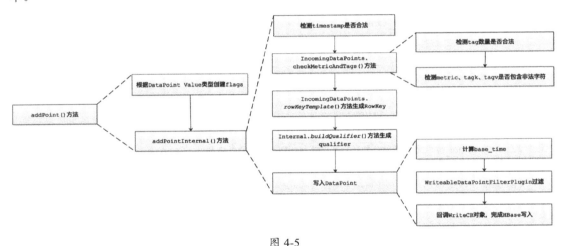

图 4-5

上面介绍的多个 TSDB.addPoint()方法重载的底层都是通过调用 TSDB.addPointInternal()方法实现的。TSDB.addPointInternal()方法首先会检测待写入点的 timestamp 是否合法（OpenTSDB 只接受秒级或是毫秒级的时间戳），然后调用 IncomingDataPoints.checkMetricAndTags()方法检测该点携带的 tag 个数是否合法（至少 1 组，默认情况下最多 8 组），最后会检测 metric、tagk 和 tagv 是否包含非法字符。checkMetricAndTags()方法的具体实现代码如下：

```
static void checkMetricAndTags(final String metric,
    final Map<String, String> tags) {
  if (tags.size() <= 0) { // 至少包含一组 tag
    throw new IllegalArgumentException("Need at least one tag...");
```

```java
} else if (tags.size() > Const.MAX_NUM_TAGS()) { // 默认至多包含 8 组 tag
    throw new IllegalArgumentException("Too many tags... ");
}

Tags.validateString("metric name", metric); // 检测 metric 中是否包含非法字符
for (final Map.Entry<String, String> tag : tags.entrySet()) {
    Tags.validateString("tag name", tag.getKey());// 检测 tagk 中是否包含非法字符
    Tags.validateString("tag value", tag.getValue());// 检测 tagv 中是否包含非法字符
}
}
```

接下来看一下 IncomingDataPoints.rowKeyTemplate()方法,在该方法中创建 RowKey 并填充 metric UID、tagk UID 及 tagv UID 三部分内容,剩余的 salt 和 timestamp 两部分会在后续操作中进行填充。IncomingDataPoints.rowKeyTemplate()方法的具体实现代码如下:

```java
static byte[] rowKeyTemplate(final TSDB tsdb, final String metric,
        final Map<String, String> tags) {
    // 获取配置中指定的 metric UID、tagk UID、tagv UID 的长度
    final short metric_width = tsdb.metrics.width();
    final short tag_name_width = tsdb.tag_names.width();
    final short tag_value_width = tsdb.tag_values.width();
    final short num_tags = (short) tags.size(); // 该点中 tag 个数

    // 计算 RowKey 的长度,通过前面的介绍我们知道,TSDB 表中 RowKey 的格式如下:
    // salt+metric uid+timestamp+tagk1 uid+tagv1 uid+tagk2 uid+tagv2 uid+...
    int row_size = (Const.SALT_WIDTH() + metric_width + Const.TIMESTAMP_BYTES
        + tag_name_width * num_tags + tag_value_width * num_tags);
    final byte[] row = new byte[row_size];
    short pos = (short) Const.SALT_WIDTH(); // 这里跳过了 salt 部分,开始后续部分的填充

    // 获取 metric 对应的 UID,并填充到 RowKey 中的对应部分
    copyInRowKey(row, pos, (tsdb.config.auto_metric() ? tsdb.metrics.getOrCreateId(metric)
        : tsdb.metrics.getId(metric)));
    pos += metric_width; // metric_UID 部分填充完毕,移动 pos 的位置,继续填充后面的部分
    pos += Const.TIMESTAMP_BYTES; // 跳过时间戳部分,准备填充 tag 部分的内容

    // 获取所有 tagk 和 tagv 对应的 UID,并填充到 RowKey 中对应的位置
    for (final byte[] tag : Tags.resolveOrCreateAll(tsdb, tags)) {
```

```
    copyInRowKey(row, pos, tag);
    pos += tag.length;
  }
  return row;
}
```

TSDB.metrics、tag_names 和 tag_values 三个字段都是 UniqueId 类型，在 TSDB.rowKey-Template()方法中调用 UniqueId 的相应方法查询（或创建）对应的 UID，UniqueId 的具体实现前面已经介绍过了，这里不再赘述。

Tags 类提供了处理 tagk 和 tagv 的多个静态方法，这里使用到的 resolveOrCreateAll()方法是通过 TSDB.tag_names 和 TSDB.tag_values 获取 tagk 和 tagv 对应的 UID 并排序后返回，其具体实现代码如下：

```
private static ArrayList<byte[]> resolveAllInternal(final TSDB tsdb,
    final Map<String, String> tags, final boolean create) throws NoSuchUniqueName {
  final ArrayList<byte[]> tag_ids = new ArrayList<byte[]>(tags.size());
  for (final Map.Entry<String, String> entry : tags.entrySet()) {
    // 获取 tagk 的 UID
    final byte[] tag_id = (create && tsdb.getConfig().auto_tagk()?
        tsdb.tag_names.getOrCreateId(entry.getKey()) :
        tsdb.tag_names.getId(entry.getKey()));
    // 获取 tagv 的 UID
    final byte[] value_id = (create && tsdb.getConfig().auto_tagv()?
        tsdb.tag_values.getOrCreateId(entry.getValue()) :
        tsdb.tag_values.getId(entry.getValue()));
    final byte[] thistag = new byte[tag_id.length + value_id.length];
    System.arraycopy(tag_id, 0, thistag, 0, tag_id.length);
    System.arraycopy(value_id, 0, thistag, tag_id.length, value_id.length);
    tag_ids.add(thistag); // 将 tagk 和 tagv 对应的 UID 记录到 tag_ids 中
  }
  Collections.sort(tag_ids, Bytes.MEMCMP); // 对 tag_ids 进行排序
  return tag_ids;
}
```

我们回到 TSDB.addPointInternal()方法继续分析，接下来是 Internal.buildQualifier()方法，与前面介绍 TSDB 表结构时提到的一致，该方法返回的 qualifier 是 2 个字节还是 4 个字节是由 timestamp 的精度决定的，如果 timestamp 的精度是秒级则返回 2 个字节，如果是毫秒级就返回

4 个字节。Internal.buildQualifier()方法的具体实现代码如下：

```java
public static byte[] buildQualifier(final long timestamp, final short flags) {
  final long base_time;
  if ((timestamp & Const.SECOND_MASK) != 0) { // 对毫秒级的处理
    // 计算 base_time，base_time 实际上是 timestamp 转换成整小时的结果
    base_time = ((timestamp / 1000) - ((timestamp / 1000)
        % Const.MAX_TIMESPAN));
    // 如果 timestamp 的单位是毫秒，则(timestamp - base_time)得到的值是 0~3600000 之间(最多
    // 占 21 位)，向左移位 6 位(占 28 位)，然后将 flags 填充到低 4 位中，之后将高 4 位全部设置成 1，
    // 作为毫秒级的标志。这样就正好返回 4 个字节
    final int qual = (int) (((timestamp - (base_time * 1000)
        << (Const.MS_FLAG_BITS)) | flags) | Const.MS_FLAG);
    return Bytes.fromInt(qual);
  } else { // 对秒级的处理
    // base_time 依然是 timestamp 处理成小时之后的结果
    base_time = (timestamp - (timestamp % Const.MAX_TIMESPAN));
    // 如果 timestamp 的单位是秒，则(timestamp - base_time)得到的值是 0~3600 之间(最多占 12
    // 位)，向左移位 4 位，然后将 flags 填充到低 4 位中，这样就正好返回 2 个字节。
    // 在前面的介绍中我们知道，flags 中只是用了低 4 位作为该点的 value 类型的标志
    final short qual = (short) ((timestamp - base_time) << Const.FLAG_BITS
        | flags);
    return Bytes.fromShort(qual);
  }
}
```

最后来分析 addPointInternal()方法的代码结构：

```java
private Deferred<Object> addPointInternal(final String metric, final long timestamp,
    final byte[] value, final Map<String, String> tags, final short flags) {
  // 检测 timestamp 是否合法(略)
  IncomingDataPoints.checkMetricAndTags(metric, tags); // 检测 metric、tag 等内容的合法性
  // 创建 RowKey 并填充 metric UID、tagk UID 及 tagv UID 三部分内容
  final byte[] row = IncomingDataPoints.rowKeyTemplate(this, metric, tags);
  final long base_time;
  // 根据 timestamp 和 flags 创建 qualifier
  final byte[] qualifier = Internal.buildQualifier(timestamp, flags);
```

```java
// 计算base_time，其计算方式与Internal.buildQualifier()方法中的计算方式类似
if ((timestamp & Const.SECOND_MASK) != 0) {
  base_time = ((timestamp / 1000) - ((timestamp / 1000) % Const.MAX_TIMESPAN));
} else {
  base_time = (timestamp - (timestamp % Const.MAX_TIMESPAN));
}
// 在WriteCB这个Callback实现中完成了点的value值的真正写入操作，后面将详细介绍
final class WriteCB implements Callback<Deferred<Object>, Boolean> {
  ... ...
}
if (ts_filter != null && ts_filter.filterDataPoints()) {
  // 如果配置了WriteableDataPointFilterPlugin对象，则通过过滤之后才能真正写入
  return ts_filter.allowDataPoint(metric, timestamp, value, tags, flags)
      .addCallbackDeferring(new WriteCB());
}
return Deferred.fromResult(true).addCallbackDeferring(new WriteCB());
}
```

TSDB.addPointInternal()中定义的内部类WriteCB实现了Callback接口，在Callback对象中完成了该点的value值的真正写入操作，其首先会检测该点是否通过了前面的WriteableDataPointFilterPlugin过滤，然后将前面计算得到的base_time及salt填充到RowKey中，此时RowKey中的所有部分都已经填充完毕。之后，该方法会根据相关配置决定如何写入该点的value值。在完成该点的写入之后，该方法会根据配置决定是否记录相关元数据。WriteCB的具体实现代码如下：

```java
final class WriteCB implements Callback<Deferred<Object>, Boolean> {

  @Override
  public Deferred<Object> call(final Boolean allowed) throws Exception {
    if (!allowed) { // 未通过前面的WriteableDataPointFilterPlugin过滤
      rejected_dps.incrementAndGet(); // 递增rejected_dps字段并返回null
      return Deferred.fromResult(null);
    }
    // 将base_time填充到RowKey中
    Bytes.setInt(row, (int) base_time, metrics.width() + Const.SALT_WIDTH());
    RowKey.prefixKeyWithSalt(row); // 将salt填充到RowKey中
    Deferred<Object> result = null;
    if (config.enable_appends()) { // 使用追加模式写入
```

```java
    final AppendDataPoints kv = new AppendDataPoints(qualifier, value);
    // 注意，AppendRequest 请求中指定的 qualifier 始终是 0x050000
    final AppendRequest point = new AppendRequest(table, row, FAMILY,
        AppendDataPoints.APPEND_COLUMN_QUALIFIER, kv.getBytes());
    result = client.append(point); // 向 HBase 发起 AppendRequest 请求
} else {
    // 如果开启了定期压缩的功能（tsd.storage.enable_compaction 配置），则将该 RowKey 记录
    // 到 CompactionQueue 中等待后台压缩线程的后续压缩操作
    scheduleForCompaction(row, (int) base_time);
    // 将待写入点的 value 值写入指定行的指定 qualifier 中，注意，在 PutRequest 构造方法中（最
    // 后一个参数）指定了写入该点的时间戳
    final PutRequest point = new PutRequest(table, row, FAMILY, qualifier, value);
    result = client.put(point);
}
datapoints_added.incrementAndGet(); // 记录 TSDB 对象成功写入的点的个数
if (!config.enable_realtime_ts() && !config.enable_tsuid_incrementing() &&
    !config.enable_tsuid_tracking() && rt_publisher == null) {
    return result;
}
// 创建 tsuid，其中会将 RowKey 中的 salt 部分及 timestamp 部分删除掉
final byte[] tsuid = UniqueId.getTSUIDFromKey(row, METRICS_WIDTH,
    Const.TIMESTAMP_BYTES);
// 下面会根据配置更新元数据信息，后面具体介绍其相关实现，这里不展开分析(略)
// 如果配置了关联的 RTPublisher 插件，则在这里进行处理，
// 后面会详细介绍 RTPublisher 插件的相关内容(略)

    return result;
  }
}
```

注意，追加模式下并不是直接写入点的 value 值，而是将待写入点对应的 qualifier 和 value 值封装成 AppendDataPoints 对象，再进行写入。AppendDataPoints 中有三个核心字段，如下。

- **qualifier**（**byte[]类型**）：记录 DataPoint 对应的 qualifier。
- **value**（**byte[]类型**）：记录 DataPoint value 值。
- **repaired_deferred**（**Deferred<Object>类型**）：因 offset 重复或乱序而导致的修复操作，会将修复后的数据覆盖 HBase 表中原有的数据，该 Deferred 对象就对应此次 HBase 写入操作。

AppendDataPoints 提供了一些追加模式下常用的方法，下面进行简单介绍。首先介绍在 addPointInternal()方法中使用到的 AppendDataPoints.getBytes()方法，它将 qualifier 和 value 字段整理成一个 byte[]数组返回，具体实现代码如下：

```
public byte[] getBytes() {
  final byte[] bytes = new byte[qualifier.length + value.length];
  System.arraycopy(this.qualifier, 0, bytes, 0, qualifier.length); // 复制 qualifier
  System.arraycopy(value, 0, bytes, qualifier.length, value.length); // 复制 value
  return bytes;
}
```

AppendDataPoints.parseKeyValue()方法实现了读取追加模式下写入 value 值的功能，还会根据配置处理 offset 重复和乱序的情况，具体实现代码如下：

```
public final Collection<Cell> parseKeyValue(final TSDB tsdb, final KeyValue kv) {
  // 检测 qualifier 的长度及 qualifier 的前缀(略)
  final boolean repair = tsdb.getConfig().repair_appends();
  // 从 RowKey 中解析得到 base_time，省略 try/catch 的相关代码
  final long base_time = Internal.baseTime(tsdb, kv.key());

  int val_idx = 0; // 目前解析的位置索引(如果开启了修复功能，在修复过程中也会使用到)
  int val_length = 0; // 记录所有有效 DataPoint 的 value 总长度
  int qual_length = 0; // 记录所有有效 DataPoint 的 qualifier 总长度
  int last_delta = -1; // 记录解析过程中最大的 offset 值
  // deltas 这个 Map 用来保存解析得到的结果
  final Map<Integer, Internal.Cell> deltas = new TreeMap<Integer, Cell>();
  boolean has_duplicates = false; // 是否存在 offset 重复的 DataPoint
  boolean out_of_order = false; // 是否存在 offset 乱序的情况
  boolean needs_repair = false; // 是否需要修复 offset 重复或是乱序的情况

  try {
    while (val_idx < kv.value().length) {
      // 从 val_idx 位置开始解析，得到当前 DataPoint 对应的 qualifier
      byte[] q = Internal.extractQualifier(kv.value(), val_idx);
      System.arraycopy(kv.value(), val_idx, q, 0, q.length);
      val_idx=val_idx + q.length; // 后移 val_idx
      // 根据上面解析得到的 qualifier，获取该 DataPoint 的 value 的长度
```

```java
    int vlen = Internal.getValueLengthFromQualifier(q, 0);
    byte[] v = new byte[vlen]; // 获取该 DataPoint value
    System.arraycopy(kv.value(), val_idx, v, 0, vlen);
    val_idx += vlen;
    // 从 qualifier 中解析得到 offset 值
    int delta = Internal.getOffsetFromQualifier(q);
    final Cell duplicate = deltas.get(delta);
    if (duplicate != null) { // 若存在 offset 重复的 DataPoint
      has_duplicates = true;
      qual_length -= duplicate.qualifier.length; // 忽略之前记录的、重复的 DataPoint
      val_length -= duplicate.value.length;
    }
    qual_length += q.length; // 增加 qualifier 总长度
    val_length += vlen; // 增加 value 总长度
    // 将 qualifier 和 value 封装成 Cell 对象并记录到 deltas 中
    final Cell cell = new Cell(q, v);
    deltas.put(delta, cell);

    if (!out_of_order) { // 检测是否出现了 offset 乱序
      if (delta <= last_delta) { out_of_order = true; }
      last_delta = delta;
    }
  }
} catch (ArrayIndexOutOfBoundsException oob) {
  throw new IllegalDataException("...");
}

if (has_duplicates || out_of_order) {
  if ((DateTime.currentTimeMillis() / 1000) - base_time > REPAIR_THRESHOLD) {
    // 如果出现 offset 重复或是乱序,且不会再向该 Row 中写入 DataPoint,则可以进行修复
    needs_repair = true;
  }
}
// 检测是否已经解析了全部的数据(略)
val_idx = 0; // 重置 val_idx,为下面的修复过程做准备
int qual_idx = 0;
byte[] healed_cell = null;
int healed_index = 0;
```

```java
    this.value = new byte[val_length];
    this.qualifier = new byte[qual_length];

    if (repair && needs_repair) { // 开启了"tsd.storage.repair_appends"配置项且需要进行修复
      healed_cell = new byte[val_length+qual_length];
    }

    // 根据deltas中记录的全部Cell,将qualifier和value写入该AppendDataPoints对象的
    // qualifier字段和value字段。如果需要进行修复,则生成修复后的数据(即这里的healed_cell)
    for (final Cell cell: deltas.values()) {
      System.arraycopy(cell.qualifier, 0, this.qualifier, qual_idx,
          cell.qualifier.length);
      qual_idx += cell.qualifier.length;
      System.arraycopy(cell.value, 0, this.value, val_idx, cell.value.length);
      val_idx += cell.value.length;

      if (repair && needs_repair) { // 修复后的内容
        System.arraycopy(cell.qualifier, 0, healed_cell, healed_index,
            cell.qualifier.length);
        healed_index += cell.qualifier.length;
        System.arraycopy(cell.value, 0, healed_cell, healed_index, cell.value.length);
        healed_index += cell.value.length;
      }
    }

    if (repair && needs_repair) { // 若需要进行修复,则使用healed_cell覆盖原来的内容
      final PutRequest put = new PutRequest(tsdb.table, kv.key(),
          TSDB.FAMILY(), kv.qualifier(), healed_cell);
      repaired_deferred = tsdb.getClient().put(put);
    }
    return deltas.values();
}
```

在AppendDataPoints.parseKeyValue()方法中使用的Internal.Cell对象用于封装每个点对应的qualifier和value值。另外,它还提供了一些简单的辅助方法,例如,parseValue()方法会根据qualifier中低4位记录的flag,从value中解析出具体点的value值;absoluteTimestamp()方法会从qualifier中解析出具体点对应的timestamp。AppendDataPoints中的方法比较简单,这里不再

展开分析，感兴趣的读者可以参考相关源码进行分析。

4.4　Compaction

我们在上节分析 TSDB 写入 DataPoint 的相关实现时看到，如果开启了定期压缩的配置项（"tsd.storage.enable_compaction"配置项），则在 TSDB.addPointInternal()方法写入时序数据之前会调用 TSDB.scheduleForCompaction()方法将 RowKey 记录到 CompactionQueue 中，scheduleForCompaction()方法实现代码如下：

```
final void scheduleForCompaction(final byte[] row, final int base_time) {
  if (config.enable_compactions()) { // 检测 Config 中定期压缩的配置项
    compactionq.add(row); // 记录此次写入的 RowKey
  }
}
```

CompactionQueue 初始化的时候，会启动一个后台线程（也就是 CompactionQueue.Thrd）定期扫描较旧的 RowKey 进行压缩，CompactionQueue 会解析 RowKey 中的时间戳，当其超过指定的阈值之后即可被压缩。压缩操作会将整个 RowKey 所有的 qualifier 数据都读取到内存中，然后进行整理、合并等操作，之后得到压缩结果，并将其重新写回到 HBase 表中。当写回压缩结果成功之后，CompactionQueue 还会将该 Row 中存储的单个 DataPoint 的列删除。

CompactionQueue 提供了两个 compact()方法的重载，它们都会创建 Compaction 对象并调用 compact()方法完成具体的压缩流程，CompactionQueue.compact()方法的具体实现代码如下：

```
KeyValue compact(final ArrayList<KeyValue> row, List<Annotation> annotations) {
  final KeyValue[] compacted = { null }; // 用来保存压缩后的结果
  compact(row, compacted, annotations);
  return compacted[0]; // compacted[0]即为压缩后的结果
}

// 第一个参数是待压缩的 Row，第二个参数用来保存压缩结果，第三个参数是该压缩 Row 中的 Annotation
Deferred<Object> compact(final ArrayList<KeyValue> row, final KeyValue[] compacted,
    List<Annotation> annotations) {
  // 创建 Compaction 对象，并调用 compact()方法进行压缩
  return new Compaction(row, compacted, annotations).compact();
}
```

Compaction 中核心字段的含义如下所示。

- row（ArrayList<KeyValue>类型）：待压缩的 Row。
- compacted（KeyValue[]类型）：当调用者需要得到压缩结果时，会设置该字段用于保存压缩结果。如果该字段为 null，则表示调用者不需要压缩结果；如果该字段不为 null，则表示调用者关注压缩结果，需要将压缩结果记录到 compacted[0]中返回。
- annotations（List<Annotation>类型）：待压缩 Row 中的 Annotation 对象会被读出并记录到该集合中。
- nkvs（int 类型）：待压缩的 Row 中 KeyValue 对象的个数。
- to_delete（List<KeyValue>类型）：前面提到，在写入压缩结果成功之后，CompactionQueue 会将该 Row 中存储的单个 DataPoint 的列删除，to_delete 字段就是用来记录这些待删除 KeyValue 集合的。
- heap（PriorityQueue<ColumnDatapointIterator>类型）：用于排序 ColumnDatapointIterator 对象的小顶堆。ColumnDatapointIterator 对象会在后面进行详细介绍，这里读者只要了解它是一个迭代器，主要用于迭代一个 KeyValue 中记录的 DataPoint 数据即可。
- longest（KeyValue 类型）：用于记录压缩过程中遇到的 qualifier 最长的 KeyValue 对象，主要是在写入压缩结果之前，检测该 Row 是否已存在压缩结果时使用。
- last_append_column（KeyValue 类型）：如果该字段不为 null，则表示当前是追加写入模式，不需要进行后续的压缩操作。
- ms_in_row、s_in_row（boolean 类型）：如果待压缩 Row 中存在毫秒级时间戳，则将 ms_in_row 字段设置为 true；如果存在秒级时间戳，则将 s_in_row 字段设置为 true。后续过程中会根据这两个字段为压缩结果指示标志位。

Compaction 在构造函数中会初始化 row、compacted、annotations 及 to_delete 字段，这里不再展开介绍，感兴趣的读者可以参考源码进行学习。

Compaction.compact()方法是整个压缩过程的核心，大致步骤如图 4-6 所示。

第 4 章 数据存储

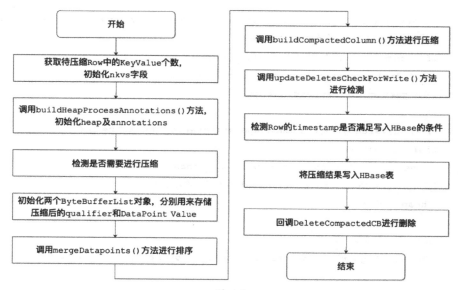

图 4-6

Compaction.buildHeapProcessAnnotations()方法遍历该行中的全部 KeyValue 对象,并在遍历过程中填充 heap 字段及 annotations 字段,并根据 qualifier 判断每个 KeyValue 所存储的数据类型。buildHeapProcessAnnotations()方法的具体实现代码如下:

```
private int buildHeapProcessAnnotations() {
  int tot_values = 0; // 记录该 Row 中 DataPoint 的个数
  for (final KeyValue kv : row) { // 遍历该 Row 所有的 KeyValue
    byte[] qual = kv.qualifier();
    int len = qual.length;
    if ((len & 1) != 0) { // 根据 qualifier 的长度判断其中是否保存了单个 DataPoint 数据
      if (qual[0] == Annotation.PREFIX()) { // 该 KeyValue 中保存的是 Annotation
        // 反序列化 KeyValue 中保存的 JSON 得到 Annotation 对象,并添加到 annotations 集合中
        annotations.add(JSON.parseToObject(kv.value(), Annotation.class));
      } else if (qual[0] == AppendDataPoints.APPEND_COLUMN_PREFIX){
        // 该 KeyValue 保存的是追加模式写入的 DataPoint Value
        // 解析 KeyValue 得到 AppendDataPoints 对象,并创建对应的 KeyValue 对象
        // AppendDataPoints.parseKeyValue()方法的具体解析过程在前面已经详细介绍过了,这里不
        // 再赘述
        final AppendDataPoints adp = new AppendDataPoints();
        tot_values += adp.parseKeyValue(tsdb, kv).size(); // 返回 DataPoint 个数
        last_append_column = new KeyValue(kv.key(), kv.family(),
```

```
                adp.qualifier(), kv.timestamp(), adp.value());// 设置 last_append_column 字段
        // 记录 qualifier 最长的 KeyValue
        if (longest == null || longest.qualifier().length <
                last_append_column.qualifier().length) {
            longest = last_append_column;
        }
        // 将 KeyValue 封装成 ColumnDatapointIterator, 并记录到 heap 中
        final ColumnDatapointIterator col =
            new ColumnDatapointIterator(last_append_column);
        if (col.hasMoreData()) { // col 不为空, 才能添加到 heap 中
            heap.add(col);
        }
    } else { // 非法格式, 输出日志
        LOG.warn("Ignoring unexpected extended format type " + qual[0]);
    }
    continue;
}
// 该 KeyValue 中保存的是单个 DataPoint, 则执行下面的处理
final int entry_size = Internal.inMilliseconds(qual) ? 4 : 2;
tot_values += (len + entry_size - 1) / entry_size;
// 记录 qualifier 最长的 KeyValue
if (longest == null || longest.qualifier().length < kv.qualifier().length) {
    longest = kv;
}
// 将 KeyValue 封装成 ColumnDatapointIterator, 并记录到 heap 中
ColumnDatapointIterator col = new ColumnDatapointIterator(kv);
if (col.hasMoreData()) { // col 不为空, 才能添加到 heap 中
    heap.add(col);
}
to_delete.add(kv); // 将该 KeyValue 添加到待删除的列表中
}
return tot_values;
}
```

ColumnDatapointIterator

这里简单介绍一下 ColumnDatapointIterator 的功能。从名字就能看出,ColumnDatapointIterator 是一个迭代器,它负责迭代的是一个 KeyValue 中记录的所有点(DataPoint)。虽然追加方式写

入的点、非追加方式写入的点及已经被压缩过的点的存储方式各不相同,但是通过 ColumnDatapointIterator 这层抽象,Compaction 在后续遍历时只针对 ColumnDatapointIterator 进行迭代获取 DataPoint 数据即可,不需要关心具体的存储格式。

另外,ColumnDatapointIterator 对象能够被添加到 heap 字段(PriorityQueue<ColumnDatapointIterator> 类型)中进行排序,必然是实现了 Comparable 接口。下面先来分析一下 ColumnDatapointIterator 迭代器中各个字段的含义,如下所示。

- **qualifier(byte[]类型)**:记录当前 ColumnDatapointIterator 迭代的 KeyValue 对象的 qualifier 值,如果该 KeyValue 中记录了多个 DataPoint,则在后续迭代过程中将其进行切分并返回。
- **value(byte[]类型)**:记录当前 ColumnDatapointIterator 迭代的 KeyValue 对象的 value 值,与 qualifier 字段类似,如果该 KeyValue 中记录了多个 DataPoint,则在后续迭代过程中将其进行切分并返回。
- **qualifier_offset、value_offset(int 类型)**:当前迭代器在迭代过程中使用的下标索引,分别是 qualifier 和 value 字段的下标索引。
- **current_timestamp_offset、current_qual_length、current_val_length(int 类型)**:当前迭代的 DataPoint 信息,分别对应当前 DataPoint 的 timestamp offset、qualifier 字节长度和 value 字节长度。通过 qualifier_offset 和 current_qual_length 即可从 qualifier 中获取当前 DataPoint 对应的 qualifier 值,同理,也可以获取当前 DataPoint 的 value 值。
- **column_timestamp(long 类型)**:当前迭代器对应的 KeyValue 写入 HBase 的时间戳。
- **needs_fixup(boolean 类型)**:该迭代器中的 DataPoint 是否需要进行修复,主要修复被存储成了 8 个字节的 float 类型值。
- **is_ms(boolean 类型)**:当前迭代的 DataPoint 的时间戳是否为毫秒级。

在 ColumnDatapointIterator 的构造函数中,除了初始化 qualifier 和 value 字段,ColumnDatapointIterator 还会调用 ColumnDatapointIterator.update()方法初始化剩余字段。在后续迭代过程中,也是通过 update()方法更新这些字段的,update()方法的具体实现代码如下:

```
private boolean update() {
  if (qualifier_offset >= qualifier.length || value_offset >= value.length) {
    return false; // 检测是否迭代结束
  }
  // 根据下一个 DataPoint 的 qualifier 的第一个字节,决定其字节长度
  if (Internal.inMilliseconds(qualifier[qualifier_offset])) {
```

```
    current_qual_length = 4;
    is_ms = true;
  } else {
    current_qual_length = 2;
    is_ms = false;
  }
  // 根据qualifier计算下一个DataPoint的timestamp offset
  current_timestamp_offset = Internal.getOffsetFromQualifier(qualifier,
      qualifier_offset);
  // 根据qualifier计算下一个DataPoint的value的长度
  current_val_length = Internal.getValueLengthFromQualifier(qualifier, qualifier_offset);
  return true;
}
```

与平时常见的迭代器实现类似，ColumnDatapointIterator.hasMoreData()方法负责检查是否还有后续 DataPoint 可以迭代，具体实现代码如下：

```
public boolean hasMoreData() {
  return qualifier_offset < qualifier.length; // 通过qualifier是否遍历完进行判断
}
```

ColumnDatapointIterator.advance()方法通过后移 qualifier_offset 和 value_offset 字段，指向下一个待迭代的 DataPoint 信息，还会调用 update()方法更新其他字段，具体实现代码如下：

```
public boolean advance() {
  qualifier_offset += current_qual_length;
  value_offset += current_val_length;
  return update();
}
```

我们在后面介绍具体的压缩过程时还会看到，ColumnDatapointIterator.writeToBuffers()方法会将当前迭代的 DataPoint 数据写入指定的 ByteBufferList 对象中，具体实现代码如下：

```
public void writeToBuffers(ByteBufferList compQualifier, ByteBufferList compValue) {
  compQualifier.add(qualifier, qualifier_offset, current_qual_length);
  compValue.add(value, value_offset, current_val_length);
}
```

ByteBufferList 是一个缓冲区，它会将 qualifier 或 value 封装成一个 BufferSegment 对象，并保存到 ByteBufferList.segments（ArrayList<BufferSegment>类型）中。在 BufferSegment 中的 buf（byte[]类型）字段用来保存 qualifier 或 value 数据，offset（int 类型）和 len（int 类型）字段分别记录了 buf 数据的 offset 和 buf 长度。ByteBufferList 中另一个字段 total_length（int 类型）记录了当前 ByteBufferList 对象记录的总字节长度。ByteBufferList 和 BufferSegment 的实现比较简单，这里不再详细介绍，感兴趣的读者可以参考源码进行学习。

最后，我们来了解一下 ColumnDatapointIterator.compareTo()方法的具体实现，它首先会比较两个 ColumnDatapointIterator 对象当前迭代的 DataPoint 的 timestamp offset，如果 timestamp offset 相同则比较 ColumnDatapointIterator 背后的 KeyValue 写入 HBase 的时间戳，具体实现代码如下：

```
public int compareTo(ColumnDatapointIterator o) {
  // 比较两个 ColumnDatapointIterator 对象当前迭代的 DataPoint 的 timestamp offset
  int c = current_timestamp_offset - o.current_timestamp_offset;
  if (c == 0) { // 如果 timestamp offset 相同，则比较写入时间戳
    c = Long.signum(o.column_timestamp - column_timestamp);
  }
  return c;
}
```

了解完 ColumnDatapointIterator 之后，我们回头继续分析 Compaction.compact()方法，Compaction.buildHeapProcessAnnotations()方法在完成 heap 和 annotations 集合的填充之后，会调用 noMergesOrFixups()方法进行检测是否需要进行后续压缩操作，具体实现代码如下：

```
private boolean noMergesOrFixups() {
  switch (heap.size()) {
    case 0: // 该行没有存储 DataPoint，则不需要压缩
      return true;
    case 1: // 该行只有一列，则检测该列中的 DataPoint 是否需要 fix
      ColumnDatapointIterator col = heap.peek();
      return (col.qualifier.length == 2 || (col.qualifier.length == 4
        && Internal.inMilliseconds(col.qualifier))) && !col.needsFixup();
    default: // 该行有多列，则需要压缩
      return false;
  }
}
```

接下来，Compaction 调用 mergeDatapoints()方法将 heap 集合中的 DataPoint 按序进行合并，具体实现代码如下：

```
private void mergeDatapoints(ByteBufferList compacted_qual, ByteBufferList compacted_val) {
    int prevTs = -1;
    while (!heap.isEmpty()) { // 遍历 heap 堆
      final ColumnDatapointIterator col = heap.remove(); // 获取堆顶的第一个元素
      final int ts = col.getTimestampOffsetMs(); // 获取该 ColumnDatapointIterator 中的第一个点
      if (ts == prevTs) { // 检测当前点的 timestamp offset 与之前点是否冲突
        final byte[] existingVal = compacted_val.getLastSegment();
        final byte[] discardedVal = col.getCopyOfCurrentValue();
        if (!Arrays.equals(existingVal, discardedVal)) {
          // 两个 DataPoint 的 timestamp offset 相同，但是 value 值不同
          duplicates_different.incrementAndGet(); // 递增 duplicates_different 字段
          // 根据 Config 配置决定抛出异常还是打印警告日志(略)
        } else { // 两个 DataPoint 完全一样
          duplicates_same.incrementAndGet(); // 递增 duplicates_same 字段
        }
      } else {
        prevTs = ts; // 更新 prevTs
        // 将该 DataPoint 的 qualifier 和 value 分别写入 compacted_qual 和 compacted_val
        // 两个 ByteBufferList 对象中。ColumnDatapointIterator.writeToBuffers()方法
        // 及 ByteBufferList 的相关实现在前面已经详细介绍过了，这里不再赘述
        col.writeToBuffers(compacted_qual, compacted_val);
        // 根据当前 DataPoint 的时间戳精度，更新 ms_in_row 和 s_in_row 字段
        ms_in_row |= col.isMilliseconds();
        s_in_row |= !col.isMilliseconds();
      }
      if (col.advance()) {
        // 如果当前 ColumnDatapointIterator 迭代器中有点，则将其重新添加到 heap 中，
        // 前面提到 ColumnDatapointIterator.compareTo()方法比较的是当前迭代 DataPoint 的
        // timestamp offset(current_timestamp_offset 字段)，这可能会引起 heap 中元素的顺序变化
        heap.add(col);
      }
    }
  }
```

为了帮助读者理解前面介绍的 Compaction.buildHeapProcessAnnotations()方法、Column-DatapointIterator、ByteBufferList 及 Compaction.mergeDatapoints()方法，如图 4-7 所示。

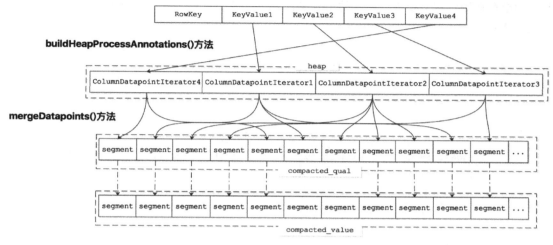

图 4-7

完成合并操作之后，Compaction 通过 buildCompactedColumn()方法将两个 ByteBufferList 对象中保存的 qualifier 和 value 信息写入一个 KeyValue 对象中，为后续写入 HBase 和返回压缩结果做准备。Compaction.buildCompactedColumn()方法的具体实现如下所示。

```
private KeyValue buildCompactedColumn(ByteBufferList compacted_qual,
    ByteBufferList compacted_val) {
  final int metadata_length = compacted_val.segmentCount() > 1 ? 1 : 0;
  // 将 ByteBufferList 中保存的数据转换成 byte[]数组
  final byte[] cq = compacted_qual.toBytes(0);
  final byte[] cv = compacted_val.toBytes(metadata_length);
  if (metadata_length > 0) {
    // 在 cv 中设置 metadata 标志，metadata 用于标识是否存在毫秒级和秒级时间戳混合的情况
    byte metadata_flag = 0;
    if (ms_in_row && s_in_row) {
      metadata_flag |= Const.MS_MIXED_COMPACT;
    }
    cv[cv.length - 1] = metadata_flag;
  }
  final KeyValue first = row.get(0); // 获取 RowKey 和 Family
  return new KeyValue(first.key(), first.family(), cq, cv);
}
```

经过前面的处理,我们得到了压缩后的 KeyValue 对象,但是在将压缩结果写入 HBase 之前,需要调用 updateDeletesCheckForWrite()方法检测当前 Row 中是否已经存在一模一样的压缩结果,如果存在则没有必要进行后续的写入操作。updateDeletesCheckForWrite()方法的具体实现代码如下:

```java
private boolean updateDeletesCheckForWrite(KeyValue compact) {
    if (last_append_column != null) { // 不会对追加方式写入的列进行压缩
      return false;
    }
    // 检测此次压缩得到的 qualifier 是否比当前 Row 中所有的 qualifier 都长
    if (longest != null && longest.qualifier().length >= compact.qualifier().length) {
      final Iterator<KeyValue> deleteIterator = to_delete.iterator();
      while (deleteIterator.hasNext()) { // 遍历所有的 KeyValue
        final KeyValue cur = deleteIterator.next();
        if (Arrays.equals(cur.qualifier(), compact.qualifier())) {
          // 如果该 Row 已存在与压缩结果 qualifier 相同的 KeyValue,则将其从 to_delete 集合中删除
          deleteIterator.remove();
          // 如果 qualifier 和 value 完全相同,则不需要再次写入,返回 false
          return !Arrays.equals(cur.value(), compact.value());
        }
      }
    }
    return true;
  }
}
```

完成 updateDeletesCheckForWrite()方法的检查之后,还需要检查当前时间是否已经大于 RowKey 中 base_time 指定的小时数,如果没有,则该 Row 后续依然会写入新的 DataPoint,故不能写入压缩结果。另外,还会检测 "tsd.storage.enable_compaction" 配置项是否已经开启,只有该选项开启之后,才能将压缩结果写入 HBase 中。然后,回调 DeleteCompactedCB,将 to_delete 集合中全部 KeyValue 删除(即该 Row 未压缩时的数据)。

详细介绍了 Compaction.compact()方法中每个步骤的实现之后,再来分析 compact()方法的实现就比较简单了,具体实现代码如下:

```java
public Deferred<Object> compact() {
    // 检查待压缩的 Row 中是否已经写入数据,如果没有任何数据,则没有必要进行压缩(略)
```

```java
// 创建用于排序 ColumnDatapointIterator 的小顶堆
heap = new PriorityQueue<ColumnDatapointIterator>(nkvs);
// 解析待压缩的 Row，将其中的 DataPoint 信息添加到 heap 集合中，将其中的 Annotation 添加到
// annotations 集合中
int tot_values = buildHeapProcessAnnotations();

// 如果在该 Row 中没有 DataPoint 或是不需要修复的 DataPoint，则直接返回
if (noMergesOrFixups()) {
  if (compacted != null && heap.size() == 1) { // 若该 Row 中只有一列数据，则压缩结果即为该列
    compacted[0] = findFirstDatapointColumn();
  }
  return null;
}

// 下面开始真正的压缩操作，首先是将该 Row 中所有 DataPoint 的 qualifier 和 value 按照时间戳的顺
// 序写入 compacted_qual 和 compacted_val 两个 ByteBufferList 对象中，该操作就是前面介
// 绍的 mergeDatapoints() 方法
final ByteBufferList compacted_qual = new ByteBufferList(tot_values);
final ByteBufferList compacted_val = new ByteBufferList(tot_values);
compaction_count.incrementAndGet();
mergeDatapoints(compacted_qual, compacted_val);
// 检测压缩结果，如果 compacted_qual 为空，则表示无数据可压缩，压缩过程结束(略)
// 将 compacted_qual 和 compacted_val 封装成 KeyValue 对象，为后续写入 HBase 做准备
final KeyValue compact = buildCompactedColumn(compacted_qual, compacted_val);
// 检测该 Row 中是否已存在当前的压缩结果，该检测在前面介绍的 updateDeletesCheckForWrite() 方
// 法中完成
final boolean write = updateDeletesCheckForWrite(compact);

if (compacted != null) {   // 调用者需要获取压缩结果时，会设置 compacted 字段来存放压缩结果
  compacted[0] = compact;
  final long base_time = Bytes.getUnsignedInt(compact.key(),
      Const.SALT_WIDTH() + metric_width);
  final long cut_off = System.currentTimeMillis() / 1000
      - Const.MAX_TIMESPAN - 1;
  // 检查当前时间是否已经大于 RowKey 中 base_time 指定的小时数，如果没有则该 Row 后续依然会写入
  // 新的 DataPoint，故不能写入压缩结果
  if (base_time > cut_off) {
    return null;
```

```
    }
  }
  // 检测"tsd.storage.enable_compaction"配置项是否已经开启,同时还会检测压缩结果是否已存在
  if (!tsdb.config.enable_compactions() || (!write && to_delete.isEmpty())) {
    return null;
  }

  final byte[] key = compact.key();
  deleted_cells.addAndGet(to_delete.size()); // 更新 deleted_cells 字段
  if (write) {  // 需要将压缩结果写回 HBase
    written_cells.incrementAndGet();// 递增 written_cells 字段
    // 调用 TSDB.put()向 HBase 发送 PutRequest 完成写入
    Deferred<Object> deferred = tsdb.put(key, compact.qualifier(), compact.value());
    if (!to_delete.isEmpty()) {
      // 调用 DeleteCompactedCB 回调,删除该 Row 未压缩的 DataPoint 信息
      deferred = deferred.addCallbacks(new DeleteCompactedCB(to_delete),
          handle_write_error);
    }
    return deferred;
  } else if (last_append_column == null) {  // 非追加模式
    // 如果该 Row 中已经存在压缩结果,则只需要删除 to_delete 集合中的 DataPoint 即可
    new DeleteCompactedCB(to_delete).call(null);
    return null;
  } else { // 追加模式下不会写入压缩结果,也不会删除任何 KeyValue,因为此时只有一个 qualifier(0x050000)
    return null;
  }
}
```

最后,简单介绍 DeleteCompactedCB 通过 Callback 来删除 to_delete 集合的相关实现。在 DeleteCompactedCB 中有 qualifiers(byte[][]类型)和 key(byte[]类型)两个字段,分别记录了待删除 KeyValue 的 qualifier 集合及其所在行的 RowKey,这两个字段会在 DeleteCompactedCB 的构造函数中初始化。DeleteCompactedCB.call()方法会调用 TSDB.delete()方法向 HBase 发送 DeleteRequest 请求,删除 qualifiers 字段指定的所有 KeyValue,具体实现代码如下:

```
public Object call(final Object arg) {
  return tsdb.delete(key, qualifiers).addErrback(handle_delete_error);
}
```

这里执行的删除操作及后续介绍 CompactionQueue 时涉及的读写操作都会添加 HandleErrorCB 回调，根据异常类型进行相应的处理并打印日志。HandleErrorCB.call()方法的具体实现代码如下：

```
public Object call(final Exception e) {
  // PleaseThrottleException 表示需要对 HBase 的相关操作进行限流
  if (e instanceof PleaseThrottleException) {  // HBase isn't keeping up.
    final HBaseRpc rpc = ((PleaseThrottleException) e).getFailedRpc();
    if (rpc instanceof HBaseRpc.HasKey) {
      // 如果能获取操作失败的 RowKey，则将该 RowKey 重新添加到 CompactionQueue 中，后续会
      // 重新进行压缩
      add(((HBaseRpc.HasKey) rpc).key());
      return Boolean.TRUE;
    } else {  // Should never get in this clause.
      LOG.error("WTF?  Cannot retry this RPC, and this shouldn't happen: " + rpc);
    }
  }
  if (++errors % 100 == 1) {  // 每出现 100 次 Exception 输出一次日志
    LOG.error("Failed to " + what + " a row to re-compact", e);
  }
  return e;
}
```

4.5　CompactionQueue

介绍完 Compaction 之后，CompactionQueue 中关于压缩的核心操作就介绍完了。下面来看一下 CompactionQueue 中核心字段的含义，如下所示。

- **size**（**AtomicInteger** 类型）：记录当前 CompactionQueue 对象中 RowKey 的个数。
- **min_flush_threshold**（**int** 类型）：当前 CompactionQueue 中记录的 RowKey 数量超过该阈值后会触发一次压缩操作。
- **flush_interval**（**int** 类型）：在后台压缩线程中使用，指定了两次压缩操作之间的时间差，单位是秒。
- **flush_speed**（**int** 类型）：参与计算一次 flush 操作处理的行数，在后台压缩线程中使用。
- **max_concurrent_flushes**（**int** 类型）：并发压缩的行数。

- **duplicates_different、duplicates_same（AtomicLong 类型）**：在前面介绍 Compaction 时我们看到，当同一行中出现 timestamp offset 冲突的时候，若 value 相同，则会递增 duplicates_same 进行记录；若 value 不同，则会递增 duplicates_different 进行记录。
- **compaction_count、written_cells、deleted_cells（AtomicLong 类型）**：在 Compaction.compact() 方法中，每压缩一行数据就会递增 compaction_count 字段。written_cells 和 deleted_cells 两个字段则分别记录了写回压缩数据 KeyValue 的个数和删除 KeyValue 的个数。

CompactionQueue 在构造方法中会根据 Config 中的相应配置初始化上述字段，同时会根据配置决定是否启动后台压缩线程。这里有两点需要读者注意：

- CompactionQueue 继承了 ConcurrentSkipListMap，其中 Key 就是待压缩行的 RowKey，Value 则始终为 Boolean.TRUE。CompactionQueue 会按照 RowKey 中的 base_time 进行排序，使用的 Comparator 实现为 CompactionQueue.Cmp，compare() 方法的实现代码如下：

```java
public int compare(final byte[] a, final byte[] b) {
  // 比较两个 RowKey 中的 base_time 部分
  final int c = Bytes.memcmp(a, b,
      (short) (Const.SALT_WIDTH() + tsdb.metrics.width()), Const.TIMESTAMP_BYTES);
  return c != 0 ? c : Bytes.memcmp(a, b); // 如果 base_time 部分相同，则比较整个 RowKey
}
```

- CompactionQueue 启动后台压缩线程是调用 startCompactionThread() 方法完成的，而且该压缩线程是一个守护线程。startCompactionThread() 方法的具体实现代码如下：

```java
private void startCompactionThread() {
  final Thrd thread = new Thrd();
  thread.setDaemon(true); // 设置成守护线程
  thread.start();
}
```

前面也提到过，CompactionQueue.compact() 方法是通过调用 Compaction.compact() 方法实现的，这里不再重复分析。CompactionQueue 中另一个比较重要的方法是 flush() 方法。该方法会根据给定的 cut_off 参数和 maxflushes 参数控制压缩操作，这里先简单介绍这两个参数的含义：

- cut_off 参数指定了 CompactionQueue 中可以进行压缩的 RowKey 的范围（RowKey 的 base_time 小于该值，即可被压缩）。

- maxflushes 参数指定了此次压缩 RowKey 个数的上限。

CompactionQueue.flush()方法的具体实现代码如下：

```java
private Deferred<ArrayList<Object>> flush(final long cut_off, int maxflushes) {
  // 检测 maxflushes 参数是否合法(略)
  maxflushes = Math.min(maxflushes, size()); // 调整 maxflushes 参数
  final ArrayList<Deferred<Object>> ds =
      new ArrayList<Deferred<Object>>(Math.min(maxflushes, max_concurrent_flushes));
  int nflushes = 0; // 记录并发压缩的 RowKey 个数
  for (final byte[] row : this.keySet()) {
    // 获取该 RowKey 中的 base_time
    final long base_time = Bytes.getUnsignedInt(row, Const.SALT_WIDTH() + metric_width);
    // 检测该行数据能否被压缩(base_time 是否小于 cut_off 且并发压缩的行数
    // 不足 max_concurrent_flushes)(略)
    
    // 从 CompactionQueue 中删除该 RowKey，在前面介绍 HandleErrorCB 时我们可以看到，如果压缩出
    // 现异常，则会将相应 RowKey 重新添加到 CompactionQueue 中重新进行压缩，这里不再重复介绍
    if (super.remove(row) == null) {
      continue;
    }
    nflushes++; // 递增 nflushes
    maxflushes--; // 递减 maxflushes
    size.decrementAndGet(); // 递减 size
    // 查询 RowKey 对应行的数据，并添加 CompactCB 回调，CompactCB.call()方法中调用
    // 了 Compaction.compact()方法压缩指定的 RowKey，后面将进行详细分析
    ds.add(tsdb.get(row).addCallbacks(compactcb, handle_read_error));
  }
  final Deferred<ArrayList<Object>> group = Deferred.group(ds);
  // 此次 flush 操作还未完成，因为并发压缩行数达到上限，所以要进行分批压缩
  if (nflushes == max_concurrent_flushes && maxflushes > 0) {
    tsdb.getClient().flush();   // 调用 flush()方法可以加速上述查询及压缩操作的 HBase 操作
    final int maxflushez = maxflushes;
    
    final class FlushMoreCB implements Callback<Deferred<ArrayList<Object>>,
        ArrayList<Object>> {   //  定义 FlushMoreCB 回调
      @Override
      public Deferred<ArrayList<Object>> call(final ArrayList<Object> arg) {
```

```
        return flush(cut_off, maxflushez); // 再次触发CompactionQueue.flush()方法
      }
    }
    // 如果因为并发压缩行数达到上限，则等待ds中记录的行被压缩完成之后，回调FlushMoreCB触发
    // 后续的压缩
    group.addCallbackDeferring(new FlushMoreCB());
  }
  return group;
}
```

接下来看一下CompactionQueue.flush()方法中使用的CompactCB回调，具体实现代码如下：

```
private final class CompactCB implements Callback<Object, ArrayList<KeyValue>> {
  @Override
  public Object call(final ArrayList<KeyValue> row) {
    return compact(row, null); // 调用CompactionQueue.compact()方法完成压缩
  }
}
```

最后要介绍的是后台压缩线程（CompactionQueue.Thrd）的相关实现，run()方法根据flush_interval字段指定的时间控制触发flush操作的频率，具体实现代码如下：

```
@Override
public void run() {
  while (true) {
    try {
      final int size = size(); // 获取当前CompactionQueue中记录的RowKey的个数
      if (size > min_flush_threshold) {
        // 根据flush_speed、flush_interval等配置项计算此次flush操作要压缩的行数
        final int maxflushes = Math.max(min_flush_threshold,
            size * flush_interval * flush_speed / Const.MAX_TIMESPAN);
        final long now = System.currentTimeMillis();
        flush(now / 1000 - Const.MAX_TIMESPAN - 1, maxflushes);
      }
    } catch (Exception e) { // 日志输出(略)
    } catch (OutOfMemoryError e) { // 对OutOfMemoryError的特殊处理
      final int sz = size.get();
      CompactionQueue.super.clear(); // 这里会清空CompactionQueue来释放一些内存
```

```
      size.set(0);
    } catch (Throwable e) { // 其他异常的处理
      try {
        // 如果出现大量异常，则可能导致频繁创建线程，这里暂停一秒，防止耗尽所有资源
        Thread.sleep(1000);
      } catch (InterruptedException i) {
        return;
      }
      startCompactionThread(); // 重新创建压缩线程
      return;
    }
    try {
      // 完成此次 flush 调用之后，会暂停 flush_interval 字段指定的秒数，再开始下次 flush 调用
      Thread.sleep(flush_interval * 1000);
    } catch (InterruptedException e) {
      // 当前线程被打断的场景中，例如 JVM 关闭的时候，会调用 flush()方法压缩 CompactionQueue 中
      // 记录的全部 RowKey
      flush();
      return;
    }
  }
}
```

至此，OpenTSDB 中关于压缩优化的相关原理和具体实现就全部介绍完了。

4.6 UID 相关方法

通过对 TSDB 中核心字段的介绍，我们了解 TSDB 维护了 metrics、tag_names 和 tag_values 三个 UniqueId 对象，并在这三个 UniqueId 对象的基础上进行了封装，本节主要介绍 TSDB 对外提供的 UID 相关方法。

我们首先来看一下 TSDB.assignUid()方法，该方法实现了为指定类型的字符串分配 UID 的功能，具体实现代码如下：

```
public byte[] assignUid(final String type, final String name) {
  Tags.validateString(type, name); // 检测字符串是否合法
  // 根据类型选择相应的 UniqueId 对象进行处理，这里以 metric 类型的字符串为例进行分析
  if (type.toLowerCase().equals("metric")) {
```

```java
    try {
      final byte[] uid = this.metrics.getId(name); // 查询是否已经分配了UID
      throw new IllegalArgumentException("Name already exists with UID: " +
          UniqueId.uidToString(uid));
    } catch (NoSuchUniqueName nsue) {
      // 调用前面介绍的UniqueId.getOrCreateId()方法进行分配
      return this.metrics.getOrCreateId(name);
    }
  } else if (type.toLowerCase().equals("tagk")) { //tagk 类型与metric 类型的处理逻辑相同(略)
  } else if (type.toLowerCase().equals("tagv")) { //tagv 类型与metric 类型的处理逻辑相同(略)
  } else {
    throw new IllegalArgumentException("Unknown type name");
  }
}
```

TSDB 中的 getUID() 方法和 getUIDAsync() 方法实现了查询指定字符串对应的 UID 的功能，TSDB.getUidName() 方法则实现了查询指定 UID 对应的字符串的功能。以 TSDB.getUIDAsync() 方法为例进行介绍，其他方法的具体实现与其类似：

```java
public Deferred<byte[]> getUIDAsync(final UniqueIdType type, final String name) {
  // 检测name 字符串是否为空(略)
  switch (type) { // 判断字符串类型
    case METRIC: // 根据字符串类型调用相应 UniqueId 对象的 getIdAsync()方法
      return metrics.getIdAsync(name);
    case TAGK: //tagk 类型和tagv 类型与metric 类型的处理逻辑相同(略)
    case TAGV:
    default:
      throw new IllegalArgumentException("Unrecognized UID type");
  }
}
```

TSDB 针对不同类型的字符串提供了三种不同的方法，分别是 suggestMetrics()、suggestTagNames() 和 suggestTagValues() 方法。它们的实现非常类似，都是直接调用对应的 UniqueId 对象的 suggest() 方法实现的，这里不再展开介绍。

TSDB.renameUid() 方法会根据指定类型，将 oldname 字符串对应的 UID 重新分配给 newname 字符串，具体实现代码如下所示。

```java
public void renameUid(final String type, final String oldname, final String newname) {
  Tags.validateString(type, oldname); // 检测 oldname 和 newname 是否合法
  Tags.validateString(type, newname);
  if (type.toLowerCase().equals("metric")) {
    try {
      this.metrics.getId(oldname); // 先确定 oldname 已经分配了 UID
      this.metrics.rename(oldname, newname); // 将 oldname 字符串对应的 UID 重新分配给 newname
    } catch (NoSuchUniqueName nsue) {
      throw new IllegalArgumentException("...");
    }
  } else if (type.toLowerCase().equals("tagk")) {
    // 对 tagk 类型字符串的处理与 metric 类型的处理逻辑相同(略)
  } else if (type.toLowerCase().equals("tagv")) {
    // 对 tagv 类型字符串的处理与 metric 类型的处理逻辑相同(略)
  } else {
    throw new IllegalArgumentException("Unknown type name");
  }
}
```

最后，TSDB 提供的 deleteUidAsync()也是根据字符串类型调用相应的 UniqueId 对象的 deleteAsync()方法实现的，实现过程比较简单，这里不再进行详细介绍。

4.7 本章小结

本章主要介绍了 OpenTSDB 存储时序数据的相关组件及其具体实现。首先详细分析了 OpenTSDB 中存储时序数据的 TSDB 表的设计，其中涉及 RowKey 的设计、列名的格式及不同格式的列名对应的数据类型。之后又简单介绍了 OpenTSDB 中的压缩优化、追加模式及 Annotation 存储相关的内容。

接下来，深入分析了 TSDB 这一核心类的关键字段、初始化过程，以及写入时序数据的具体实现。随后深入分析了 OpenTSDB 中压缩优化方面的具体实现，其中涉及 Compaction 和 CompactionQueue 两个组件的具体实现。希望通过本章的阅读，读者能够清晰地了解 OpenTSDB 存储时序数据的设计、写入时序数据的实现及压缩等优化方面的工作原理。

第 5 章
数据查询

前面章节已经详细介绍了 OpenTSDB 写入时序数据、压缩优化等方面的工作原理和具体实现，本章介绍 OpenTSDB 查询时序数据的相关内容。在开始分析查询功能之前，要了解 OpenTSDB 查询时涉及的一些基本接口类和实现类。

5.1 DataPoint 接口

DataPoint 接口是 OpenTSDB 中最基础的接口之一，它抽象了整个时序中的一个点，前面在介绍 OpenTSDB 写入时序数据的过程中，也多次提到 DataPoint 的概念。DataPoint 中提供了获取该点信息的基本方法，其定义如下：

```
public interface DataPoint {
    long timestamp(); // 该 DataPoint 关联的时间戳
    boolean isInteger(); // 检测该点的值是否为整数
    long longValue(); // 如果该点的值为整数，则通过该方法获取
    double doubleValue();// 如果该点的值为浮点数，则通过方法获取
    double toDouble(); // 将该点的值转换成浮点数返回
}
```

OpenTSDB 中提供了多个 DataPoint 接口实现，如图 5-1 所示。读者可能会问，为什么有些 Iterator 迭代器也实现了 DataPoint 接口呢？我们在后面分析时会看到，为了方便时序数据的迭代处理流程，这些迭代器的使用方式一般都是一边迭代一边处理迭代到的点，为了方便使用它们，除了实现自身的迭代功能，还实现了 DataPoint 接口返回当前迭代的点的信息。在后面的分

析中将详细介绍这些实现类的功能和实现。

```
▼ ⚙ DataPoint (net.opentsdb.core)
      ⚙ MutableDataPoint (net.opentsdb.core)
      ⚙ Iterator in RowSeq (net.opentsdb.core)
      ⚙ DataPointsIterator (net.opentsdb.core)
   ▼ ⚙ Downsampler (net.opentsdb.core)
      ⚙ FillingDownsampler (net.opentsdb.core)
      ⚙ AggregationIterator (net.opentsdb.core)
      ⚙ ExpressionDataPoint (net.opentsdb.query.expression)
```

图 5-1

5.2 DataPoints 接口

我们知道一条时序数据是由多个连续的点组成的，OpenTSDB 使用 DataPoints 接口对一条时序数据进行抽象，该接口继承了 Iterable<DataPoint>接口。DataPoints 接口中提供了获取一条时序数据相关信息的基本方法，其具体定义如下：

```java
public interface DataPoints extends Iterable<DataPoint> {
    // 该条时序数据的 metric 名称
    String metricName();
    Deferred<String> metricNameAsync();

    byte[] metricUID();  // 该条时序数据的 metric UID

    // 该条时序关联的所有 Tag 组合(所有点的交集)
    Map<String, String> getTags();
    Deferred<Map<String, String>> getTagsAsync();

    // 异步获取该时序关联的所有 Tag 组合的 UID
    ByteMap<byte[]> getTagUids();

    // 获取该 Time Series 中的 Tag 集合(对称差集)
    List<String> getAggregatedTags();
    Deferred<List<String>> getAggregatedTagsAsync();
    List<byte[]> getAggregatedTagUids();

    public List<String> getTSUIDs();  // 获取该时序对应的 tsuid 集合
```

```
public List<Annotation> getAnnotations();// 获取该时序对应的 Annotation 集合

int size();// 该时序中点的个数

// 如果该时序是 pre-aggregate 之后的结果，则该方法返回进行 pre-aggregate 之前的结果
int aggregatedSize();

SeekableView iterator();// 用于迭代该时序中所有点

long timestamp(int i); // 该时序中某个点对应的时间戳

// 检测/获取某个点的值
boolean isInteger(int i);
long longValue(int i);
double doubleValue(int i);

int getQueryIndex();// 查询该时序时对应的查询索引编号
}
```

在 OpenTSDB 中提供了多个 DataPoints 接口的实现，如图 5-2 所示。

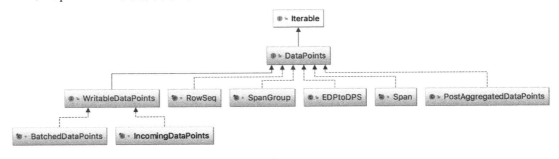

图 5-2

5.3 RowSeq

RowSeq 是 DataPoints 接口的实现功能之一，它是 HBase 表中一行数据在内存中的抽象，其中保存的点都是只读的，其继承关系如图 5-3 所示。

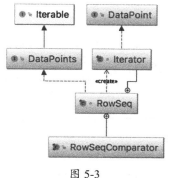

图 5-3

RowSeq 中核心字段的内容如下。

- **key（byte[]类型）**：该行对应的 RowKey。
- **qualifiers（byte[]类型）**：该 RowSeq 对象中所有点对应的 qualifier。
- **values（byte[]类型）**：该 RowSeq 对象中所有点的值。

RowSeq.setRow()方法用于设置该行中的第一个 qualifier 中所有点的信息，同时会初始化上述各个字段。需要注意的是，每个 RowSeq 对象的 setRow()方法只能被调用一次，其具体实现代码如下：

```
public void setRow(final KeyValue row) {
  // 如果 key 字段不为空，则直接抛出异常(略)
  this.key = row.key(); // 设置 RowKey
  this.qualifiers = row.qualifier(); // 记录第一个点的 qualifier
  this.values = row.value(); // 记录第一个点的值
}
```

在 HBase 表中，一行可以存放多个点，其他点的 qualifier 和 value 值是通过 addRow()方法添加到该 RowSeq 对象中的，整个添加流程比较长，请读者耐心分析。RowSeq.addRow()方法的具体实现代码如下：

```
public void addRow(final KeyValue row) {
  // 检测 RowKey 是否为空(略)
  // 检测新增点的 RowKey 与当前 key 是否相同，注意，这里不会比较 salt 部分的内容
  final byte[] key = row.key();
  if (Bytes.memcmp(this.key,key,Const.SALT_WIDTH(),key.length-Const.SALT_WIDTH())!= 0) {
    throw new IllegalDataException("...");
```

```java
    }
    
    final byte[] remote_qual = row.qualifier(); // 新点的 qualifier 和 value
    final byte[] remote_val = row.value();
    // 已在 RowSeq 中的点和新增点的 qualifier 和 value 都会合并到 merged_qualifiers 和
    // merged_values 中
    final byte[] merged_qualifiers = new byte[qualifiers.length + remote_qual.length];
    final byte[] merged_values = new byte[values.length + remote_val.length];
    
    int remote_q_index = 0, local_q_index = 0, merged_q_index = 0,
        remote_v_index = 0, local_v_index = 0, merged_v_index = 0;
    short v_length, q_length;
    
    while (remote_q_index < remote_qual.length || local_q_index < qualifiers.length) {
        // 待添加的点已经处理完了，再将 RowSeq 中已有的点复制到 merged_qualifiers 和 merged_values 中
        if (remote_q_index >= remote_qual.length) {
            // 从 qualifier 中获取对应点的 value 长度，前面介绍过 qualifier 的格式，其中最高 4 位标示了时
            // 间精度(秒级/毫秒级)，确定时间精度之后，就可以确定 qualifier 的长度和低 4 位
            // 的 flags 值，从而确定对应点的 value 长度
            v_length = Internal.getValueLengthFromQualifier(qualifiers, local_q_index);
            // 将 RowSeq 中已有点的 value 复制到 merged_values 中
            System.arraycopy(values, local_v_index, merged_values, merged_v_index, v_length);
            local_v_index += v_length; // 同时后移 local_v_index 和 merged_v_index
            merged_v_index += v_length;
            
            // 获取 RowSeq 中已有点对应的 qualifier 的长度
            q_length = Internal.getQualifierLength(qualifiers, local_q_index);
            // 将 RowSeq 中已有点的 qualifier 复制到 merged_qualifiers 中
            System.arraycopy(qualifiers, local_q_index, merged_qualifiers,
                    merged_q_index, q_length);
            local_q_index += q_length; // 同时后移 local_q_index 和 merged_q_index
            merged_q_index += q_length;
            continue;
        }
        
        // 如果 RowSeq 已有的点全部复制到了 merged_qualifiers 和 merged_values 中，则开始处理待提
        // 点加的点，该过程与前面复制 RowSeq 中已有点的逻辑完全一致，为了节省篇幅，不再贴出代码，感兴趣
        // 的读者可以参考源码分析
```

```java
// 通过 qualifier 比较待添加点的 offset 和已有点的 offset, 从而决定其存放位置
final int sort = Internal.compareQualifiers(remote_qual, remote_q_index,
    qualifiers, local_q_index);
if (sort == 0) { // 待添加点与已有点的 offset 相同, 则丢弃待添加的点
  v_length = Internal.getValueLengthFromQualifier(remote_qual,remote_q_index);
  remote_v_index += v_length;
  q_length = Internal.getQualifierLength(remote_qual,remote_q_index);
  remote_q_index += q_length;
  continue;
}

if (sort < 0) { // 待添加点的 offset 小于已有点的 offset, 则先写入待添加点
  v_length = Internal.getValueLengthFromQualifier(remote_qual,remote_q_index);
  System.arraycopy(remote_val, remote_v_index, merged_values,
      merged_v_index, v_length);
  remote_v_index += v_length;
  merged_v_index += v_length;

  q_length = Internal.getQualifierLength(remote_qual,remote_q_index);
  System.arraycopy(remote_qual, remote_q_index, merged_qualifiers,
      merged_q_index, q_length);
  remote_q_index += q_length;
  merged_q_index += q_length;
} else { // 待添加点的 offset 大于已有点的 offset, 则先写入已有点
  v_length = Internal.getValueLengthFromQualifier(qualifiers,local_q_index);
  System.arraycopy(values, local_v_index, merged_values,merged_v_index, v_length);
  local_v_index += v_length;
  merged_v_index += v_length;

  q_length = Internal.getQualifierLength(qualifiers,local_q_index);
  System.arraycopy(qualifiers, local_q_index, merged_qualifiers,
      merged_q_index, q_length);
  local_q_index += q_length;
  merged_q_index += q_length;
}
}
```

```
// 如果待添加点与已有点offset发生冲突, 则前面分配的merged_qualifiers空间过大, 这里对其进行缩减
if (merged_q_index == merged_qualifiers.length) {
  qualifiers = merged_qualifiers;
} else {
  qualifiers = Arrays.copyOfRange(merged_qualifiers, 0, merged_q_index);
}

// 在values的最后一个字节的最后一位标示了RowSeq中是否混合了不同时间精度的点
byte meta = 0;
if ((values[values.length - 1] & Const.MS_MIXED_COMPACT) == Const.MS_MIXED_COMPACT ||
    (remote_val[remote_val.length - 1] & Const.MS_MIXED_COMPACT)
        == Const.MS_MIXED_COMPACT) {
  meta = Const.MS_MIXED_COMPACT;
}
// 重新复制merged_values, 并设置其中最后一个标示字节
values = Arrays.copyOfRange(merged_values, 0, merged_v_index + 1);
values[values.length - 1] = meta;
}
```

接下来看一下 RowSeq 对 DataPoints 接口的实现, 首先是获取 metric 相关信息的方法。通过前面的介绍可知, RowKey 本身就包含 metric UID, RowSeq.metricUID()方法就是直接从 RowKey 中截取 metric UID 的部分返回。同样, RowSeq.baseTime()方法返回的 base_time 也是直接从 RowKey 中截取出来的, 其具体实现比较简单, 这里不再展开介绍。

RowSeq.metricName()和 metricNameAsync()方法的实现是将 metric UID 截取出来之后, 交给 RowKey 工具类的 metricNameAsync()方法完成 metric UID 向 metric 字符串的转换, 具体实现如下:

```
public static Deferred<String> metricNameAsync(final TSDB tsdb, final byte[] row) {
  // 检测整个RowKey的长度(略)
  // 从RowKey中获取metric UID
  final byte[] id = Arrays.copyOfRange(row, Const.SALT_WIDTH(),
      tsdb.metrics.width() + Const.SALT_WIDTH());
  return tsdb.metrics.getNameAsync(id); // 通过metric对应UniqueId对象获取UID对应的字符串
}
```

UniqueId 的具体实现已经介绍过了, 这里不再赘述。

RowSeq 获取 Tag 信息的方式也与此类似, RowSeq.getTagUids()方法会直接从 RowKey 中截

取 tagk UID 和 tagv UID 返回，具体实现代码如下：

```java
public static ByteMap<byte[]> getTagUids(final byte[] row) {
  final ByteMap<byte[]> uids = new ByteMap<byte[]>();
  final short name_width = TSDB.tagk_width(); // 获取 tagk UID 的长度
  final short value_width = TSDB.tagv_width();// 获取 tagv UID 的长度
  final short tag_bytes = (short) (name_width + value_width);
  final short metric_ts_bytes = (short) (TSDB.metrics_width()
      + Const.TIMESTAMP_BYTES + Const.SALT_WIDTH());
  // 跳过 metric UID、timestamp 及 salt 的长度，RowKey 中剩下的部分就是 tagk UID 和 tagv UID
  for (short pos = metric_ts_bytes; pos < row.length; pos += tag_bytes) {
    final byte[] tmp_name = new byte[name_width];
    final byte[] tmp_value = new byte[value_width];
    System.arraycopy(row, pos, tmp_name, 0, name_width);
    System.arraycopy(row, pos + name_width, tmp_value, 0, value_width);
    uids.put(tmp_name, tmp_value); // 将 tagk UID 和 tagv UID 填充到 uids 这个 Map 中返回
  }
  return uids;
}
```

RowSeq.getTags()方法和 getTagsAsync()方法都是通过调用 Tags 工具类的 getTagsAsync()方法实现 tagk/tagv UID 向 tagk/tagv 字符串的转换的，具体实现代码如下：

```java
public static Deferred<Map<String, String>> getTagsAsync(final TSDB tsdb,
    final byte[] row) throws NoSuchUniqueId {
  final short name_width = tsdb.tag_names.width(); // 获取 tagk UID 的长度
  final short value_width = tsdb.tag_values.width();// 获取 tagv UID 的长度
  final short tag_bytes = (short) (name_width + value_width);
  final short metric_ts_bytes = (short) (Const.SALT_WIDTH() + tsdb.metrics.width()
      + Const.TIMESTAMP_BYTES);
  final ArrayList<Deferred<String>> deferreds =
      new ArrayList<Deferred<String>>((row.length - metric_ts_bytes) / tag_bytes);
  // 跳过 metric UID、timestamp、salt 部分，剩余部分就是 tagk UID 和 tagv UID
  for (short pos = metric_ts_bytes; pos < row.length; pos += tag_bytes) {
    final byte[] tmp_name = new byte[name_width];
    final byte[] tmp_value = new byte[value_width];
    System.arraycopy(row, pos, tmp_name, 0, name_width);
```

```
    // 通过相应的 UniqueId 对象完成 tagk UID 到 tagk 字符串的转换
    deferreds.add(tsdb.tag_names.getNameAsync(tmp_name));
    System.arraycopy(row, pos + name_width, tmp_value, 0, value_width);
    // 通过相应的 UniqueId 对象完成 tagv UID 到 tagv 字符串的转换
    deferreds.add(tsdb.tag_values.getNameAsync(tmp_value));
  }
  class NameCB implements Callback<Map<String, String>, ArrayList<String>> {
    // 该 Callback 对象用于将处理转换之后得到的 List<String>，转换成 Map<String,String>，
    // 这里的参数 names 是 tagk1、tagv1、tagk2、tagv2……这种格式，具体实现比较简单，不再赘述
    public Map<String, String> call(final ArrayList<String> names)throws Exception
{...}
  }
  // 等待 UniqueId 对象完成上述转换，并添加了相应的 Callback 对象
  return Deferred.groupInOrder(deferreds).addCallback(new NameCB());
}
```

需要读者注意的是，如果 RowSeq 中包含了不同时间精度的点，则该 RowSeq 对象的 qualifiers 字段中就会包含不同长度的 qualifier，那么在查找 RowSeq 中某个点的 timestamp 或计算整个 RowSeq 中点的个数时，就需要遍历 RowSeq 对象中所包含的每个点。这里以 RowSeq.timestamp()方法为例进行介绍，具体实现代码如下：

```
public long timestamp(final int i) {
  if ((values[values.length - 1] & Const.MS_MIXED_COMPACT) ==
    Const.MS_MIXED_COMPACT) { // 检测 RowSeq 中是否存在不同时间精度的点
    int index = 0;
    for (int idx = 0; idx < qualifiers.length; idx += 2) { // 循环步长为 2 个字节
      if (i == index) { // 查找到指定 qualifier 的起始位置，则从 qualifier 中解析出其时间戳
        return Internal.getTimestampFromQualifier(qualifiers, baseTime(), idx);
      }
      if (Internal.inMilliseconds(qualifiers[idx])) { // 如果碰到毫秒级的点，则步长为 4 个字节
        idx += 2;
      }
      index++;
    }
  } else if ((qualifiers[0] & Const.MS_BYTE_FLAG) == Const.MS_BYTE_FLAG) {
    // 如果该 RowSeq 对象中只存在一种时间精度的点，则直接根据第一个点的时间精度决定每个点的
    // qualifier 的长度，直接跳到指定点对应的 qualifier，并解析出其中的 timestamp
    return Internal.getTimestampFromQualifier(qualifiers, baseTime(), i * 4);
```

```
    } else {
      return Internal.getTimestampFromQualifier(qualifiers, baseTime(), i * 2);
    }
  }
```

这里使用的 Internal.getTimestampFromQualifier()方法会从 qualifier 中解析出 offset 值并计算该点对应的时间戳，具体实现代码如下：

```
public static int getOffsetFromQualifier(final byte[] qualifier, final int offset) {
  // 检测 qualifier 从 offset 起始的点是否为毫秒精度，从而决定 qualifier 的长度
  if ((qualifier[offset] & Const.MS_BYTE_FLAG) == Const.MS_BYTE_FLAG) {
    return (int) (Bytes.getUnsignedInt(qualifier, offset) & 0x0FFFFFC0)
        >>> Const.MS_FLAG_BITS; // 从 qualifier 中获取 4 个字节长度的 timestamp offset
  } else {
    final int seconds = (Bytes.getUnsignedShort(qualifier, offset) & 0xFFFF)
        >>> Const.FLAG_BITS; // 从 qualifier 中获取 2 个字节长度的 timestamp offset
    return seconds * 1000; // 转换成毫秒
  }
}
```

getTimestampFromQualifier()方法还有一个重载，它基于上述重载和 base_time 计算完整的时间戳，其实现过程比较简单，这里不再展开介绍。

最后，我们要介绍的是 RowSeq 中提供的迭代器，RowSeq.Iterator 实现了 SeekableView 接口和 DataPoint 接口，如图 5-4 所示。

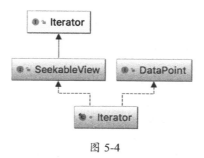

图 5-4

RowSeq.Iterator 中的核心字段如下。

- **qualifier**（**int** 类型）：当前遍历到的 qualifier，int 类型是 32 位，足够保存不同时间精度的 qualifier。

- **qual_index**(**int** 类型)：RowSeq.qualifiers 的下标，标示下一个点的 qualifier。
- **value_index**(**int** 类型)：RowSeq.values 的下标，标示下一个点的位置。
- **base_time**(**long** 类型)：该 RowKey 对应的 base_time。

RowSeq.Iterator 作为迭代器，最常用的就是 hasNext() 和 next() 这两个方法（定义在 SeekableView 接口中），实现代码如下：

```java
public boolean hasNext() { return qual_index < qualifiers.length; }

public DataPoint next() {
  // 调用 hasNext()方法检测是否遍历到该 RowSeq 的结尾(略)
  if (Internal.inMilliseconds(qualifiers[qual_index])) { // 检测下一个点的时间精度
    qualifier = Bytes.getInt(qualifiers, qual_index); // 获取当前点的 qualifier
    qual_index += 4; // 后移 qualifier
  } else {
    qualifier = Bytes.getUnsignedShort(qualifiers, qual_index);
    qual_index += 2;
  }
  final byte flags = (byte) qualifier; // 获取 qualifier 中的 flags 字节
  value_index += (flags & Const.LENGTH_MASK) + 1; // 计算当前点的 value 长度，并后移 value_index
  return this;
}
```

在 SeekableView 接口中还定义了 seek() 方法用于快速推进迭代器的游标，在 RowSeq.Iterator 中的实现代码如下：

```java
public void seek(final long timestamp) {
  // 检测 timestamp 是否合法(略)
  qual_index = 0; value_index = 0;
  final int len = qualifiers.length;
  // 这里的 peekNextTimestamp()方法
  while (qual_index < len && peekNextTimestamp() < timestamp) {
    // 下面开始推进 qual_index 和 value_index 的值，与前面介绍 RowSeq.Iterator.next()方法实
    // 现相同，由于篇幅限制，这里不再粘贴代码
  }
}
```

另外，RowSeq.Iterator 也实现了 DataPoint 接口的相关方法，例如 timestamp()、longValue() 和 doubleValue() 等获取点信息的方法，其中 timestamp() 方法返回的时间戳是直接从 RowSeq.Iterator.qualifier 字段中获取该点的时间偏移量并与 RowKey 中的 base_time 一起计算得到完整的时间戳。longValue()和 doubleValue()方法的实现类似，这里以 longValue()方法为例进行分析，感兴趣的读者可以参考源码分析 doubleValue()方法的具体实现，代码如下：

```
public long longValue() {
    // 通过qualifier检测当前点的value是否为整数(略)
    final byte flags = (byte) qualifier;  // 获取该点的flags字节
    final byte vlen = (byte) ((flags & Const.LENGTH_MASK) + 1); // 计算该点的value的长度
    return extractIntegerValue(values, value_index - vlen, flags); // 将字节数组转换成整数返回
}

static long extractIntegerValue(final byte[] values, final int value_idx,
    final byte flags) {
    switch (flags & Const.LENGTH_MASK) { // 根据value的长度将字节数组转换成整数并返回
      case 7: return Bytes.getLong(values, value_idx);
      case 3: return Bytes.getInt(values, value_idx);
      case 1: return Bytes.getShort(values, value_idx);
      case 0: return values[value_idx];
    }
    throw new IllegalDataException("...");
}
```

RowSeq.doubleValue()和 longValue()方法会创建 RowSeq.Iterator 迭代器并迭代到指定位置的点，然后返回该点的值，它们的实现比较简单，这里不再展开介绍，感兴趣的读者可以参考源码进行学习。

5.4 Span

当查询的时间跨度超过一个小时的时候，查询结果对应到 HBase 表中时就会超过一行，当这些数据被读取到内存中时，就会对应多个 RowSeq 对象。在这种情况下，OpenTSDB 通过 Span 对象管理多个 RowSeq 对象。

Span 也实现了前面介绍的 DataPoints 接口，如图 5-5 所示。

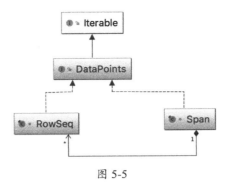

图 5-5

Span 中的核心字段及其含义如下所示。

- rows（ArrayList<RowSeq>类型）：该 Span 对象管理的 RowSeq 对象。
- sorted（boolean 类型）：标示 rows 字段中维护的 iRowSeq 对象是否已经完成排序。
- annotations（ArrayList<Annotation>类型）：对应 RowSeq 中存储的 Annotation 集合。

Span.addRow()方法负责向 Span 对象中添加一行数据。如果该行数据可以合并到已有的 RowSeq 中则进行合并；如果无法合并到已有的 RowSeq 对象中，则创建新的 RowSeq 对象并添加到 Span 中，具体实现代码如下所示。

```
void addRow(final KeyValue row) {
  long last_ts = 0;
  if (rows.size() != 0) {
    // Verify that we have the same metric id and tags
    final byte[] key = row.key();
    final RowSeq last = rows.get(rows.size() - 1); // 获取rows字段中最后一个RowSeq对象
    final short metric_width = tsdb.metrics.width();
    final short tags_offset =
        (short) (Const.SALT_WIDTH() + metric_width + Const.TIMESTAMP_BYTES);
    final short tags_bytes = (short) (key.length - tags_offset);
    String error = null;
    // 与已有的最后一个RowSeq对象比较，确定新增行的metric和tag组合是否合法
    if (key.length != last.key.length) {
      error = "row key length mismatch";
    } else if (
        Bytes.memcmp(key, last.key, Const.SALT_WIDTH(), metric_width) != 0) {
      error = "metric ID mismatch";
    } else if (Bytes.memcmp(key, last.key, tags_offset, tags_bytes) != 0) {
```

```
          error = "tags mismatch";
        }
        if (error != null) {
          throw new IllegalArgumentException(error + "...");
        }
        last_ts = last.timestamp(last.size() - 1); // 最后一个 RowSeq 对象的 base_time
      }

      final RowSeq rowseq = new RowSeq(tsdb); // 为新增的行创建对应的 RowSeq 对象
      rowseq.setRow(row);
      sorted = false; // 标记为未排序状态
      if (last_ts >= rowseq.timestamp(0)) {
        // scan to see if we need to merge into an existing row
        // 遍历已有的 RowSeq 对象，根据 RowKey 的比较结果决定是否合并到已有的 RowSeq 对象中
        for (final RowSeq rs : rows) {
          if (Bytes.memcmp(rs.key, row.key(), Const.SALT_WIDTH(),
              (rs.key.length - Const.SALT_WIDTH())) == 0) {
            rs.addRow(row); // 可以合并到已有的 RowSeq 对象中，即调用其 addRow()方法后直接
            return; // 将新建的 RowSeq 对象添加到 rows 字段中
          }
        }
      }

      rows.add(rowseq); }
```

通过上面介绍的 Span.addRow()方法也可以看出，Span 中管理的 RowSeq 对象具有相同的 metric 和 tag 组合，所以从 Span 中获取 metric 信息和 tag 组合信息时，直接调用第一个 RowSeq 对象的相应方法即可。Span.size()方法会计算 Span.rows 字段中全部 RowSeq 中的点之和。RowSeq 中这些方法的具体实现前面已经介绍过了，这里不再赘述。

Span.getTSUIDs()方法从 Span 对象管理的第一个 RowSeq 中解析出 tsuid，具体实现代码如下：

```
    public List<String> getTSUIDs() {
      // 检测 rows 字段中是否包含 iRowSeq 对象(略)
      final byte[] tsuid = UniqueId.getTSUIDFromKey(rows.get(0).key(),
        TSDB.metrics_width(), Const.TIMESTAMP_BYTES); // 解析 RowKey 得到 tsuid
```

```java
    final List<String> tsuids = new ArrayList<String>(1);
    tsuids.add(UniqueId.uidToString(tsuid)); // 将 tsuid 转成十六进制字符串返回
    return tsuids;
}

public static byte[] getTSUIDFromKey(final byte[] row_key,
    final short metric_width, final short timestamp_width) {
    int idx = 0;
    final int tag_pair_width = TSDB.tagk_width() + TSDB.tagv_width();// 一组 tag UID
    // 的长度检测 RowKey 中全部 tag UID 的长度是否合法
    final int tags_length = row_key.length - (Const.SALT_WIDTH() + metric_width
        + timestamp_width);
    if (tags_length < tag_pair_width || (tags_length % tag_pair_width) != 0) {
        throw new IllegalArgumentException("...");
    }
    // tsuid 由 metric UID、tagk UID 和 tagv UID 组成，也就是 RowKey 除去 salt、timestamp 两部
    // 分后的内容

    final byte[] tsuid = new byte[row_key.length - timestamp_width - Const.SALT_WIDTH()];
    for (int i = Const.SALT_WIDTH(); i < row_key.length; i++) {
        if (i < Const.SALT_WIDTH() + metric_width ||
            i >= (Const.SALT_WIDTH() + metric_width + timestamp_width)) {
            tsuid[idx] = row_key[i];
            idx++;
        }
    }
    return tsuid;
}
```

Span 中提供的 longValue()、doubleValue()和 timestamp()方法分别获取指定节点的 value 值或时间戳，它们的实现都是先调用 checkRowOrder()方法对 Span.rows 进行排序，然后通过 getIdxOffsetFor()方法获取指定点的索引位置，最后调用相应 RowSeq 对象的方法获取 value 的值或 timestamp。这里以 Span.timestamp()方法为例进行分析：

```java
public long timestamp(final int i) {
    checkRowOrder();
    // 查找目标点的位置，注意该返回值，其中高 32 位是目标 RowSeq 在 rows 中的索引位置，
    // 低 32 位是目标点在 RowSeq 中的索引位置
```

```java
    final long idxoffset = getIdxOffsetFor(i);
    final int idx = (int) (idxoffset >>> 32);
    final int offset = (int) (idxoffset & 0x00000000FFFFFFFF);
    // 查找到目标 iRowSeq 并调用其 timestamp()方法获取目标点的时间戳
    return rows.get(idx).timestamp(offset);
}

private void checkRowOrder() {
    if (!sorted) {
        // 检测该 Span 中管理的 iRowSeq 是否已经排序，如果没有则需要进行排序，这里
        // 使用的 RowSeq.RowSeqComparator 会按照 RowSeq 中的 base_time 进行排序
        Collections.sort(rows, new RowSeq.RowSeqComparator());
        sorted = true;
    }
}

private long getIdxOffsetFor(final int i) {
    checkRowOrder(); // 排序
    int idx = 0;
    int offset = 0;
    for (final iRowSeq row : rows) { // 遍历所有 RowSeq 对象
        final int sz = row.size();
        if (offset + sz > i) { break; }
        offset += sz;
        idx++;
    }
    // 在返回值的高 32 位记录目标 RowSeq 在 rows 中的索引位置，在低 32 位记录目标点在其 RowSeq 中的位置
    return ((long) idx << 32) | (i - offset);
}
```

Span.longValue()、doubleValue()方法的具体实现与 timestamp()方法类似，不再展开分析。

Span 作为 DataPoints 接口的实现类之一，也必然提供了相应的迭代器。Span.Iterator 实现了 SeekableView 接口，其核心字段如下：

- **row_index**（**int** 类型）：当前迭代的 RowSeq 在 rows 集合中的索引位置。
- **current_row**（**RowSeq.Iterator** 类型）：当前迭代 row_index 对应的 RowSeq 对象使用的迭代器。

Span.Iterator 每迭代一次，都会返回 Span 中的一个点，在当前迭代的 RowSeq 对象被迭代完之后，才会迭代下一个 RowSeq 对象中的点。下面分析 Span.Iterator.hasNext()方法和 next()方法的具体实现代码：

```
public boolean hasNext() {
  return (current_row.hasNext()  // 检测当前迭代的 RowSeq 中是否还有点
       || row_index < rows.size() - 1);  // 是否还有更多的 RowSeq 对象可迭代
}

public DataPoint next() {
  if (current_row.hasNext()) { // 当前 RowSeq 中还有点，则继续迭代当前 RowSeq 对象
    return current_row.next();
  } else if (row_index < rows.size() - 1) { // 当前 RowSeq 对象已经迭代完，则迭代下一个 RowSeq 对象
    row_index++; // 更新 row_index，指向下一个 RowSeq 对象
    current_row = rows.get(row_index).internalIterator();
    return current_row.next();
  }
  throw new NoSuchElementException("no more elements");
}
```

Span.Iterator.seek()方法会根据参数 timestamp 快速推进到一个指定的点，具体实现代码如下：

```
public void seek(final long timestamp) {
  int row_index = seekRow(timestamp); // 根据 timestamp 参数快速定位 RowSeq 对象
  if (row_index != this.row_index) {
    this.row_index = row_index;
    current_row = rows.get(row_index).internalIterator();// 获取上面定位到的 RowSeq 对象的迭代器
  }
  current_row.seek(timestamp); // 定位到指定的点
}

private int seekRow(final long timestamp) {
  checkRowOrder(); // 对 rows 中的 RowSeq 进行排序
  int row_index = 0;
  RowSeq row = null;
  final int nrows = rows.size();
  for (int i = 0; i < nrows; i++) { // 遍历 rows 字段，定位 RowSeq 的下标位置
```

```
        row = rows.get(i);
        final int sz = row.size();
        // 比较当前 RowSeq 对象中最后一个点的时间戳与指定的时间戳，确定 timestamp 指定的点是否在该
        // RowSeq 中
        if (row.timestamp(sz - 1) < timestamp) {
          row_index++;
        } else {
          break;
        }
      }
      if (row_index == nrows) {    // 指定时间戳的值比所有点的时间戳的值都大，则返回最后一行
        --row_index;
      }
      return row_index;
    }
```

Span 中提供了多个重载的 downsampler() 方法，Downsampler 和 Downsampler 的相关内容会在后面详细介绍。

5.5 SpanGroup

在 OpenTSDB 中使用 SpanGroup 管理多个 Span 对象，同一个 SpanGroup 对象管理的多个 Span 对象必须拥有相同的 metric，但是可以有不同的 tagk 或 tagv。SpanGroup 继承了 DataPoints 接口，如图 5-6 所示。

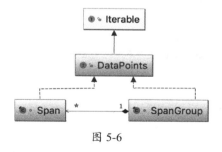

图 5-6

SpanGroup 中的核心字段及其含义如下所示。

- start_time、end_time（long 类型）：该 SpanGroup 对象对应的起止时间戳。
- spans（ArrayList<Span>类型）：当前 SpanGroup 管理的 Span 对象。一个 SpanGroup 对象中管理的多个 Span 对象必须拥有相同的 metric，但是 tag 可能不同。

- tags（Map<String, String>类型）：该 SpanGroup 对象中所有 Span 的 tag 的交集。该字段被初始化之后，就无法向该 SpanGroup 中添加新的 Span 对象了。
- tag_uids（ByteMap<byte[]>类型）：tags 字段中所有 tag 组合对应的 UID 集合，ByteMap 继承了 TreeMap，其 Key 始终为 byte[]类型，这里的 tag_uids 集合的 Value 也为 byte[] 类型。
- aggregated_tags（List<String>类型）：该 SpanGroup 对象中所有 Span tag 的对称差集（集合 A 与 B 的对称差集定义为：集合 A 与 B 中所有不属于集合 A 与 B 交集的元素的集合）。
- aggregated_tag_uids（Set<byte[]>类型）：aggregated_tags 字段中 tag 对应的 UID。
- aggregator（Aggregator 类型）：聚合多个 SpanGroup 管理的多个 Span 对象时使用的 Aggregator 对象，在后面会详细介绍 Aggregator 及其具体实现类。

在 SpanGroup 的构造函数中除了会初始化上述字段，还会调用 SpanGroup.add()方法将传入的 Span 集合添加到 SpanGroup 的 spans 字段中，大致实现如下：

```
SpanGroup(final TSDB tsdb,final long start_time, final long end_time,
        final Iterable<Span> spans, final boolean rate, final RateOptions rate_options,
        final Aggregator aggregator, final DownsamplingSpecification downsampler,
        final long query_start, final long query_end, final int query_index) {
   // 将 start_time 和 end_time 字段初始化为毫秒级别的时间戳
   this.start_time = (start_time & Const.SECOND_MASK) == 0 ?
      start_time * 1000 : start_time;
   this.end_time = (end_time & Const.SECOND_MASK) == 0 ?
      end_time * 1000 : end_time;
   if (spans != null) {
     for (final Span span : spans) {
       add(span); // 将传入的 Span 集合添加到 spans 字段中
     }
   }
   // 省略其他字段的初始化
}
```

在 SpanGroup.add()方法中，根据传入的 Span 对象是否包含点信息进行分类处理，具体实现代码如下：

```
void add(final Span span) {
   if (tags != null) {
```

```
      throw new AssertionError("...");
    }
    // 将 start_time 和 end_time 转换成毫秒级别的时间戳
    final long start = (start_time & Const.SECOND_MASK) == 0 ? start_time * 1000 : start_time;
    final long end = (end_time & Const.SECOND_MASK) == 0 ? end_time * 1000 : end_time;

    if (span.size() == 0) { // 待添加的 Span 中没有点，则记录其中的 Annotation 对象
      for (Annotation annot : span.getAnnotations()) {//
        long annot_start = annot.getStartTime();
        if ((annot_start & Const.SECOND_MASK) == 0) {
          annot_start *= 1000;
        }
        long annot_end = annot.getStartTime();
        if ((annot_end & Const.SECOND_MASK) == 0) {
          annot_end *= 1000;
        }
        // 如果 Annotation 的起止时间与 start_time~end_time 范围有交集，则将其记录到 annotations 集合中
        if (annot_end >= start && annot_start <= end) {
          annotations.add(annot);
        }
      }
    } else { // 待添加的 Span 对象中包含点
      // 获取该 Span 对象中第一个点和最后一个点的时间戳，并将其格式化成毫秒级别
      long first_dp = span.timestamp(0);
      if ((first_dp & Const.SECOND_MASK) == 0) {
        first_dp *= 1000;
      }
      long last_dp = span.timestamp(span.size() - 1);
      if ((last_dp & Const.SECOND_MASK) == 0) {
        last_dp *= 1000;
      }
      // 该 Span 中存在 start_time 到 end_time 之间的点，就可以将该 Span 对象添加到 spans 集合中
      if (first_dp <= end && last_dp >= start) {
        this.spans.add(span);
        annotations.addAll(span.getAnnotations());// 记录该 Span 中的 Annotation 对象
      }
    }
  }
}
```

当我们首次调用 SpanGroup.getTags()或 getTagsAsync()方法获取 tags 字段时,会同时计算并初始化 tag_uids、aggregated_tag_uids 和 tags 字段,后续使用这些字段时不会重新计算,而是复用此次计算结果(首次调用 SpanGroup.getTagUids()方法时只会初始化 tag_uids、aggregated_tag_uids 字段,不会初始化 tags 字段)。先来简单看一下 getTagsAsync()方法的具体实现,代码如下:

```java
public Deferred<Map<String, String>> getTagsAsync() {
  // 检测 tags 字段,不为 null 则直接返回(略)
  if (spans.isEmpty()) { // 检测 spans 集合
    tags = new HashMap<String, String>(0);
    return Deferred.fromResult(tags);
  }
  if (tag_uids == null) {
    computeTags(); // 初始化 tag_uids 字段
  }
  return resolveTags(tag_uids);// 初始化 tags 字段
}
```

这里调用的 computeTags()方法会遍历 spans 字段中所有的 Span 对象并初始化 aggregated_tag_uids、tag_uids 两个集合,具体实现代码如下:

```java
private void computeTags() {
  // 如果 tag_uids 和 aggregated_tag_uids 字段已经初始化,则直接返回(略)
  // 如果 spans 集合为空,则直接将 tag_uids 和 aggregated_tag_uids 字段初始化为空集合并返回(略)

  // tag_set 集合用来保存所有 Span 的 tag 的交集(即 tag_uids 字段),
  // discards 集合则是保存所有 Span tag 的对称差集(即 aggregated_tag_uids 字段)
  final ByteMap<byte[]> tag_set = new ByteMap<byte[]>();
  final ByteMap<byte[]> discards = new ByteMap<byte[]>();
  final Iterator<Span> it = spans.iterator();
  while (it.hasNext()) { // 迭代所有 Span 对象
    final Span span = it.next();
    final ByteMap<byte[]> uids = span.getTagUids(); // 获取该 Span 对应的 tag UID

    for (final Map.Entry<byte[], byte[]> tag_pair : uids.entrySet()) {
      if (discards.containsKey(tag_pair.getKey())) {
```

```
        continue;    // 跳过已属于对称差集的tagk，不需要比较tagv
      }
      final byte[] tag_value = tag_set.get(tag_pair.getKey());
      if (tag_value == null) {    // tag_set中未记录过该tagk
        tag_set.put(tag_pair.getKey(), tag_pair.getValue());
      } else if (Bytes.memcmp(tag_value, tag_pair.getValue()) != 0) {
        // 如果两个Span中同一个tagk的tagv出现冲突，则该tagk应被记录到aggregated_tag_uids中
        discards.put(tag_pair.getKey(), null);
        tag_set.remove(tag_pair.getKey());
      }
      // 如果所有Span中同一个tagk的tagv都相同，则该tagk和tagv应被记录在tag_uids中
    }
  }
  aggregated_tag_uids = discards.keySet();
  tag_uids = tag_set;
}
```

在SpanGroup.resolveTags()方法中，会根据从computeTags()方法中得到的tag_uids集合（记录了tagk UID和tagv UID）初始化tags字段，其中UID到相应字符串的转换是通过TSDB中相应的UniqueId对象实现的。下面我们分析resolveTags()方法的具体实现，代码如下：

```
private Deferred<Map<String, String>> resolveTags(final ByteMap<byte[]> tag_uids) {
  // 检测tags字段是否已经初始化，若已经初始化完成，则直接返回(略)
  tags = new HashMap<String, String>(tag_uids.size());
  final List<Deferred<Object>> deferreds =
    new ArrayList<Deferred<Object>>(tag_uids.size());

  // PairCB这个Callback实现负责将转换好的tagk和tagv记录到tags集合中
  final class PairCB implements Callback<Object, ArrayList<String>> {
    @Override
    public Object call(final ArrayList<String> pair) throws Exception {
      tags.put(pair.get(0), pair.get(1));
      return null;
    }
  }
```

```java
for (Map.Entry<byte[], byte[]> tag_pair : tag_uids.entrySet()) {
  final List<Deferred<String>> resolve_pair =
      new ArrayList<Deferred<String>>(2);
  // 通过 TSDB.tag_names 字段(UniqueId 类型)将 tagk UID 转换成相应字符串
  resolve_pair.add(tsdb.tag_names.getNameAsync(tag_pair.getKey()));
  // 通过 TSDB.tag_values 字段(UniqueId 类型)将 tagv UID 转换成相应字符串
  resolve_pair.add(tsdb.tag_values.getNameAsync(tag_pair.getValue()));
  // 等待上述两个操作完成之后回调 PairCB
  deferreds.add(Deferred.groupInOrder(resolve_pair).addCallback(new PairCB()));
}

final class GroupCB implements Callback<Map<String, String>, ArrayList<Object>> {
  @Override
  public Map<String, String> call(final ArrayList<Object> group)
      throws Exception {
    return tags;
  }
}
// 等待所有 tagk 和 tagv 都保存到 tags 中之后，将 tags 字段返回
return Deferred.group(deferreds).addCallback(new GroupCB());
}
```

介绍完 getTags() 方法的整个流程之后，我们再来学习 SpanGroup.getAggregatedTags() 方法的实现就比较简单了，其会初始化 aggregated_tag_uids 和 aggregated_tags 字段，具体逻辑与前面介绍的 computeTags() 方法及 resolveAggTags() 方法类似，这里不再赘述，感兴趣的读者可以参考代码进行学习。

通过前面的介绍我们知道，SpanGroup 中封装的多个 Span 对象的 tag 可能不同，但是它们的 metric 必须相同，那么 SpanGroup.metricName() 方法、metricNameAsync() 方法和 metricUID() 方法直接调用 spans 集合中第一个 Span 对象的相应方法获取 metric 信息即可，这里就不再展开分析了。

5.5.1　AggregationIterator

SpanGroup 中剩余的其他方法，如图 5-7 所示，都是依赖 AggregationIterator 迭代器完成的，现在就来详细分析一下 AggregationIterator 的具体实现。

AggregationIterator 是实现 SpanGroup 核心功能的地方，AggregationIterator 将 SpanGroup 中管理的 Span 对象进行合并和聚合。通过 AggregationIterator 迭代得到的点是按照时间顺序排列的，在 AggregationIterator 从一个 Span 对象中获取一个点时，会将它与其他 Span 对象（SpanGroup.spans 字段中）的点（timestamp 相同）进行聚合，然后返回。如果其他 Span 对象没有该 timestamp 的点，则会按照 linear interpolation（线性插值）法对缺失的点进行估算，之后再进行聚合并返回。

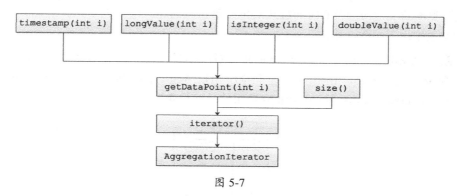

图 5-7

在开始分析之前，我们首先回忆一下 linear interpolation（线性插值）法的含义（在第 1 章中简单介绍过），以及 AggregationIterator 为实现 linear interpolation（线性插值）法的一些设计。linear interpolation（线性插值）法是指使用连接两个已知点的直线来确定在这两个已知点之间的一个未知点的方法。如图 5-8 所示，我们已知坐标 $(x0, y0)$ 与 $(x1, y1)$，可以轻松得到 $[x0, x1]$ 区间内某一位置 x 对应的 y 值，该 y 值就是我们通过 linear interpolation（线性插值）法估算得到的。

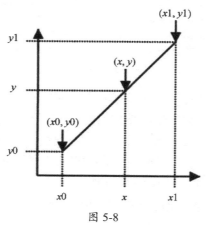

图 5-8

对应到 AggregationIterator 中，x 轴就是时序数据的时间戳，y 轴就是时序数据中各点的值。

为了使用 linear interpolation（线性插值）法估算某个点的值，我们需要同时期它前一个点的信息（值和时间戳），以及它后一个点的信息（值和时间戳）。AggregationIterator 会获取每个要迭代的 Span 对象对应的迭代器，并将它们保存到 AggregationIterator.iterators（SeekableView[]类型）字段中。另外，AggregationIterator.values 和 timestamps（long[]类型）两个字段维护的数组长度是 iterators 数组长度的两倍，这两个数组的前半部分维护了每个 Span 当前迭代的点的值和时间戳，后半部分维护了每个 Span 下一次迭代的点的值和时间戳。每次从一个 Span 对象中迭代出一个点时，则会将其对应的值和时间戳从 values 和 timestamps 的后半部分移动到前半部分，后半部分的空缺则由下一个点补充。

下面通过一个示例简要说明 AggregationIterator 进行迭代的过程。这里假设 AggregationIterator 负责迭代两个 Span 对象（metric 相同但是 tag 不同），所以 AggregationIterator.iterators 数组的长度为 2，AggregationIterator.values 和 timestamps 数组的长度是 4，如图 5-9 所示。

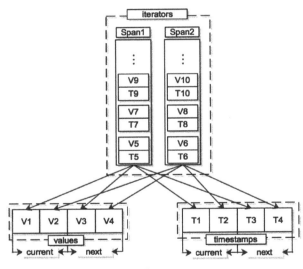

图 5-9

如果时间戳 T1<T2，则此次迭代可以直接返回 T1 对应的 V1，因为 AggregationIterator 中没有比该点时间戳的值更小的点。如果时间戳 T2<T1，我们可能认为此次迭代需要将 V1 和 V2 进行聚合后返回，但是这样并不合适，因为 T1 和 T2 两个时间戳并不完全相等，对两者进行聚合没有意义，V2 也可能在上次迭代中已经被返回了。此时就需要使用前面介绍的 linear interpolation（线性插值）法估算 Span2 中 T1 时的值，然后将该值与 V1 进行聚合并返回。

这里假设时间戳 T3<T4，接下来继续下一次迭代，则会将点（V3，T3）前移，覆盖已经迭代过的点（V1，T1），并从 Span1 中取出下一个点（V5，T5），覆盖原来（V3，T3）的位置，如图 5-10 所示。

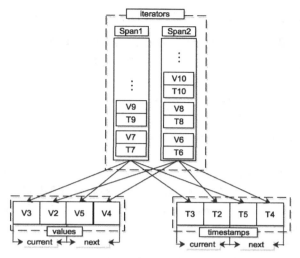

图 5-10

接下来只要按照前面的步骤继续进行重复操作，直至将全部 Span 中的点都迭代完即可。

了解了 AggregationIterator 的大致工作流程之后，我们来简单介绍一下 AggregationIterator 中核心字段的含义，如下所示。

- iterators（SeekableView[]类型）、values（long[]类型）、timestamp（long[]类型）：这三个字段在前面已经进行了说明，这里不再赘述。
- current（int 类型）：当前正在使用的 iterators 数组元素的下标索引。
- pos（int 类型）：values 数组的下标，在进行聚合时使用，用于标示 pos 位置之前的点已经被聚合过了，后面介绍聚合过程时，会再次说明该字段的作用。
- start_time、end_time（long 类型）：当前 AggregationIterator 对象迭代的起止时间戳。
- aggregator（Aggregator 类型）：聚合方式，在后面将对 Aggregator 抽象类及其实现进行详细分析。
- method（Interpolation 类型）：对缺失点的插值方式，除了前面介绍的 linear interpolation （线性插值）法，还有其他的插值方式。在 OpenTSDB 中定义了 Interpolation 枚举及其插值方式，每个取值的含义如下。
  - **Interpolation.LERP**：这就是前面介绍的 linear interpolation（线性插值）法。
  - **Interpolation.ZIM**：使用零值代替缺失的点。
  - **Interpolation.MAX**：使用最大值代替缺失的点，例如 Long.MAX_VALUE。
  - **Interpolation.MIN**：使用最小值代替缺失的点，例如 Long.MIN_VALUE。

另外需要注意的是,该字段的取值与后面介绍的 Aggregator.interpolation_method 字段一致。

AggregationIterator 提供的 create()静态方法根据传入的参数为每个 Span 对象创建相应的迭代器,然后创建 AggregationIterator 对象,具体实现代码如下:

```java
public static AggregationIterator create(List<Span> spans, long start_time, long end_time,
    Aggregator aggregator, Interpolation method, DownsamplingSpecification downsampler,
        long query_start, long query_end, boolean rate, RateOptions rate_options) {
    int size = spans.size();  // 该 AggregationIterator 对象迭代的 Span 对象的个数
    SeekableView[] iterators = new SeekableView[size]; // 用于初始化 iterators 字段
    for (int i = 0; i < size; i++) {
        SeekableView it;
        // 根据 downsampler 参数等决定每个 Span 对应的迭代器类型,至于这些迭代器的功能在后面会详细介
        // 绍构造该 Span 对象对应的迭代器,即这里的 it 变量 (略)
        iterators[i] = it;
    }
    return new AggregationIterator(iterators, start_time, end_time, aggregator,
        method, rate);    // 创建 AggregationIterator 对象
}
```

在 AggregationIterator 的构造方法中,除了初始化前面介绍的各个字段,还会填充 values 和 timestamps 数组的后半部分,具体实现代码如下:

```java
public AggregationIterator(SeekableView[] iterators, long start_time, long end_time,
    Aggregator aggregator, Interpolation method, boolean rate) {
    // 初始化 iterators、start_time、end_time、aggregator、method 等字段(略)
    final int size = iterators.length;
    timestamps = new long[size * 2];  // 初始化 timestamps 数组和 values 数组
    values = new long[size * 2];
    int num_empty_spans = 0;     // 记录空 Span 的个数
    for (int i = 0; i < size; i++) {  // 遍历所有 Span
        SeekableView it = iterators[i];
        it.seek(start_time);   // 定位到 start_time 位置
        DataPoint dp;
        if (!it.hasNext()) { // 当前 Span 在 start_time 之后没有点
            ++num_empty_spans;
```

```
        // 将timestamps后半部分的对应位置设置为特殊值,该特殊值是一个非常大的long值(非法时间戳),
        // 标示该Span对象迭代结束,同时也会清空iterators数组中的对应位置
        endReached(i);
        continue;
    }
    dp = it.next();
    if (dp.timestamp() >= start_time) {
        // 将该点的值和时间戳填充到values和timestamps后半部分的对应位置
        putDataPoint(size + i, dp);
    } else {
        // 继续迭代该Span,直到查找到start_time之后的点,或是Span迭代结束
        while (dp != null && dp.timestamp() < start_time) {
            if (it.hasNext()) {
                dp = it.next();
            } else {
                dp = null;
            }
        }
        if (dp == null) {
            // 将timestamps后半部分的对应位置设置为特殊值,标示该Span对象迭代结束,同时也会清空
            // iterators数组中的对应位置
            endReached(i);
            continue;
        }
        putDataPoint(size + i, dp);
    }
    // 对rate的的特殊处理,后面会单独介绍(略)
}
// 日志输出空Span的个数(即num_empty_spans的值)
}
```

AggregationIterator 实现了 SeekableView、DataPoint、Aggregator.Longs 和 Aggregator.Doubles 四个接口。首先来看其对 SeekableView 接口的实现,在 hasNext()方法中会根据 end_time 字段判断当前 AggregationIterator 对象是否还有可迭代的点,具体实现代码如下:

```
public boolean hasNext() {
    final int size = iterators.length;
    for (int i = 0; i < size; i++) {
```

```
    // 遍历 timestamps 的后半段，根据比较时间戳，判断是否有可迭代的点
    if ((timestamps[size + i] & TIME_MASK) <= end_time) {
      return true;
    }
  }
  return false;
}
```

在 AggregationIterator.next()方法中将下一次迭代的点从 values 和 timestamps 数组的后半部分移动到对应的前半部分，并迭代相应的 Span 填充 values 和 timestamps 数组的后半部分，具体实现代码如下：

```
public DataPoint next() {
  final int size = iterators.length;
  long min_ts = Long.MAX_VALUE; // 记录迭代过程中 timestamp 最小的点
  for (int i = current; i < size; i++) {
    if (timestamps[i + size] == TIME_MASK) {
      timestamps[i] = 0; // 当某个 Span 迭代结束时，将其在 timestamps 数组中对应的前半部分设置为 0
    }
  }
  current = -1; // 将 current 重置为-1，查找此次迭代使用的 Span
  boolean multiple = false; // 此次迭代是否涉及多个 Span 对象中的点
  for (int i = 0; i < size; i++) { // 遍历 timestamps 数组的后半部分
    final long timestamp = timestamps[size + i] & TIME_MASK;
    if (timestamp <= end_time) { // 该 AggregationIterator 只返回 end_time 之前的点
      if (timestamp < min_ts) {
        min_ts = timestamp; // 记录最小 timestamp
        current = i; // 记录此次迭代使用涉及的 Span 下标
        multiple = false;
      } else if (timestamp == min_ts) {
        multiple = true; // 发现多个 Span 都包含 min_ts 时间戳的点，则将 multiple 设置为 true
      }
    }
  }
  // 此时 current 依然为-1，则表示全部的 Span 都迭代完了，抛出异常(略)

  // 将 current 在 values 和 timestamps 数组中对应的后半部分的值移动到前半部分，
```

```
    // 同时还会从对应的 Span 中迭代后续的点，填充后半部分的空缺
    moveToNext(current);
    if (multiple) { // 如果有多个 Span 同时包含 min_ts 时间戳的点，则都调用 moveToNext()方法进行处理
      for (int i = current + 1; i < size; i++) {
        final long timestamp = timestamps[size + i] & TIME_MASK;
        if (timestamp == min_ts) {
          moveToNext(i);
        }
      }
    }
    return this;
}
```

AggregationIterator.moveToNext()方法将 values 数组及 timestamps 数组中指定位置的元素移动到前半部分的对应位置，然后迭代相应的 Span 填充相应数组的后半部分的空缺，具体实现代码如下：

```
private void moveToNext(final int i) {
    final int next = iterators.length + i;
    timestamps[i] = timestamps[next]; // 迁移 timestamps 数组中的指定元素
    values[i] = values[next]; // 迁移 values 数组中的指定元素
    final SeekableView it = iterators[i];
    if (it.hasNext()) { // 迭代指定 Span, 填充 timestamps 数组及 values 数组中后半部分的空缺
        putDataPoint(next, it.next());
    } else { // 指定 Span 已经迭代完毕，则将 timestamps 数组后半部分的对应位置设置成特殊值，并清空
        endReached(i);
    }
}
```

```
// AggregationIterator.putDataPoint()方法的实现代码如下：
private void putDataPoint(final int i, final DataPoint dp) {
    timestamps[i] = dp.timestamp();
    if (dp.isInteger()) {
        values[i] = dp.longValue();// 设置 values 数组指定位置的值
    } else {
        values[i] = Double.doubleToRawLongBits(dp.doubleValue());
        timestamps[i] |= FLAG_FLOAT; // 设置 timestamps 数组指定位置的值
    }
}
```

```
                                  }

// AggregationIterator.endReached()方法的实现代码如下：
private void endReached(final int i) {
  timestamps[iterators.length + i] = TIME_MASK; // 将timestamps数组中指定位置设置成特殊标识
  iterators[i] = null; // 清空iterators数组中指定位置的值
}
```

从前面介绍的 AggregationIterator.next()方法的返回值也可以看出，使用 AggregationIterator 迭代得到的点其实是 AggregationIterator 对象本身。正如前面提到的，AggregationIterator 也实现了 DataPoint 接口，其实现的 longValue()、doubleValue()等方法都是通过处理 values 数组和 timestamps 数组的前半部分实现的，这里以 longValue()方法为例进行分析：

```
public long longValue() {
  if (isInteger()) {
    pos = -1; // 重置pos字段，为本次聚合做准备
    return aggregator.runLong(this); // 将此次迭代涉及的点进行聚合并返回
  }
  throw new ClassCastException("current value is a double: " + this);
}
```

AggregationIterator 提供的其他 DataPoint 接口方法的实现与上面介绍的 longValue()方法比较类似，这里不再展开介绍了，感兴趣的读者可以参考源码进行学习。

5.5.2　Aggregator

在 OpenTSDB 中，"将多个点聚合成一个点"的行为是使用抽象类 Aggregator 进行抽象的。在 Aggregator 中有如下两个字段。

- name（String 类型）：聚合方式的名称。
- interpolation_method（Interpolation 类型）：对缺失点的估算方式。

另外，在 Aggregator 中还定义了两个接口——Aggregator.Longs 和 Aggregator.Doubles，这两个接口都是用来向 Aggregator 对象传递待聚合点的。抽象类 Aggregator 的具体实现都定义在 Aggregators 类中，它们之间的关系如图 5-11 所示。

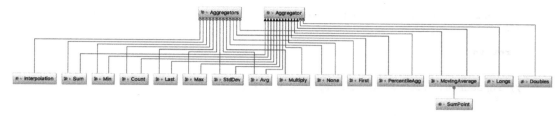

图 5-11

这里先了解一下抽象类 Aggregator 的定义：

```
public abstract class Aggregator {

  public abstract long runLong(Longs values); // 聚合 long 类型序列并返回单个 long 值

  public abstract double runDouble(Doubles values); // 聚合 double 类型序列并返回单个 double 值

}
```

Aggregator.Longs 接口是对 long 类型值序列的抽象，其定义类似于迭代器，如下所示，Aggregator.Doubles 接口的定义与其类似，这里不再进行详细介绍。

```
public interface Longs {
    boolean hasNextValue();  // 类似于迭代器，检测该序列是否还有值可以迭代

    long nextLongValue(); // 返回下一个值
}
```

Aggregators 中根据聚合方式的不同，定义了多个 Aggregator 的实现，相信读者通过其类名也能大致推断出其聚合方式。这里以 Aggregators.Sum 为例进行分析，剩余的其他 Aggregator 实现也比较简单，留给读者自行分析。Aggregators.Sum 的实现代码如下：

```
private static final class Sum extends Aggregator {
    // 构造方法接收一个 Interpolation 对象和字符串名称(略)

    @Override
    public long runLong(final Longs values) {
        long result = values.nextLongValue();
        while (values.hasNextValue()) { // 遍历 values 序列，返回求和结果
```

```
      result += values.nextLongValue();
    }
    return result;
  }
  // runDouble()方法的实现与runLong()方法类似(略)
}
```

在 Aggregators 中除定义了多个 Aggregator 抽象类的实现外，还定义了很多常量。这些常量是不同的 Interpolation 与 Aggregator 实现组合产生的，这里只列举几个常量，如下所示。

```
public static final Aggregator SUM = new Sum(Interpolation.LERP, "sum");

public static final Aggregator MIN = new Min(Interpolation.LERP, "min");

public static final Aggregator MAX = new Max(Interpolation.LERP, "max");

public static final Aggregator AVG = new Avg(Interpolation.LERP, "avg");

public static final Aggregator NONE = new None(Interpolation.ZIM, "raw");
```

这里需要简单说明一下 Aggregators.NONE 常量，它表示的是跳过一切聚合（aggregation）、插值（interpolation）及 Downsample 操作，直接返回从 HBase 表扫描到的时序数据。如果读者对其他常量感兴趣也可以参考代码进行学习。

介绍完 Aggregator 及其具体实现后，回到 AggregationIterator 继续分析。前面介绍的 AggregationIterator.longValue()方法调用 aggregator.runLongs()方法完成聚合，其中传入的对象就是 AggregationIterator 本身，前面也提到过 AggregationIterator 实现了 Aggregator.Longs 接口和 Aggregator.Doubles 接口。这里主要介绍 AggregationIterator 对 Aggregator.Longs 接口的实现，首先来看 hasNextValue()方法的具体实现，代码如下：

```
private boolean hasNextValue(boolean update_pos) {
  final int size = iterators.length;
  for (int i = pos + 1; i < size; i++) {
    if (timestamps[i] != 0) { // 对应的Span后续还有点可以迭代
      if (update_pos) {
        pos = i; // 如果update_pos为true, 则后移pos, 表示该位置已经迭代过了
      }
      return true;
```

      }
    }
    return false;
}
```

在 AggregationIterator.nextLongValue()方法中迭代 values 数组的前半部分，同时根据相应的 timestamp 决定是否进行插值操作，并最终返回参与聚合的值，具体实现代码如下：

```
public long nextLongValue() {
  if (hasNextValue(true)) { // 检测是否还有待聚合的点，这里的参数为 true,会后移 pos
    final long y0 = values[pos];
    if (current == pos) { // 如果 pos 与 current 相等，则不需要进行插值，直接返回 y0
      return y0;
    }
    // 获取 current 和 pos 对应点的 timestamp
    final long x = timestamps[current] & TIME_MASK;
    final long x0 = timestamps[pos] & TIME_MASK;
    if (x == x0) { // 如果 pos 和 current 对应点的 timestamp 相等，则不需要进行插值，直接返回 y0
      return y0;
    }
    // 获取 pos 对应的下一个点的值和 timestamp,为后面的插值操作做准备
    final long y1 = values[pos + iterators.length];
    final long x1 = timestamps[pos + iterators.length] & TIME_MASK;
    if (x == x1) {
      return y1;
    }
    final long r;
    switch (method) {
      case LERP: // 前面介绍的线性插值
        r = y0 + (x - x0) * (y1 - y0) / (x1 - x0);
        break;
      case ZIM: // ZIM 插值方式使用零代替缺失的点
        r = 0;
        break;
      case MAX: // MAX 插值方式使用 Long.MAX_VALUE 代替缺失的点
        r = Long.MAX_VALUE;
        break;
```
```

```
    case MIN: // MIN 插值方式使用 Long.MIN_VALUE 代替缺失的点
      r = Long.MIN_VALUE;
      break;
    default:
      throw new IllegalDataException("Invalid interpolation somehow??");
  }
  return r;
}
throw new NoSuchElementException("no more longs in " + this);
}
```

AggregationIterator.nextDoubleValue()方法的实现与 nextLongValue()方法类似,这里不再展开介绍,感兴趣的读者可以参考源码进行学习。

至此,AggregationIterator 的基本原理和具体实现就全部介绍完了。我们可以回到 SpanGroup 继续分析剩余的方法了。

5.6　DownsamplingSpecification

在前面介绍 TSSubQuery 和 TsdbQuery 时,都可以见到 DownsamplingSpecification 对象的身影,它主要负责解析并封装请求中的 downsample 参数。下面来介绍一下 DownsamplingSpecification 的核心字段。

- **interval**(**long** 类型):采样的时间间隔,单位是毫秒。
- **string_interval**(**String** 类型):interval 字段被解析之前的字符串,格式有 1h、30d 等,解析之后得到 interval 字段的毫秒值。
- **function**(**Aggregator** 类型):进行采样操作时使用的聚合函数。
- **fill_policy**(**FillPolicy** 类型):对于缺失的采样区间的填充策略。

在 DownsamplingSpecification 的构造函数中解析传递进来的 specification 参数,该参数的格式是:"interval-function[-fill_policy]",通过 "-" 字符可以将其分为三部分,其中 fill_policy 部分为可选部分,这三部分分别对应前面介绍的 string_interval、function 和 fill_policy 三个字段。其中需要注意的是,如果 specification 参数中的 interval 部分为 "all",则 interval 字段将被初始化为 0,在下面介绍 Downsampler 时还会提到这种场景的相关处理。

另外,在 DownsamplingSpecification 中还提供了上述字段的 setter/getter 方法,这里就不再展开详细介绍了。

5.7 Downsampler

从前面介绍的 Span 中可以看到，它提供了多个 downsample() 方法重载，这些方法返回的是 Downsampler 类（或是其子类 FillingDownsampler）的对象。Downsampler 负责对指定的时序数据进行采样（Downsample）处理，采样（Downsample）的具体含义在第 1 章介绍 OpenTSDB 的基本概念时已经介绍过了，这里不再重复。

首先需要读者了解的是，Downsampler 类实现了 SeekableView 接口和 DataPoint 接口，这样从 Downsampler 的对象的使用角度来看，Downsampler 即是一个 DataPoint 对象，也是一个 DataPoint 迭代器（SeekableView 接口），其继承关系如图 5-12 所示：

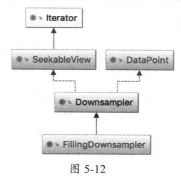

图 5-12

下面来看一下 Downsampler 中各核心字段的功能，如下所示。

- **specification（DownsamplingSpecification 类型）**：DownsamplingSpecification 中封装了请求中采样相关的参数信息，具体实现在前面已经介绍了，这里不再赘述。
- **source（SeekableView 类型）**：当前 Downsampler 对象迭代该 SeekableView 中的点进行采样。
- **run_all（boolean 类型）**：前面介绍的 DownsamplingSpecification.string_interval 字段为 "all" 时，该 **run_all** 会被设置成 true，表示当前 Downsampler 会将 source 字段中所有点聚合成一个点。
- **interval（int 类型）**：记录了每个采样区间的跨度。
- **values_in_interval（ValuesInInterval 类型）**：该迭代器用于迭代当前采样区间中的点。
- **timestamp（long 类型）**：当前采样结果对应的时间戳。
- **value（double 类型）**：当前采样结果的值。
- **query_start（long 类型）**：记录了请求中指定的查询起始时间。
- **query_end（long 类型）**：记录了请求中指定的查询终止时间。

在开始介绍 Downsampler 的具体实现之前，需要先分析一下 ValuesInInterval 的具体实现。Downsampler 继承了 SeekableView 接口，它会按照 DownsamplingSpecification.interval 将待采样的原始点集合（即 source 字段）切分成多个 ValuesInInterval 对象，Downsampler 负责迭代 ValuesInInterval 对象，而每个 ValuesInInterval 对象负责迭代每个采样区间中的原始点，如图 5-13 所示。从另一个角度看，Downsampler 继承了 DataPoint 接口，提供了获取采样结果点的 Value 及 timestamp 的方法。

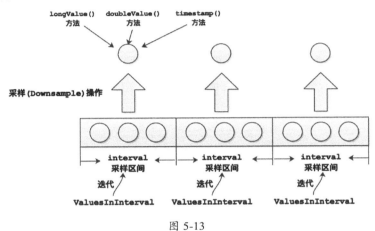

图 5-13

ValuesInInterval 实现了前面介绍的 Aggregator.Doubles 接口。先来介绍一下 ValuesInInterval 中的核心字段，如下所示。

- **timestamp_end_interval（long 类型）**：该采样区间（interval）的结束时间戳，如果将整个原始点集合（即 Downsampler.source 字段）聚合为一个点（即 run_all 为 true），则该字段会被初始化成 Downsampler.query_end，否则会被初始化成 DownsamplingSpecification.interval。
- **has_next_value_from_source（boolean 类型）**：当前采样区间中，是否存在下一个原始点。
- **next_dp（DataPoint 类型）**：当前采样区间中的下一个原始点。
- **initialized（boolean 类型）**：标示当前 ValuesInInterval 对象是否被初始化过，默认值为 false。

既然 ValuesInInterval 实现了前面介绍的 Aggregator.Doubles 接口，这里就从其 hasNextValue() 方法开始分析，大致实现过程如下：

```
public boolean hasNextValue() {
    initializeIfNotDone(); // 如果当前 ValuesInInterval 对象未初始化，则需要进行初始化
```

```
  if (run_all) {
    // 如果是 run_all 模式,则直接根据初始化后的 has_next_value_from_source 判断是否存在下一
    // 个原始点
    return has_next_value_from_source;
  }
  // 否则,不仅要判断存在可迭代的原始点,还要判断是否到达该 ValuesInInterval 的结尾
  return has_next_value_from_source && next_dp.timestamp() < timestamp_end_interval;
}
```

在 ValuesInInterval.initializeIfNotDone()方法中,会初始化上面介绍的 ValuesInInterval 的四个核心字段,大致实现过程代码如下:

```
protected void initializeIfNotDone() {
  if (!initialized) { // 检测当前 ValuesInInterval 对象是否初始化,则执行初始化操作
    initialized = true; // 更新初始化状态
    if (source.hasNext()) { // 存在可用的原始点
      moveToNextValue(); // 迭代原始点并赋值给 next_dp 字段
      if (!run_all) { // 对于非 run_all 模式,需要初始化 timestamp_end_interval 字段
        timestamp_end_interval = alignTimestamp(next_dp.timestamp()) // 对齐 interval
            + specification.getInterval();
      }
    }
  }
}
```

moveToNextValue()方法是真正更新 next_dp 和 has_next_value_from_source 字段的地方,具体实现代码如下:

```
private void moveToNextValue() {
  if (source.hasNext()) {
    has_next_value_from_source = true; // 将 has_next_value_from_source 初始化为 true
    if (run_all) { // 如果是 run_all 模式,则会将[query_start, query_end]之外的点过滤
      while (source.hasNext()) {
        next_dp = source.next();
        if (next_dp.timestamp() < query_start) { // 过滤 query_start 之前的点
          next_dp = null;
          continue;
        }
```

```
            if (next_dp.timestamp() >= query_end) { // 过滤 query_end 之后的点
              has_next_value_from_source = false;
            }
            break;
          }
          if (next_dp == null) { // 过滤之后没有合适的点，则将 has_next_value_from_source 设置为 false
            has_next_value_from_source = false;
          }
        } else {
          next_dp = source.next();// 非 run_all 模式，直接迭代原始点
        }
      } else {
        has_next_value_from_source = false; // 原始点已全部迭代完
      }
    }
```

通过 hasNextValue() 方法确定存在可迭代的原始点之后，接下来就可以调用 ValuesInInterval.nextDoubleValue() 方法获取该原始点的值，该方法会返回当前 next_dp 字段所指向的点的值，同时还会调用 moveToNextValue() 方法推进 next_dp 字段指向下一个点并更新 has_next_value_from_source 字段，具体实现代码如下：

```
public double nextDoubleValue() {
  if (hasNextValue()) { // 通过 hasNextValue()方法判断是否存在下一个点
    double value = next_dp.toDouble(); // 获取下一个点的值
    moveToNextValue(); // 更新 next_dp 和 has_next_value_from_source 字段
    return value;
  }
  throw new NoSuchElementException("...");
}
```

ValuesInInterval.seekInterval() 方法实现了快速定位的功能，其底层实际是调用了 SeekableView 接口（Downsampler.source 字段）的 seek() 方法，这里不再展开介绍，感兴趣的读者可以参考 ValuesInInterval 源码进行学习。

在 Downsampler 进行迭代时，迭代完一个 ValuesInInterval 对象中所有的原始点之后，并不会创建新的 ValuesInInterval 对象来迭代下一个采样区间中的点，而是通过 ValuesInInterval.moveToNextInterval() 方法重用该 ValuesInInterval 对象。在 ValuesInInterval.moveToNextInterval() 方法中首先会调用 initializeIfNotDone() 方法重新初始化当前 ValuesInInterval 对象，该方法的具体实现

前面已经介绍过了，这里不再重复，之后会调用 resetEndOfInterval()方法将该 ValuesInInterval 指向下一个采样区间，具体实现代码如下：

```
void moveToNextInterval() {
  initializeIfNotDone();
  resetEndOfInterval();
}

private void resetEndOfInterval() {
  if (has_next_value_from_source && !run_all) { // 后续还存在原始点
    // 更新 timestamp_end_interval 字段
    timestamp_end_interval = alignTimestamp(next_dp.timestamp()) +
        specification.getInterval();
  }
}
```

到这里 ValuesInInterval 的核心实现就大致介绍完了，下面将会回到 Downsampler 继续分析。

在 Downsampler 的构造方法中，会初始化前面介绍的 Downsampler 的核心字段，具体实现代码如下：

```
Downsampler(final SeekableView source, final DownsamplingSpecification specification,
    final long query_start, final long query_end, final RollupQuery rollup_query) {
  this.source = source; // 初始化 source、specification 等字段
  this.specification = specification;
  values_in_interval = new ValuesInInterval(); // 初始化 values_in_interval 字段
  this.query_start = query_start; // 指定具体查询的起止时间戳
  this.query_end = query_end;
  // 根据 DownsamplingSpecification.string_interval 字符串，初始化 run_all 字段和 interval 字段
  final String s = specification.getStringInterval();
  if (s != null && s.toLowerCase().contains("all")) { // 将 source 集合中全部点聚合成一个点
    run_all = true;
    interval = unit = 0;
  } else {
    run_all = false;
    interval = unit = 0;
  }
}
```

前面提到 Downsampler 是 SekkableView 接口的实现类,其 hasNext()方法和 seek()方法都是直接调用 ValuesInInterval.hasNextValue()方法和 seekInterval()方法实现的。Downsampler.next()方法通过 DownsamplingSpecification 指定的聚合方式(function 字段)采样区间中所有的原始点,从而得到一个聚合后的点,大致实现过程如下:

```
public DataPoint next() {
  if (hasNext()) {
   // 根据 DownsamplingSpecification 中指定的聚合方式对 ValuesInInterval 中的点进行聚合,聚合后
   // 的值更新到 value 字段,后面可以通过 DataPoint 接口的相关方法返回该值
    value = specification.getFunction().runDouble(values_in_interval);
    // 获取当前对应的时间戳,并更新到 timestamp 字段,后面也是通过 DataPoint 接口的相关方法返回
    timestamp = values_in_interval.getIntervalTimestamp();
    // 将 ValuesInInterval 对象指向下一个采样区间
    values_in_interval.moveToNextInterval();
    return this; // 返回当前的 Downsampler 对象自身,Downsampler 也实现了 DataPoint 接口
  }
  throw new NoSuchElementException("no more data points in " + this);
}
```

下面简单看一下 Downsampler 对 DataPoint 接口的实现,其 doubleValue()方法和 toDouble()方法直接返回 Downsampler.value 字段,这里就不再粘贴代码。Downsampler.timestamp()方法则是返回 Downsampler.timestamp 字段,具体实现代码如下:

```
public long timestamp() {
  if (run_all) { // 整个 source 集合聚合成一个点,则直接返回 query_start
    return query_start;
  }
  return timestamp; // 返回当前采用区间对应的时间戳
}
```

为了让读者更好地理解 Downsampler 的工作原理,通过下面几张图分析一下 Downsampler 与其内部的 ValuesInInterval 配合工作的流程。OpenTSDB 实际使用 Downsampler 的方式和使用普通迭代器的方式类似,先调用 Downsampler.hasNext()方法进行检测,然后通过前面介绍的 ValuesInInterval.initializeIfNotDone()方法初始化 ValuesInInterval.next_dp、has_next_value_from_source 和 timestamp_end_interval 等字段,如图 5-14 所示。

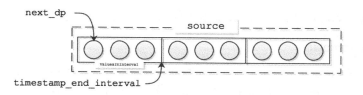

图 5-14

此时 Downsampler.hasNext() 方法返回 true，可以继续调用 Downsampler.next() 方法返回第一个采样结果，它会根据 DownsamplingSpecification 中指定的聚合方式迭代 ValuesInInterval 完成采样。在采样过程中不断推进 next_dp 字段，如图 5-15 所示，直到 next_dp 所指向的点超出了当前的采样区间（即 next_dp.timestamp()>=timestamp_end_interval）。采样结果记录到 Downsampler.value 和 timestamp 字段中，这样，就可以通过 Downsampler 中实现的 DataPoint 接口的方法，获取采样结果的相关信息。

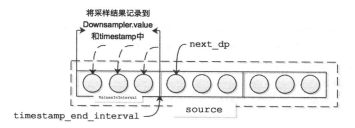

图 5-15

完成当前采样区间的计算后会执行 ValuesInInterval.moveToNextInterval() 方法（同样是在 Downsampler.next() 方法中），该方法根据 next_dp 的 timestamp 值，重新计算 ValuesInInterval.timestamp_end_interval 字段值，将其指向上一个采样区间的结束为止，如图 5-16 所示。

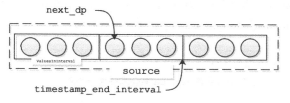

图 5-16

这样就可以按照前面的方式继续迭代该采样区间的原始点，并完成采样结果的计算。按照上面的步骤周而复始，直至整个 source 集合中的原始点都被迭代完，整个采样过程就结束了。

FillingDownsampler

在前面介绍 Aggregator 和 AggregationIterator 时提到了 Interpolation（插值）的概念及各个枚举值的含义。与 AggregationIterator 类似的是，当某个采样区间内没有任何点时，也就无法进行采样，此时可以通过指定 FillPolicy 策略（DownsamplingSpecification.fill_policy 字段）来补充该值。前面对 Downsampler 分析时也能看到，其中并没有对 FillPolicy 进行特殊处理，而是在其子类（FillingDownsampler）中实现了 FillPolicy 的相关功能。

首先来分析 FillingDownsampler 的构造方法，其核心操作就是通过 ValuesInInterval.alignTimestamp()方法将 timestamp 等时间戳字段进行对齐，具体实现代码如下所示：

```
FillingDownsampler(SeekableView source, long start_time, long end_time,
    DownsamplingSpecification specification, long query_start, long end_start) {
  super(source, specification, query_start, end_start); // 调用父类的构造方法

  // 检测 DownsamplingSpecification.fill_policy 字段指定的策略不能为空(略)
  if (run_all) { // 将整个 sources 集合聚合成一个点
    timestamp = start_time;
    end_timestamp = end_time;
    previous_calendar = next_calendar = null;
  } else {
    // 将 timestam 和 end_timestamp 进行对齐，其中 timestamp 字段记录了当前采样区间的时间戳，
    // end_timestamp 字段记录了最后一个采样区间的时间戳
    timestamp = values_in_interval.alignTimestamp(start_time);
    end_timestamp = values_in_interval.alignTimestamp(end_time);
  }
}
```

FillingDownsampler.hasNext()方法的实现就要比前面介绍的 Downsampler 简单得多，其中主要就是比较 timestamp 和 end_timestamp 的值，具体实现代码如下：

```
public boolean hasNext() {
  if (run_all) { // 如果要将 source 集合采样成一个点
    return values_in_interval.hasNextValue();
  }
  return timestamp < end_timestamp; // 比较 timestamp 和 end_timestamp
}
```

在 FillingDownsampler 中另一个要介绍的就是 next()方法，该方法与 Downsampler.next()方法类似，也是用来完成对当前采样区间进行聚合的，具体实现代码如下：

```java
public DataPoint next() {
  if (hasNext()) {
    // 初始化 ValuesInInterval 中的 timestamp_end_interval 和 next_dp 字段
    values_in_interval.initializeIfNotDone();
    // actual 记录了当前采样区间对应的时间戳
    long actual = values_in_interval.hasNextValue() ?
        values_in_interval.getIntervalTimestamp() : Long.MAX_VALUE;
    // 下面的 while 循环跳过当前采样区间之前的所有点
    while (!run_all && values_in_interval.hasNextValue()
        && actual < timestamp) {
      specification.getFunction().runDouble(values_in_interval);
      values_in_interval.moveToNextInterval(); // 将 ValuesInInterval 移动到下一个采样区间
      actual = values_in_interval.getIntervalTimestamp();// 后移 actual 时间戳
    }

    if (run_all || actual == timestamp) {
      // 进入需要进行采样的区间，与 Downsampler 类似，需要使用 DownsamplingSpecification
      // 中指定的聚合函数对当前采样区间中的点进行聚合
      value = specification.getFunction().runDouble(values_in_interval);
      // 处理完成当前采样区间后，将 ValuesInInterval 移动到下一个采样区间
      values_in_interval.moveToNextInterval();
    } else {
      // 此时的 timestamp 大于 actual，证明丢失了一个采样区间，则使用 DownsamplingSpecification 中
      // 指定的 FillPolicy 策略进行补充。这里简单介绍各个 FillPolicy 策略所填充的值
      switch (specification.getFillPolicy()) {
        case NOT_A_NUMBER: // NULL 和 NOT_A_NUMBER 两个策略填充 NaN 值
        case NULL:
          value = Double.NaN;
          break;

        case ZERO: // ZERO 策略填充的是 0
          value = 0.0;
          break;
```

```
      default:
        throw new RuntimeException("unhandled fill policy");
    }
  }

  if (!run_all) {
    timestamp += specification.getInterval();// 当前采样区间处理完成之后，后移timestamp
  }
  return this;
}
throw new NoSuchElementException("no more data points in " + this);
}
```

为了让读者更好地理解 FillingDownsampler 的工作原理，这里通过一个示例整体介绍 FillingDownsampler 的执行过程。FillingDownsampler 对象完成初始化之后的状态，如图 5-17（a）所示。调用 FillingDownsampler.next()方法完成当前区间的采样，如图 5-17（b）所示。同时，next()还会后移 timestamp 字段，如图 5-17（c）所示。如图 5-17（d）所示，当前的采样区间中没有原始点，则需要使用 FillPolicy 策略补充该区间的采样结果值。

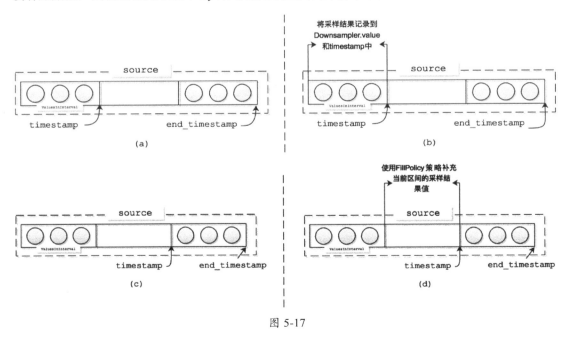

图 5-17

至此，Downsampler 及其子类 FillingDownsampler 的工作原理及核心实现就介绍完了。

5.8 TagVFilter

在开始介绍 findSpans() 方法的具体实现之前,需要了解其中涉及的组件。首先是 TagVFilter,该抽象类及其实现主要负责过滤 HBase 表的扫描结果,将不符合查询条件的时序数据过滤掉。

下面先来介绍一下 TagVFilter 中核心字段的含义。

- **tagk(String 类型)**:该 TagVFilter 对象过滤的 tagk。
- **tagk_bytes(byte[]类型)**:tagk 字段对应的 UID。
- **filter(String 类型)**:过滤条件,该字段中记录的是未解析的过滤条件,后面会详细介绍该字段的解析和使用。
- **tagv_uids(List<byte[]>类型)**:可选字段,其中记录了过滤使用的 tagv UID。
- **group_by(boolean 类型)**:该 TagVFilter 对象是否会进行分组。
- **post_scan(boolean 类型)**:TagVFilter 大致可以分为两类,一类是在扫描 RowKey 时进行过滤的(post_scan 字段为 false),另一类是在完成 HBase 表扫描之后再进行过滤(post_scan 字段为 true)的,默认值为 true。

抽象类 TagVFilter 中定义的核心方法如下所示。

```
public abstract class TagVFilter implements Comparable<TagVFilter> {
    // 查询 tags 参数中是否存在指定 tagk
    public abstract Deferred<Boolean> match(final Map<String, String> tags);

    public abstract String getType(); // TagVFilter 类型

    public abstract String debugInfo(); // 当前 TagVFilter 的基本信息
}
```

此外,TagVFilter 中还提供了一些基础的静态方法供其实现使用,首先来分析 TagVFilter.getFilter() 方法,该方法通过解析传入的 filter 字符串来创建相应的 TagVFilter 对象,具体实现代码如下:

```
public static TagVFilter getFilter(final String tagk, final String filter) {
    // 检测 tagk 和 filter 字符串是否为空(略)
    // 如果 filter 字符串只包含一个"*"字符,则直接返回 null,在后面介绍的 mapToFilters()方法中会
    // 对这种情况进行处理
    if (filter.length() == 1 && filter.charAt(0) == '*') {
```

```
      return null;
  }
  final int paren = filter.indexOf('('); // 获取 filter 字符串中第一个左括号
  if (paren > -1) { // 当 filter 字符串包含圆括号时,会进行如下处理
    // 从 filter 字符串中截取 type
    final String prefix = filter.substring(0, paren).toLowerCase();
    // 创建 TagVFilter 对象,通过 stripParentheses()方法将 filter 字符串中圆括号里的内容取出,
    // 用作新建 TagVFilter 对象的 filter 字段
    return new Builder().setTagk(tagk).setFilter(stripParentheses(filter))
        .setType(prefix).build();
  } else if (filter.contains("*")) {
    // 示例:filter 字符串为"va*"时,就会创建 TagVWildcardFilter 对象
    return new TagVWildcardFilter(tagk, filter, true);
  } else {
    // 示例:filter 字符串为"value1|value2|valueN"或"value"时,就会直接返回 null
    // 在后面介绍的 mapToFilters()方法中将对这种情况进行处理
    return null;
  }
}
```

TagVFilter.mapToFilters()方法与上面介绍的 getFilter()方法配合工作,解析多个 filter 字符串,并将相应的 TagVFilter 对象整理成 List<TagVFilter>集合返回,具体实现代码如下:

```
public static void mapToFilters(final Map<String, String> map,
    final List<TagVFilter> filters, final boolean group_by) {
  // 检测 map 集合是否为空(略)
  for (final Map.Entry<String, String> entry : map.entrySet()) {
    // 根据 tagk 和 filter 字符串创建 TagVFilter 对象
    TagVFilter filter = getFilter(entry.getKey(), entry.getValue());
    if (filter == null && entry.getValue().equals("*")) {
      // filter 字符串只包含"*"的处理,创建 TagVWildcardFilter 对象
      filter = new TagVWildcardFilter(entry.getKey(), "*", true);
    } else if (filter == null) {
      // filter 字符串包含字面量,例如:"value1|value2|valueN"或"value"的处理,
      // 创建 TagVLiteralOrFilter 对象
      filter = new TagVLiteralOrFilter(entry.getKey(), entry.getValue());
    }
    // 根据 group_by 参数设置 TagVFilter 对象的 group_by 字段(略)
```

```
    // 最后，如果filters集合中没有重复的TagVFilter对象，则将其加入filters集合(略)
  }
}
```

下面介绍 OpenTSDB 为 TagVFilter 抽象类提供的具体实现类，如图 5-18 所示。

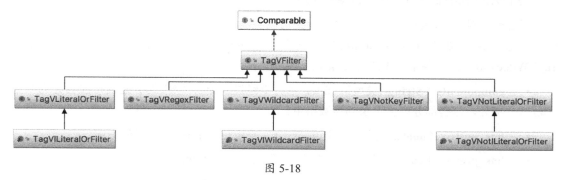

图 5-18

TagVLiteralOrFilter&TagVILiteralOrFilter

由于篇幅限制，这里重点以其中几个实现过程为例进行介绍。首先来看一下 TagVLiteralOrFilter 的具体实现，其中有 literals 字段（Set<String>类型）和 case_insensitive 字段（boolean），分别记录了所有需要过滤的 tagv 及是否区分 tagv 的大小写。在 TagVLiteralOrFilter 的构造函数中使用 "|" 将传入的 fitler 字符串进行切分用于初始化 literals 字段。

利用 TagVLiteralOrFilter.match()方法检测传入的 tag 集合能否通过过滤，具体实现代码如下：

```
public Deferred<Boolean> match(final Map<String, String> tags) {
  final String tagv = tags.get(tagk); // 获取当前时序数据的tagv
  if (tagv == null) { // 如果tags中不包含指定tag，则直接返回false
    return Deferred.fromResult(false);
  }
  // 检测lterials集合中是否包含tagv
  return Deferred.fromResult(
      literals.contains(case_insensitive ? tagv.toLowerCase() : tagv));
}
```

TagVILiteralOrFilter 继承了 TagVLiteralOrFilter，两者的区别在于 TagVILiteralOrFilter 在进行过滤时不区分 tagv 的大小写。

TagVNotLiteralOrFilter 实现的功能与这里介绍的 TagVLiteralOrFilter 相反，当指定的时序 tag 中包含指定的 tagv 时会被过滤。TagVNotILiteralOrFilter 则继承了 TagVNotLiteralOrFilter，两者的

区别也是在进行过滤时是否区分 tagv 的大小写。TagVNotLiteralOrFilter 和 TagVNotILiteralOrFilter 的具体实现与 TagVLiteralOrFilter 类似，这里不再展开介绍，感兴趣的读者可以参考源码进行学习。

TagVWildcardFilter&TagVIWildcardFilter

通过前面对 TagVFilter 中静态方法的介绍可以看出，当 filter 字符串中包含 "*" 通配符的时候，会相应地创建 TagVWildcardFilter 对象，它可以使用 "*" 作为通配符进行过滤。TagVWildcardFilter 中各个字段的含义如下所示。

- **components（String[]类型）**：filter 字符串经过通配符 "*" 切分之后可能会分为多个部分，这些部分都会记录到该数组中。
- **has_postfix（boolean 类型）**：通配符 "*" 是否位于 filter 字符串的头部。
- **has_prefix（boolean 类型）**：通配符 "*" 是否位于 filter 字符串的尾部。
- **case_insensitive（boolean 类型）**：是否区分 tagv 的大小写。

在 TagVWildcardFilter 的构造方法中将 filter 字符串进行切分，并根据切分结果初始化上述结果，具体实现代码如下：

```java
public TagVWildcardFilter(String tagk, String filter, boolean case_insensitive) {
  super(tagk, filter);
  this.case_insensitive = case_insensitive;
  String actual = case_insensitive ? filter.toLowerCase() : filter; // 大小写转换
  if (actual.charAt(0) == '*') { // filter 字符串的开头第一个字符是通配符"*"
    has_postfix = true; // 设置 has_postfix 字段
    while (actual.charAt(0) == '*') { // 将 filter 字符串头部的"*"通配符截掉
      if (actual.length() < 2) {
        break;
      }
      actual = actual.substring(1);
    }
  } else { // filter 字符串开头第一个字符不是通配符"*"，则将 has_postfix 设置为 false
    has_postfix = false;
  }
  if (actual.charAt(actual.length() - 1) == '*') { // filter 字符串的最后一个字符是通配符"*"
    has_prefix = true; // 设置 has_postfix 字段
    while(actual.charAt(actual.length() - 1) == '*') { // 将 filter 字符串尾部的"*"通配符截掉
      if (actual.length() < 2) {
```

```
      break;
    }
    actual = actual.substring(0, actual.length() - 1);
  }
} else { // filter 字符串最后一个字符不是通配符"*"，则将 has_postfix 设置为 false
  has_prefix = false;
}

if (actual.indexOf('*') > 0) { // 如果通配符"*"不在 filter 的头尾，则按照通配符"*"进行切分
  components = Tags.splitString(actual, '*');
} else { // 如果通配符"*"在 filter 的头尾，则 components 数组中只有 actual 部分
  components = new String[1];
  components[0] = actual;
}
if (components.length == 1 && components[0].equals("*")) {
  post_scan = false; // 根据 components 数组设置 post_scan 字段
}
```

在 TagVWildcardFilter.match() 实现中，根据 filter 字符串的切分结果（即 components 字段），将通配符"*"在 filter 字符串中进行过滤，具体实现代码如下：

```
public Deferred<Boolean> match(final Map<String, String> tags) {
  String tagv = tags.get(tagk); // 获取当前时序数据的 tagv
  if (tagv == null) { // 如果 tags 中不包含指定的 tag，则直接返回 false
    return Deferred.fromResult(false);
  } else if (components.length == 1 && components[0].equals("*")) {
    // 如果 filter 字符串只有"*"通配符，则不进行过滤，直接返回 true
    return Deferred.fromResult(true);
  } else if (case_insensitive) {
    tagv = tags.get(tagk).toLowerCase();
  }
  // 下面根据通配符"*"在 filter 中的位置，进行过滤
  if (has_postfix && !has_prefix && !tagv.endsWith(components[components.length-1])) {
    // 通配符"*"在 filter 开始位置的场景
    return Deferred.fromResult(false);
  }
  if (has_prefix && !has_postfix && !tagv.startsWith(components[0])) {
    // 通配符"*"在 filter 结束位置的场景
```

```
    return Deferred.fromResult(false);
  }
  int idx = 0;
  // 通配符"*"在 filter 中间位置的场景
  for (int i = 0; i < components.length; i++) {
    if (tagv.indexOf(components[i], idx) < 0) {
      return Deferred.fromResult(false);
    }
    idx += components[i].length();
  }
  return Deferred.fromResult(true);
}
```

TagVIWildcardFilter 继承了 TagVWildcardFilter，两者的区别在于 TagVIWildcardFilter 在进行过滤时不区分 tagv 的大小写。

TagVNotKeyFilter 和 TagVRegexFilter 实现都比较简单，这里只对其功能进行简单说明：TagVNotKeyFilter 的功能是将包含指定 tagk 的时序数据过滤掉；TagVRegexFilter 的功能是通过指定的正则表达式匹配指定的 tagv，未匹配的时序数据将被过滤掉。对 TagVNotKeyFilter 和 TagVRegexFilter 的具体实现感兴趣的读者可以参考源码进行学习。

最后，TagVFilter 中除了上述核心方法，还提供了将 tagk、tagv 字符串解析成 UID 的相关方法，这里简单介绍一下。首先，TagVFilter.resolveTagkName() 方法负责根据 TagVFilter.tagk 解析得到相应的 tagk UID，其具体实现代码如下：

```
public Deferred<byte[]> resolveTagkName(final TSDB tsdb) {
  class ResolvedCB implements Callback<byte[], byte[]> {
    public byte[] call(final byte[] uid) throws Exception {
      tagk_bytes = uid; // 设置 tagk_bytes 字段
      return uid;
    }
  }
  return tsdb.getUIDAsync(UniqueIdType.TAGK, tagk) // 将 tagk 解析成 tagk UID
      .addCallback(new ResolvedCB());// 在 ResolvedCB 回调中会设置 tagk_bytes 字段
}
```

在 TagVLiteralOrFilter 及其子类 TagVILiteralOrFilter 中覆盖了 TagVFilter.resolveTagkName() 方法，它不仅会解析 tagk，还会解析 tagv。TagVLiteralOrFilter.resolveTagkName() 方法最终是通

过调用 TagVFilter.resolveTags() 方法完成对 tagk 和 tagv 的解析的，具体实现代码如下：

```java
public Deferred<byte[]> resolveTags(final TSDB tsdb, final Set<String> literals) {
  final Config config = tsdb.getConfig();
  class TagVErrback implements Callback<byte[], Exception> {
     ...... // 如果解析 tagv 时出现错误，TagVErrback 会根据配置决定是输出日志还是向上抛出异常，
         // 不再赘述
  }

  class ResolvedTagVCB implements Callback<byte[], ArrayList<byte[]>> {
     ... ... // 在 ResolvedTagVCB 回调中会初始化 tagv_uids 集合
  }

  class ResolvedTagKCB implements Callback<byte[], byte[]> {
     ... ... // 与 TagVFilter.resolveTagkName() 方法中定义的 ResolvedCB 回调功能一样，不再赘述
  }

  final List<Deferred<byte[]>> tagvs = new ArrayList<Deferred<byte[]>>(literals.size());
  for (final String tagv : literals) { // 遍历 tagv 字符串，逐个解析成 UID
    tagvs.add(tsdb.getUIDAsync(UniqueIdType.TAGV, tagv)
        .addErrback(new TagVErrback())); // 在 TagVErrback 回调中会输出日志或抛出异常
  }
  // ugly hack to resolve the tagk UID. The callback will return null and we'll
  // remove it from the UID list.
  tagvs.add(tsdb.getUIDAsync(UniqueIdType.TAGK, tagk) // 解析 tagk
      .addCallback(new ResolvedTagKCB())); // 在 ResolvedTagKCB 回调中初始化 tagk_bytes 字段

  // 在 ResolvedTagVCB 回调中会初始化 tagv_uids 集合
  return Deferred.group(tagvs).addCallback(new ResolvedTagVCB());
}
```

通过 ResolvedTagVCB 回调初始化 tagk_bytes 字段，将解析到的 tagv UID 保存到该集合中，具体实现代码如下：

```java
class ResolvedTagVCB implements Callback<byte[], ArrayList<byte[]>> {
  public byte[] call(final ArrayList<byte[]> results)throws Exception {
    tagv_uids = new ArrayList<byte[]>(results.size() - 1); // 初始化 tagv_uids 集合
    for (final byte[] tagv : results) {
```

```
    if (tagv != null) {
      tagv_uids.add(tagv);
    }
  }
  Collections.sort(tagv_uids, Bytes.MEMCMP); // 将 tagv_uids 集合中的 tagv UID 进行排序
  return tagk_bytes;
  }
}
```

5.9 TSQuery

OpenTSDB 进行查询的大致流程如下：

（1）网络层收到客户端的请求之后，将查询条件解析成 TSQuery 对象。

（2）调用 TSQuery.buildQueries()方法或异步版本 buildQueriesAsync()方法，根据 TSQuery 封装多个 TSSubQuery 对象创建多个 Query 对象。这里的 Query 接口是 OpenTSDB 查询的核心接口之一，它只有 TsdbQuery 一个实现类，TsdbQuery 的具体实现将在后面进行详细介绍。

（3）调用所有 Query.run()方法或其异步版本 runAsync()方法，该方法中会完成对 HBase 表的查询及查询结果的整理，最终得到查询结果。

本节首先介绍 TSQuery 中核心字段的具体含义，熟悉 OpenTSDB 使用的读者可以看出，这些字段与 OpenTSDB 查询 query 接口中的很多字段类似。另外，这些字段都是 TSQuery 中封装的子查询共用的。

- start、end（String 类型）：客户端传递的查询起止时间戳。
- start_time、end_time（long 类型）：由上面的 start、end 两个字段解析获取，并没有对外提供相应的 setter 方法。
- options（HashMap<String, ArrayList<String>>类型）：一些查询的可选项，后面遇到时再进行详细介绍。
- no_annotations（boolean 类型）：是否查询 Annotation 信息。
- with_global_annotations（boolean 类型）：是否查询全局的 Annotation。
- show_tsuids（boolean 类型）：在查询结果中是否显示相应的 tsuid。
- ms_resolution（boolean 类型）：此次查询是否为毫秒级别的精度。
- show_query（boolean 类型）：查询结果中是否展示子查询的详细信息。
- show_summary、show_stats（boolean 类型）：查询结果中是否展示此次查询相关的概

要、统计信息。
- delete(boolean 类型):在查询结束之后,是否立即删除查询结果。
- queries(ArrayList<TSSubQuery>类型):该 TSQuery 解析之后得到的多个 TSSubQuery 对象,后面会详细介绍 TSSubQuery 对象及相关解析过程。

TSQuery 为上述字段提供了相应的 getter/setter 方法,这里不再展开赘述。TSQuery 中唯一需要详细介绍的方法就是 buildQueriesAsync()方法,其同步版本 buildQueries()方法是调用该异步方法实现的。TSQuery.buildQueriesAsync()方法的具体实现代码如下:

```java
public Deferred<Query[]> buildQueriesAsync(final TSDB tsdb) {
  // TSSubQuery 对象与解析得到的 TsdbQuery 对象一一对应
  final Query[] tsdb_queries = new Query[queries.size()];
  final List<Deferred<Object>> deferreds =
     new ArrayList<Deferred<Object>>(queries.size());
  for (int i = 0; i < queries.size(); i++) {
    final Query query = tsdb.newQuery(); // 创建 TsdbQuery 对象
    // TsdbQuery.configureFromQuery()方法会根据相应的 TSSubQuery 初始化 TsdbQuery 对象
    deferreds.add(query.configureFromQuery(this, i));
    tsdb_queries[i] = query;
  }

  class GroupFinished implements Callback<Query[], ArrayList<Object>> {
    @Override
    public Query[] call(final ArrayList<Object> deferreds) { return tsdb_queries; }
  }
  // 为 TsdbQuery 初始化过程添加回调,GroupFinished 回调比较简单,直接返回全部 TsdbQuery 对象
  return Deferred.group(deferreds).addCallback(new GroupFinished());
}
```

5.10 TSSubQuery

TSQuery 中封装的是其下所有 TSSubQuery 共用的查询条件,在每个 TSSubQuery 中也封装了自己特有的查询条件,如下所示。
- metric(String 类型):该子查询的 metric。
- aggregator(String 类型):该子查询使用的聚合方法,解析之后得到 agg(Aggregator 类型)字段。

- tsuids（List<String>类型）：如果客户端通过 tsuid 方式进行查询，则该子查询相关的 tsuid 会被记录到该集合中。
- downsample（String 类型）：该子查询使用的 downsampler，解析之后得到 downsample_specifier（DownsamplingSpecification 类型）字段。
- filters（List<TagVFilter>类型）：该子查询相关的全部 TagVFilter 对象都会被记录到该集合中。
- explicit_tags（boolean 类型）：是否只查询包含给定的 tag 的时序数据，该字段的具体功能在后面介绍 TsdbQuery 时还会详细介绍。
- index（int 类型）：该 TSSubQuery 对象在 TSQuery.queries 集合中的索引位置。
- rate（boolean 类型）：是否将原始时序数据转换成比率。
- rate_options（RateOptions 类型）：Rate Conversion 过程的相关控制参数，在后面会详细介绍。

TSSubQuery 中提供了上述字段的 getter/setter 方法，这里不再赘述。

5.11 TsdbQuery

通过前面对整个查询流程的大致介绍我们知道，OpenTSDB 会根据 TSSubQuery 子查询中的查询条件创建相应的 TsdbQuery 对象。TsdbQuery 是 OpenTSDB 实现查询功能的重要组件之一，其底层会依赖前面介绍的 SpanGroup 等组件。TsdbQuery 会根据指定的条件从 HBase 表中查询时序数据，下面来介绍 TsdbQuery 中核心字段的含义。

- start_time、end_time（long 类型）：查询的起止时间戳。
- regex（String 类型）：在查询 HBase 表时，指定的正则表达式主要用于匹配 tag，在后续分析中会详细介绍该正则表达式的作用。
- metric（byte[]类型）：此次查询的 metric UID。
- group_bys（ArrayList<byte[]>类型）：此次查询得到的多条时序数据，会根据该字段中指定的 tag 进行分组。
- aggregator（Aggregator 类型）：聚合操作的类型，在前面已经详细介绍过 Aggregator 及其具体实现，这里不再赘述。
- row_key_literals（ByteMap<byte[][]>类型）：记录了过滤 RowKey 时使用的 tagk UID 及 tagv UID。
- filters（List<TagVFilter>类型）：tagv 的过滤器。

- explicit_tags（boolean 类型）：含义同 TSSubQuery.explicit_tags 字段。
- tsuids（List<String>类型）：可选项，在使用 tsuid 方式查询时使用，后面会详细介绍。
- query_index（int 类型）：该 TsdbQuery 的编号，也就是相应 TSSubQuery 对象在 TSQuery.queries 集合中的索引位置。
- delete（boolean 类型）：在此次查询结束之后，是否立即删除查询到的时序数据。
- rate（boolean 类型）：是否将原始时序数据转换成比率。
- rate_options（RateOptions 类型）：与 TSSubQuery 中同名字段的含义相同。

5.11.1 初始化

在前面描述的查询过程中，创建 TsdbQuery 对象之后会立即调用 TsdbQuery.configureFromQuery()方法，然后根据对应的 TSSubQuery 对象完成 TsdbQuery 对象的初始化。configureFromQuery()方法的大致逻辑如下。

（1）从 TSQuery 中查找相应的 TSSubQuery 对象，并根据该 TSSubQuery 对象初始化 TsdbQuery 中的 start_time、end_time、aggregator、downsampler、query_index 等字段。

（2）如果该子查询使用 tsuid 进行查询，则检测 tsuids 字段中所有 tsuid 的 metric 是否相等。

（3）如果该子查询中未使用 tsuid 进行查询，则需要：

- 解析 metric 字符串，获取相应的 metric UID；
- 如果该子查询中使用 TagVFilter 进行过滤，则需要解析其中涉及的 tagk 和 tagv，获取相应的 UID；
- 调用 findGroupBys()方法，初始化 group_bys 字段和 row_key_literals 字段。

下面分析 TsdbQuery.configureFromQuery()方法的具体实现，代码如下：

```
public Deferred<Object> configureFromQuery(final TSQuery query, final int index) {
    // 检测 TSQuery 和 index 参数是否合法(略)
    final TSSubQuery sub_query = query.getQueries().get(index); // 获取对应的 TSSubQuery 对象
    // 初始化 start_time 和 end_time 字段，检测时间戳是否合法
    setStartTime(query.startTime());
    setEndTime(query.endTime());
    setDelete(query.getDelete()); // 初始化 delete 字段
    query_index = index;  // 初始化 query_index 字段

    // 初始化 aggregator、filters、explicit_tags 等字段，这里的初始化比较简单，代码进行了省略
```

```java
aggregator = sub_query.aggregator();
filters = sub_query.getFilters();
explicit_tags = sub_query.getExplicitTags();
... ...
// 客户端使用tsuid进行查询，则优先使用tsuid
if (sub_query.getTsuids() != null && !sub_query.getTsuids().isEmpty()) {
  tsuids = new ArrayList<String>(sub_query.getTsuids());
  String first_metric = "";
  for (final String tsuid : tsuids) { // 解析所有tsuid, 确保所有的metric UID可用
    if (first_metric.isEmpty()) { // 从第一个tsuid中获取metric UID
      first_metric = tsuid.substring(0, TSDB.metrics_width() * 2).toUpperCase();
      continue;
    }
    // 后续所有tsuid中的metric UID都需要与first_metric进行比较
    final String metric = tsuid.substring(0, TSDB.metrics_width() * 2).toUpperCase();
    if (!first_metric.equals(metric)) {  // 出现不同的metric UID, 则抛出异常
      throw new IllegalArgumentException("...");
    }
  }
  return Deferred.fromResult(null);
} else { // 客户端不使用tsuid进行查询
  // 这里定义的MetricCB、FilterCB等Callback实现将在后面进行详细介绍
  return tsdb.metrics.getIdAsync(sub_query.getMetric())// 解析metric字符串, 得到相
                                                      // 应的UID
    .addCallbackDeferring(new MetricCB());
}
}
```

解析完 metric 后，回调 MetricCB，在该 Callback 实现中，会用刚刚解析到的 metric UID 初始化 TsdbQuery.metric 字段，然后解析所有 TagVFilter 中涉及的 tagk 和 tagv，将它们转换成相应的 UID。MetricCB 的具体实现代码如下：

```java
class MetricCB implements Callback<Deferred<Object>, byte[]> {
  @Override
  public Deferred<Object> call(final byte[] uid) throws Exception {
    metric = uid;
    if (filters != null) { // 该查询需使用TagVFilter过滤
      final List<Deferred<byte[]>> deferreds =
          new ArrayList<Deferred<byte[]>>(filters.size());
      for (final TagVFilter filter : filters) {
```

```
            // 将 tagk 字符串解析成 tagk UID,如果该 filter 是 TagVLiteralOrFilter 对象,除解析 tagk
            // 外,还会将 tagv 字符串解析成对应的 tagv UID,前面已经详细介绍过了,这里不再赘述
            deferreds.add(filter.resolveTagkName(tsdb));
        }
        return Deferred.group(deferreds).addCallback(new FilterCB());
    } else {
        return Deferred.fromResult(null);
    }
  }
}
```

完成 metric、tagk 和 tagv 的解析之后会回调 FilterCB,在 FilterCB 中会调用 findGroupBys() 方法初始化 row_key_literals 字段和 group_bys 字段。findGroupBys()方法执行的步骤大致如下:

(1)对 TsdbQuery.filters 集合进行排序。TagVFilter.compareTo()方法中比较的是 TagVFilter.tagk 字段,相同 tagk 的 TagVFilter 会被排列到一起。

(2)迭代 tagk 相同的 TagVFilter,记录 TagVFilter.group_by 字段为 true 的 TagVFilter 的个数。如果此次迭代中存在 TagVLiteralOrFilter 类型的 TagVFilter,则同时会用 literals 集合(ByteMap<Void>类型)和 literal_filters 集合(List<TagVFilter>类型)记录其相关信息。

(3)根据步骤 2 中获取的信息,初始化 TsdbQuery.group_bys 和 row_key_literals 字段。

为了便于读者理解,这里给出一张图简略介绍整个 TsdbQuery.findGroupBys()方法的执行过程,如图 5-19 所示。

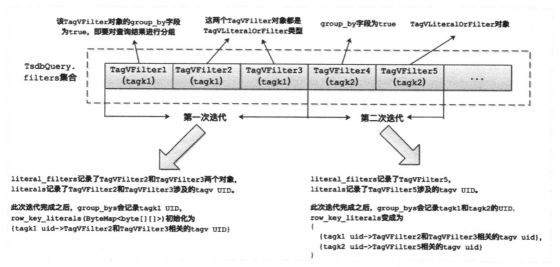

图 5-19

TsdbQuery.findGroupBys()方法的具体实现代码如下：

```java
private void findGroupBys() {
  // 检测 filters 字段是否为空(略)
  row_key_literals = new ByteMap<byte[][]>();
  Collections.sort(filters); // 排序 filters 集合
  final Iterator<TagVFilter> current_iterator = filters.iterator();
  final Iterator<TagVFilter> look_ahead = filters.iterator();
  byte[] tagk = null;
  TagVFilter next = look_ahead.hasNext() ? look_ahead.next() : null;
  while (current_iterator.hasNext()) {
    next = look_ahead.hasNext() ? look_ahead.next() : null;
    int gbs = 0;
    final ByteMap<Void> literals = new ByteMap<Void>();
    final List<TagVFilter> literal_filters = new ArrayList<TagVFilter>();
    TagVFilter current = null;
    do { // 迭代 tagk 相同的 TagVFilter
      current = current_iterator.next();
      if (tagk == null) { // 初始化 tagk
        tagk = new byte[TSDB.tagk_width()];
        System.arraycopy(current.getTagkBytes(), 0, tagk, 0, TSDB.tagk_width());
      }

      if (current.isGroupBy()) { // 当前 TagVFilter 对象是否会对查询结果进行分组
        gbs++;
      }
      if (!current.getTagVUids().isEmpty()) { // 对 TagVLiteralOrFilter 的特殊处理
        for (final byte[] uid : current.getTagVUids()) {
          literals.put(uid, null);
        }
        literal_filters.add(current);
      }

      if (next != null && Bytes.memcmp(tagk, next.getTagkBytes()) != 0) {
        break;
      }
      next = look_ahead.hasNext() ? look_ahead.next() : null;
    } while (current_iterator.hasNext() && // 相同 tagk 的 TagVFilter 是否已经迭代完毕
```

```
            Bytes.memcmp(tagk, current.getTagkBytes()) == 0);

      if (gbs > 0) { // 检测 gbs，初始化 group_bys 集合
        if (group_bys == null) {
          group_bys = new ArrayList<byte[]>();
        }
        group_bys.add(current.getTagkBytes());
      }
      // 如果存在 TagVLiteralOrFilter，则使用 tagk UID 和 tagv UID 初始化 row_key_literals 字段
      if (literals.size() > 0) {
        final byte[][] values = new byte[literals.size()][];
        literals.keySet().toArray(values);
        // 使用 TagVLiteralOrFilter 涉及的 tagk UID 和 tagv UID 初始化 row_key_literals 字段
        row_key_literals.put(current.getTagkBytes(), values);
        // 将 TagVLiteralOrFilter 对象的 postScan 字段全部设置成 false。在后面创建 Scanner 对象时，
        // 会为其构造相应的正则表达式，其中就会将 row_key_literals 字段考虑进去。这样，扫描出来的行自
        // 然也就是符合这些 TagVLiteralOrFilter 条件的时序数据
        for (final TagVFilter filter : literal_filters) {
          filter.setPostScan(false);
        }
      } else {
        row_key_literals.put(current.getTagkBytes(), null);
      }
    }
  }
}
```

5.11.2　findSpans()方法

TsdbQuery.run()和 runAsync()方法是其核心方法之一，它们会调用 findSpans()方法查询 HBase 表，然后回调 GroupByAndAggregateCB 对查询结果进行分组和聚合，具体实现代码如下：

```
public Deferred<DataPoints[]> runAsync() throws HBaseException {
  return findSpans().addCallback(new GroupByAndAggregateCB());
}
```

TsdbQuery 的核心方法 findSpans()的大致执行流程如下：

（1）按照 TsdbQuery 中携带的查询条件创建相应的 Scanner 对象（或 SaltScanner 对象）。

(2）遍历 TsdbQuery.filters 字段，记录所有的后置 TagVFilter。

(3）根据查询条件为 Scanner 对象设置合适的 ScannerFilter（例如 KeyRegexpFilter 或 FuzzyRowFilter）。

(4）创建 ScannerCB 对象并调用其 scan()方法开始扫描 HBase 表。

(5）根据步骤 2 中得到的后置 TagVFilter 集合过滤扫描结果。

(6）将扫描到的时序数据转换成前面介绍的 Span 对象返回。

了解了 TsdbQuery.findSpans()方法的核心流程之后，我们开始具体分析该方法的核心代码实现，如下所示。

```
private Deferred<TreeMap<byte[], Span>> findSpans() throws HBaseException {
  final short metric_width = tsdb.metrics.width(); // metric UID 的长度
  // spans 集合用来存放查询结果，其中 key 是 HBase 表中的 RowKey, value 是相应的 Span 对象
  final TreeMap<byte[], Span> spans = new TreeMap<byte[], Span>(new SpanCmp(
      (short)(Const.SALT_WIDTH() + metric_width)));

  final List<TagVFilter> scanner_filters;
  if (filters != null) {
    scanner_filters = new ArrayList<TagVFilter>(filters.size());
    for (final TagVFilter filter : filters) {
      // 这里会根据 TagVFilter.post_scan 字段决定是否复制该 TagVFilter 对象
      if (filter.postScan()) {
        scanner_filters.add(filter);
      }
    }
  } else {
    scanner_filters = null;
  }


  if (Const.SALT_WIDTH() > 0) {
    // 如果 RowKey 的开头部分设置了 Salt，则需要使用 SaltScanner 进行扫描，
    // 通过 SaltScanner 进行查询的代码后面详细介绍，这里简略展示代码结构
    return new SaltScanner(...).scan();
  }

  scan_start_time = DateTime.nanoTime();
```

```
    final Scanner scanner = getScanner(); // 创建 Scanner
    ... ... // 这里省略记录相关监控的代码
    final Deferred<TreeMap<byte[], Span>> results = new Deferred<TreeMap<byte[], Span>>();

    final class ScannerCB implements Callback<Object, ArrayList<ArrayList<KeyValue>>> {
        ... ... // ScannerCB 的具体实现会在后面详细介绍
    }

    new ScannerCB().scan();
    return results;
}
```

5.11.3　创建 Scanner

接下来分析 TsdbQuery.getScanner()方法，该方法根据当前子查询的相关条件创建 Scanner 对象并设置相关属性。TsdbQuery.getScanner()方法的具体实现代码如下：

```
protected Scanner getScanner(final int salt_bucket) throws HBaseException {
    final short metric_width = tsdb.metrics.width();
    // 如果使用 TSUIDs 进行查询，则从其中解析出待查询的 metric
    if (tsuids != null && !tsuids.isEmpty()) {
        final String tsuid = tsuids.get(0);
        final String metric_uid = tsuid.substring(0, metric_width * 2); // 获取 metric UID
        metric = UniqueId.stringToUid(metric_uid); // metric UID 转换成 metric 字符串
    }

    // 调用 QueryUtil.getMetricScanner()静态方法创建 Scanner，这里的参数都比较好理解，
    // 但需要注意的是，当 end_time 字段设置为 UNSET(-1)时会扫描到 HBase 表的结尾。另外，这里扫描的
    // 起止时间并不是简单的 start_time 和 end_time 字段值，而是经过 getScanStartTimeSeconds()方法
    // 和 getScanEndTimeSeconds()方法计算得到的，后面再详细介绍这两个方法，这里读者先注意这两点即可
    final Scanner scanner = QueryUtil.getMetricScanner(tsdb, salt_bucket, metric,
        (int) getScanStartTimeSeconds(), end_time == UNSET
        ? -1 : (int) getScanEndTimeSeconds(), tsdb.table, TSDB.FAMILY());

    if (tsuids != null && !tsuids.isEmpty()) {
        // 如果使用 tsuid 进行查询，则需要在扫描时设置过滤条件
        createAndSetTSUIDFilter(scanner);
```

```
    } else if (filters.size() > 0) { // 设置扫描时使用的 Filter
      createAndSetFilter(scanner);
    }
    return scanner;
}
```

首先来看一下 QueryUtil.getMetricScanner()方法，它是创建 Scanner 对象的通用方法，在该方法中不仅创建了 Scanner 对象，还指定了扫描的表名、列族、RowKey 的起止时间戳和 metric 等信息，具体实现代码如下：

```java
public static Scanner getMetricScanner(final TSDB tsdb, final int salt_bucket,
    final byte[] metric, final int start, final int stop,
    final byte[] table, final byte[] family) {
  final short metric_width = TSDB.metrics_width();
  final int metric_salt_width = metric_width + Const.SALT_WIDTH();
  // 构造扫描的起止 RowKey
  final byte[] start_row = new byte[metric_salt_width + Const.TIMESTAMP_BYTES];
  final byte[] end_row = new byte[metric_salt_width + Const.TIMESTAMP_BYTES];

  if (Const.SALT_WIDTH() > 0) {
    // 如果 RowKey 中包含 salt，则将指定的 salt_bucket 复制到 RowKey 的首部
    final byte[] salt = RowKey.getSaltBytes(salt_bucket);
    System.arraycopy(salt, 0, start_row, 0, Const.SALT_WIDTH());
    System.arraycopy(salt, 0, end_row, 0, Const.SALT_WIDTH());
  }
  // 设置扫描 RowKey 的起止时间
  Bytes.setInt(start_row, start, metric_salt_width);
  Bytes.setInt(end_row, stop, metric_salt_width);
  // 设置扫描 RowKey 的 metric
  System.arraycopy(metric, 0, start_row, Const.SALT_WIDTH(), metric_width);
  System.arraycopy(metric, 0, end_row, Const.SALT_WIDTH(), metric_width);
  // 创建 Scanner 对象，并指定扫描表
  final Scanner scanner = tsdb.getClient().newScanner(table);
  // 每次 HBase 发起 RPC 请求返回的行数
  scanner.setMaxNumRows(tsdb.getConfig().scanner_maxNumRows());
  scanner.setStartKey(start_row); // 设置扫描的起止范围
  scanner.setStopKey(end_row);
  scanner.setFamily(family); // 扫描的列族
```

```
    return scanner;
}
```

如果通过 tsuid 进行查询,则需要调用 createAndSetTSUIDFilter()方法为 Scanner 对象设置扫描 HBase 表时使用的正则表达式,可以减少从 HBase 表中返回无用的行。TsdbQuery.createAndSetTSUIDFilter()方法的具体实现代码如下:

```
private void createAndSetTSUIDFilter(final Scanner scanner) {
  if (regex == null) {
    // QueryUtil.getRowKeyTSUIDRegex()方法会根据 TSUIDS 生成正则表达式
    regex = QueryUtil.getRowKeyTSUIDRegex(tsuids);
  }
  // 使用指定的正则表达式进行过滤,底层实际是为 Scanner 添加了一个 KeyRegexpFilter
  scanner.setKeyRegexp(regex, CHARSET);
}
```

QueryUtil.getRowKeyTSUIDRegex()方法根据此次查询使用的 tsuid 生成 Scanner 扫描 RowKey 时使用的正则表达式,最终生成的正则表达式如图 5-20 所示。

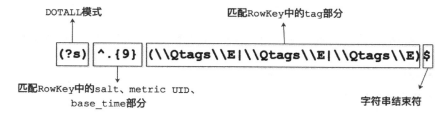

图 5-20

QueryUtil.getRowKeyTSUIDRegex()方法的具体实现代码如下:

```
public static String getRowKeyTSUIDRegex(final List<String> tsuids) {
  Collections.sort(tsuids); // 将 TSUIDS 集合进行排序
  final short metric_width = TSDB.metrics_width();
  int tags_length = 0; // 用于统计 TSUIDS 集合下所有 tsuid 中的 tag 部分 UID 的总长度
  // uids 用于记录所有 tsuid 中的 tag 部分
  final ArrayList<byte[]> uids = new ArrayList<byte[]>(tsuids.size());
  for (final String tsuid : tsuids) { // 遍历 tsuids 集合
    // 截掉 tsuid 中的 metric UID 部分,剩余的就是所有 tag 对应的 UID
    final String tags = tsuid.substring(metric_width * 2);
```

```
      final byte[] tag_bytes = UniqueId.stringToUid(tags); // tag 部分的 UID 转换成 byte[]
      tags_length += tag_bytes.length;
      uids.add(tag_bytes);
    }
    // 下面根据这里得到的 uids 集合,创建 Scanner 使用的表达式
    final StringBuilder buf = new StringBuilder( 13 + (tsuids.size() * 11) +
tags_length);
    buf.append("(?s)")   // DOTALL 模式.
        // 匹配 RowKey 中的 salt、metric UID 及 base_time 三部分
        .append("^.{")
        .append(Const.SALT_WIDTH() + metric_width + Const.TIMESTAMP_BYTES)
        .append("}(");
    // 遍历 uids 集合,此循环将得到正则表达式中的"\\Qtags\\E|\\Qtags\\E"
    for (final byte[] tags : uids) {
      // quote the bytes
      buf.append("\\Q");
      addId(buf, tags, true);
      buf.append('|');
    }

    buf.setCharAt(buf.length() - 1, ')'); // 将最后的"|"替换成")",正则表达式中匹配 tag 的部
                                          // 分结束
    buf.append("$"); // 添加"$"结束符
    return buf.toString();
  }
```

如果此次查询未指定 TSUIDS,而是通过指定了 TagVFilter(所有相关的 TagVFilter 都记录在 TsdbQuery.filters 集合中)进行过滤,则通过 TsdbQuery.createAndSetFilter()方法为 Scanner 对象指定扫描时使用的正则表达式。createAndSetFilter()方法底层是通过调用 QueryUtil.setDataTableScanFilter()方法实现的。这里首先说明一下 setDataTableScanFilter()方法上几个相关参数的含义。

- **explicit_tags**(**boolean** 类型):如果该参数为 true,则扫描结果返回的是**只包含** row_key_literals 中指定 tag 的行;如果该参数为 false,则返回**包含** row_key_literals 中指定 tag 的行。
- **enable_fuzzy_filter**(**boolean** 类型):是否为 Scanner 对象设置 FuzzyRowFilter,当 explicit_tags 参数为 false 时直接忽略该参数。

QueryUtil.setDataTableScanFilter()方法根据 explicit_tags 参数的值生成不同格式的正则表达式，并根据 enable_fuzzy_filter 参数的值为 Scanner 对象添加不同类型的 ScanFilter，这里简单介绍一下 setDataTableScanFilter()方法生成的正则表达式。

- 当参数 explicit_tags 为 false 时，生成的正则表达式格式如图 5-21 所示。

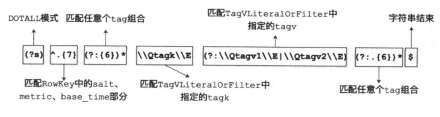

图 5-21

- 当参数 explicit_tags 为 true 时，生成的正则表达式格式如图 5-22 所示。

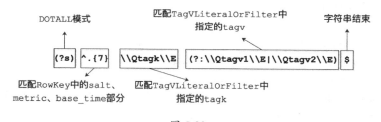

图 5-22

当 explicit_tags 参数为 true 时，QueryUtil.setDataTableScanFilter()方法根据参数 enable_fuzzy_filter 的取值决定是否为 Scanner 对象添加 FuzzyRowFilter。FuzzyRowFilter 是 HBase 表中提供的一种可以模糊查询 RowKey 的 Filter，用以快速推进扫描位置，提高查询速度。这里的"模糊查询"是指确定 RowKey 中部分的值（可以不是前缀），如果确定 RowKey 的前缀，则无须使用 FuzzyRowFilter。

这里通过官方 API 中提到的示例对 FuzzyRowFilter 进行简单介绍。现在假设一张 HBase 表的 RowKey 的格式是 userId_actionId_year_month，并且 RowKey 中各个部分的长度固定，其中 userId 长度为 4 个字节，actionId 长度是 2 个字节，year 长度是 4 个字节，month 长度是 2 个字节。如果想要查询 actionId 部分为 99 且 month 部分为 01 的所有 RowKey，那么需要获取的 RowKey 的大致格式就是"????_99_????_01"（其中一个"?"代表一个字节的长度）。我们可以看出，actionId 和 month 这两部分都不是 RowKey 的前缀，如果不使用 FuzzyRowFilter，则需要手动进行全表扫描，过滤出符合条件的 RowKey。

此时，FuzzyRowFilter 就有了用武之地。使用 FuzzyRowFilter 时需要提供两个参数：一个是用于扫描时进行匹配的 RowKey，即这里的"????_99_????_01"（也可以是"\x00\x00\x00\

00_99_\x00\x00\x00\x00_01")；另一个参数是 fuzzy_mask（官方 API 称其为 fuzzy_info），它由"1"和"0"构成，其中"1"表示的是模糊匹配的字节，"0"表示的是固定部分的字节，该例中的 fuzzy_mask 为 "\x01\x01\x01\x01\x00\x00\x00\x00\x01\x01\x01\x01\x00\x00\x00"，其中前 4 个字节表示模糊匹配 userId 部分，紧跟的 4 个字节表示固定匹配 "_99_"，接下来 4 个字节表示模糊匹配 year 部分，最后 3 个字节表示固定匹配 "_01" 部分。

在使用 FuzzyRowFilter 后，就不必手动扫描全部 RowKey 进行过滤，而是由 FuzzyRowFilter 将不符合条件的 RowKey 直接过滤掉，这样就能在一定程度上加快 HBase 表的扫描速度。需要读者了解的是，在使用 FuzzyRowFilter 时有几个先决条件：一个是 RowKey 及组成 RowKey 的各个部分的长度是固定的，在 RowKey 或组成部分变长的场景中无法使用；另一个就是 FuzzyRowFilter 本质上也是表扫描，如果使用 FuzzyRowFilter 之后并没有过滤掉多少行数据，性能也就无法有显著的提升。

介绍完 QueryUtil.setDataTableScanFilter()方法涉及的基础内容之后，下面开始详细分析该方法的具体实现，如下所示：

```java
public static void setDataTableScanFilter(Scanner scanner, List<byte[]> group_bys,
    ByteMap<byte[][]> row_key_literals, boolean explicit_tags,
    boolean enable_fuzzy_filter, int end_time) {
  // 若 group_bys 字段和 row_key_literals 字段都为空，则不需要创建正则表达式，该方法直接返回(略)
  final int prefix_width = Const.SALT_WIDTH() + TSDB.metrics_width() +
    Const.TIMESTAMP_BYTES;
  final short name_width = TSDB.tagk_width();
  final short value_width = TSDB.tagv_width();
  final byte[] fuzzy_key; // FuzzyRowFilter 中使用的 RowKey
  final byte[] fuzzy_mask; // FuzzyRowFilter 中使用的 fuzzy_mask
  if (explicit_tags && enable_fuzzy_filter) {
    // 正如前面介绍的，只有 explicit_tags 和 enable_fuzzy_filter 两个参数都为 true，
    // 才会为 Scanner 对象添加 FuzzyRowFilter，此时才有初始化 fuzzy_key 和 fuzzy_mask 的必要
    fuzzy_key = new byte[prefix_width + (row_key_literals.size() *
      (name_width + value_width))];
    fuzzy_mask = new byte[prefix_width + (row_key_literals.size() *
      (name_width + value_width))];
    // 将当前 RowKey 保存到 fuzzy_key 中
    System.arraycopy(scanner.getCurrentKey(), 0, fuzzy_key, 0,
      scanner.getCurrentKey().length);
  } else {
    fuzzy_key = fuzzy_mask = null;
```

```
}
// 创建正则表达式，其中还会填充 fuzzy_key 和 fuzzy_mask 的 tag 部分，QueryUtil.getRowKeyUIDRegex()
// 方法的具体实现在后面会详细分析
final String regex = getRowKeyUIDRegex(group_bys, row_key_literals,
    explicit_tags, fuzzy_key, fuzzy_mask);
final KeyRegexpFilter regex_filter = new KeyRegexpFilter(
    regex.toString(), Const.ASCII_CHARSET);
if (!(explicit_tags && enable_fuzzy_filter)) {
  scanner.setFilter(regex_filter); // 不使用 FuzzyRowFilter 时，只添加 KeyRegexpFilter 即可
  return;
}
// 使用 FuzzyRowFilter 时，需要修改扫描的起始 RowKey，此时的 fuzzy_key 中的 tag 部分已经被填充
scanner.setStartKey(fuzzy_key);
final byte[] stop_key = Arrays.copyOf(fuzzy_key, fuzzy_key.length);
Internal.setBaseTime(stop_key, end_time);
int idx = Const.SALT_WIDTH() + TSDB.metrics_width() +
    Const.TIMESTAMP_BYTES + TSDB.tagk_width();
// 修改扫描的终止 RowKey，stop_key 中的 tag 部分已经被填充
while (idx < stop_key.length) {
  for (int i = 0; i < TSDB.tagv_width(); i++) {
    stop_key[idx++] = (byte) 0xFF;
  }
  idx += TSDB.tagk_width();
}
scanner.setStopKey(stop_key);
// 将 KeyRegexpFilter 和 FuzzyRowFilter 封装进 FilterList 并添加到 Scanner 中，两个
// ScannerFilter 会同时影响整个扫描过程
final List<ScanFilter> filters = new ArrayList<ScanFilter>(2);
filters.add(new FuzzyRowFilter(
      new FuzzyRowFilter.FuzzyFilterPair(fuzzy_key, fuzzy_mask)));
filters.add(regex_filter);
scanner.setFilter(new FilterList(filters));
}
```

接下来分析 QueryUtil.getRowKeyUIDRegex()方法，在该方法中主要完成两件事，一是根据参数 row_key_literal 和 explicit_tags 生成指定格式的正则表达式，二是填充 fuzzy_key 和 fuzzy_mask 两个数组。getRowKeyUIDRegex()方法的具体实现代码如下：

```java
public static String getRowKeyUIDRegex(List<byte[]> group_bys,ByteMap<byte[][]>
        row_key_literals, boolean explicit_tags, byte[] fuzzy_key, byte[] fuzzy_mask) {
    if (group_bys != null) { // 排序 group_bys 集合
        Collections.sort(group_bys, Bytes.MEMCMP);
    }
    final int prefix_width = Const.SALT_WIDTH() + TSDB.metrics_width() +
        Const.TIMESTAMP_BYTES; // 计算 RowKey 前缀(salt、metric、timestamp 三部分组成)的长度
    final short name_width = TSDB.tagk_width();
    final short value_width = TSDB.tagv_width();
    final short tagsize = (short) (name_width + value_width);
    final StringBuilder buf = new StringBuilder(...);// 预分配空间,不再赘述

    // 下面开始创建正则表达式,首先匹配 RowKey 中的 salt、metric、base_time
    buf.append("(?s)")  // 使用 DOTALL 模式
        // 匹配 RowKey 中的 salt、metric UID 及 base_time 三部分
        .append("^.{")
        .append(Const.SALT_WIDTH() + TSDB.metrics_width() + Const.TIMESTAMP_BYTES)
        .append("}");

    final Iterator<Entry<byte[], byte[][]>> it = row_key_literals == null ?
        new ByteMap<byte[][]>().iterator() : row_key_literals.iterator();
    int fuzzy_offset = Const.SALT_WIDTH() + TSDB.metrics_width();
    if (fuzzy_mask != null) {
        while (fuzzy_offset < prefix_width) {// 将 fuzzy_mask 中的 salt、metric 部分填充为 1
            fuzzy_mask[fuzzy_offset++] = 1;
        }
    }

    while (it.hasNext()) { // 遍历 row_key_literals 集合,开始构造正则表达式
        Entry<byte[], byte[][]> entry = it.hasNext() ? it.next() : null;
        final boolean not_key =
            entry.getValue() != null && entry.getValue().length == 0;

        if (!explicit_tags) { // 如果不使用 explicit_tags 功能,则可以包含多个未指定的 tag 组合
            buf.append("(?:.{").append(tagsize).append("})*"); // 匹配未指定的 tag 组合
        } else if (fuzzy_mask != null) {
            // 如果要使用 FuzzyRowFilter,则将填充 fuzzy_key 中相应的 tagk 部分,同时将 fuzzy_mask
            // 的相应部分填充成 1
```

```java
      System.arraycopy(entry.getKey(), 0, fuzzy_key, fuzzy_offset, name_width);
      fuzzy_offset += name_width;
      for (int i = 0; i < value_width; i++) {
        fuzzy_mask[fuzzy_offset++] = 1;
      }
    }
  }
  if (not_key) { // 如果此次迭代中只包含 tagk, 不包含 tagv, 则匹配任意 tagv
    buf.append("(?!");
  }

  buf.append("\\Q"); // 开始追加"\\Qtags\\E"部分, 用来匹配 TagVFilter 中指定的 tag 组合
  addId(buf, entry.getKey(), true); // 追加 tagk UID
  if (entry.getValue() != null && entry.getValue().length > 0) { // Add a group_by.
    buf.append("(?:");
    for (final byte[] value_id : entry.getValue()) { // 追加 tagv UID, 两两之间通过"|"分隔
      if (value_id == null) { continue; }
      buf.append("\\Q");
      addId(buf, value_id, true);
      buf.append('|');
    }
    buf.setCharAt(buf.length() - 1, ')');
  } else {
    buf.append(".{").append(value_width).append('}'); // Any value ID.
  }
  if (not_key) { buf.append(")"); }
}
if (!explicit_tags) { // 如果不使用 explicit_tags 功能, 则可以包含多个未指定的 tag 组合
  buf.append("(?:.{").append(tagsize).append("})*");
}
buf.append("$");
return buf.toString();
}
```

根据前面对 QueryUtil.setDataTableScanFilter()方法生成的正则表达式及 FuzzyRowFilter 的介绍,相信读者已经较为清晰地理解了 getRowKeyUIDRegex()方法的执行原理。

至此,我们已经介绍了创建 Scanner 对象的核心流程,这里再介绍一下创建 Scanner 对象时使用的起止时间,读者可能会认为直接使用请求(即 TsdbQuery)中指定的起止时间即可,事

实上并没有这么简单，这里涉及 TsdbQuery.getScanStartTimeSeconds()和 getScanEndTimeSeconds()
两个方法，这两个方法负责调整查询的起止时间，大致原理如图 5-23 所示。

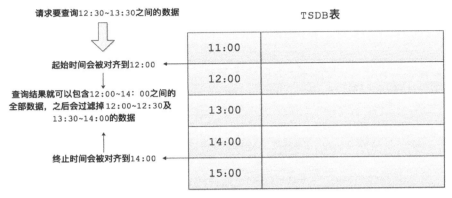

图 5-23

首先来看一下 getScanStartTimeSeconds()方法，其中涉及两个方面的对齐，一方面是针对
Downsample 的对齐，另一方面是针对 RowKey 中的 base_time 的对齐，具体实现代码如下：

```
private long getScanStartTimeSeconds() {
  long start = getStartTime();// 获取 start_time 字段值
  if ((start & Const.SECOND_MASK) != 0L) { //如果查询使用的是毫秒级别的时间戳，则转换成秒级别
    start /= 1000L;
  }
  // 如果指定了 Downsample，则需要将查询起始时间进行对齐，即将 interval_aligned_ts
  // 设置成 DownsamplingSpecification.interval 的整数倍
  long interval_aligned_ts = start;
  if (downsampler != null && downsampler.getInterval() > 0) {
    final long interval_offset = (1000L * start) % downsampler.getInterval();
    interval_aligned_ts -= interval_offset / 1000L;
  }
  // 将时间 interval_aligned_ts 转换成小时的整数倍
  final long timespan_offset = interval_aligned_ts % Const.MAX_TIMESPAN;
  final long timespan_aligned_ts = interval_aligned_ts - timespan_offset;
  return timespan_aligned_ts > 0L ? timespan_aligned_ts : 0L;
}
```

TsdbQuery.getScanEndTimeSeconds()方法的实现与这里介绍的 getScanStartTimeSeconds()方
法类似，也会针对 Downsample 和 RowKey 中的 base_time 两方面进行对齐，这里就不再展开介

绍了，感兴趣的读者可以参考其源码进行学习。

5.11.4　ScannerCB

通过前面的介绍，我们大致了解了创建 Scanner 对象的流程。在获取 Scanner 对象之后，TsdbQuery.findSpans()方法会创建 ScannerCB 实例并调用其 scan()方法开始扫描 HBase 表。在 ScannerCB.scan()方法中直接调用 Scanner.nextRows()方法返回扫描 HBase 表返回的数据行，并将当前 ScannerCB 作为回调对象进行注册，具体实现代码如下：

```
public Object scan() {
  return scanner.nextRows().addCallback(this).addErrback(new ErrorCB());
}
```

ScannerCB.call()方法中封装了处理 HBase 表扫描结果的核心流程，在分析该方法的具体实现时，会同时介绍 ScannerCB 中几个核心字段的功能，具体实现代码如下：

```
public Object call(final ArrayList<ArrayList<KeyValue>> rows) throws Exception {
  try {
    // 如果扫描结束(即 Scanner.nextRows()方法返回值为 null)，则关闭当前使用的 Scanner 对象
    // 并返回 null(略)

    // 检测此次扫描是否超时，在 ScannerCB.scanner_start 字段中记录了 ScannerCB 开始扫描的时间戳，
    // ScannerCB.timeout 字段中则保存了用户配置的查询超时时间(对应配置项是 tsd.query.timeout)
    if (timeout > 0 && DateTime.msFromNanoDiff(
        DateTime.nanoTime(), scanner_start) > timeout) {
      throw new InterruptedException("Query timeout exceeded!");
    }

    final List<Deferred<Object>> lookups =
        filters != null && !filters.isEmpty() ?
            new ArrayList<Deferred<Object>>(rows.size()) : null;

    for (final ArrayList<KeyValue> row : rows) { // 遍历此次扫描到的行
      final byte[] key = row.get(0).key();// 获取每行数据的 RowKey
      // 检测每个 RowKey 中的 metric 是否与目标 metric 一致，若不一致则抛出异常(略)
      // 记录一些监控信息，例如，TagVFilter 过滤之前的行数和点的个数等(略)
```

```java
      if (scanner_filters != null && !scanner_filters.isEmpty()) {
        lookups.clear();
        // 从 RowKey 中解析到对应的 tsuid, UniqueId.getTSUIDFromKey()方法前面已经介绍过了，
        // 这里不再展开介绍获取 tsuid 的详细过程
        final String tsuid = UniqueId.uidToString(UniqueId.getTSUIDFromKey(key,
            TSDB.metrics_width(), Const.TIMESTAMP_BYTES));
        // 在 ScannerCB 处理扫描结果时会将已知的、符合查询条件的 tsuid 记录到 ScannerCB.keepers
        // 字段（Set<String>类型）中，将已知的、不符合条件的 tsuid 记录到 ScannerCB.skips
        // 字段（Set<String>类型）中
        // 如果在前面的扫描中已经将该 tsuid 过滤掉，则此次直接跳过该行数据也将直接被过滤掉
        if (skips.contains(tsuid)) {
          continue;
        }
        // 如果在前面的扫描中未处理过该 tsuid，则在下面对其进行相应处理
        if (!keepers.contains(tsuid)) {
          // 根据 GetTagsCB 回调对象的过滤结果,将相应的 tsuid 添加到 keepers 集合或 skips 集合中，
          // 对应通过过滤的数据行，将调用 processRow()进行处理
          class MatchCB implements Callback<Object, ArrayList<Boolean>> {
            ... ...
          }

          // GetTagsCB 将从 RowKey 中解析到的 tag 信息传入 scanner_filter 进行过滤并返回过滤结果
          class GetTagsCB implements
              Callback<Deferred<ArrayList<Boolean>>, Map<String, String>> {
            ... ...
          }
          // 首先调用 Tags.getTagsAsync()方法解析 RowKey 中的 tag,然后设置 GetTagsCB 作为回调对象
          lookups.add(Tags.getTagsAsync(tsdb, key).addCallbackDeferring(new GetTagsCB())
              .addBoth(new MatchCB()));
        } else { // 如果在前面的扫描中该 tsuid 符合所有过滤条件,则此次直接将其添加到结果集中
          processRow(key, row);
        }
      } else {
        processRow(key, row);
      }
    }
  }

  // 调用 ScannerCB.scan()方法，继续下一次扫描。该递归的出口扫描不到更多的数据行
```

```
    if (lookups != null && lookups.size() > 0) {
      // 如果 lookups 集合不为空，则表示从 RowKey 中解析 tag 的数据行，等该过程
      // 结束之后，再调用 ScannerCB.scan()方法进行递归扫描
      class GroupCB implements Callback<Object, ArrayList<Object>> {
        @Override
        public Object call(final ArrayList<Object> group) throws Exception {
          return scan();
        }
      }
      return Deferred.group(lookups).addCallback(new GroupCB());
    } else {
      return scan();
    }
  } catch (Exception e) {
    close(e);
    return null;
  }
}
```

下面来看一下在 ScannerCB.call()中过滤 RowKey 时使用的 GetTagsCB 和 MatchCB 的具体实现，代码如下：

```
class GetTagsCB implements Callback<Deferred<ArrayList<Boolean>>, Map<String, String>> {
  @Override
  public Deferred<ArrayList<Boolean>> call(Map<String, String> tags) throws Exception {
    final List<Deferred<Boolean>> matches =
        new ArrayList<Deferred<Boolean>>(scanner_filters.size());
    // 遍历 scanner_filters 集合，tsuid 需要通过其中所有 TagVFilter 的过滤。前面介绍过，
    // scanner_filters 集合中保存的都是 post_scan 字段为 true 的 TagVFilter 对象。post_scan
    // 为 false 的 TagVFilter 对象的过滤条件都已经在为 Scanner 创建正则表达式时考虑进去了
    for (final TagVFilter filter : scanner_filters) {
      matches.add(filter.match(tags));
    }
    return Deferred.group(matches);
  }
}
```

MatchCB 回调对象将根据 GetTagsCB 返回的过滤结果填充 keepers 集合和 skips 集合，将未

通过过滤的 tsuid 添加到 skips 集合中,将通过过滤的 tsuid 添加到 keepers 集合中并调用 ScannerCB.processRow()方法处理相应行的数据,具体实现代码如下:

```
class MatchCB implements Callback<Object, ArrayList<Boolean>> {
  @Override
  public Object call(final ArrayList<Boolean> matches) throws Exception {
    for (final boolean matched : matches) {
      if (!matched) {
        skips.add(tsuid); // 未通过过滤的tsuid添加到skips集合中
        return null;
      }
    }
    keepers.add(tsuid);  // 通过过滤的tsuid添加到keepers集合中
    processRow(key, row);
    return null;
  }
}
```

接下来要分析的就是 ScannerCB.processRow()方法了。在该方法中首先会根据此次请求的 delete 参数决定是否删除查找到的行,之后会通过前面介绍的 TSDB.compact()方法解析该行数据,并将解析结果添加到相应的 Span 对象中。processRow()方法的具体实现代码如下:

```
void processRow(final byte[] key, final ArrayList<KeyValue> row) {
  if (delete) {
    // 检测请求的delete参数是否为true,如果为true,则创建并发送DeleteRequest请求到HBase,
    // 删除该行数据
    final DeleteRequest del = new DeleteRequest(tsdb.dataTable(), key);
    tsdb.getClient().delete(del);
  }
  // 记录一些监控信息(略)

  Span datapoints = spans.get(key); // 查询spans集合中是否已经存在指定RowKey
  if (datapoints == null) {
    datapoints = new Span(tsdb);  // 创建Span对象并添加到datapoints集合中
    spans.put(key, datapoints);
  }
  // 通过前面介绍的TSDB.compact()方法,将该行中的点压缩成一个KeyValue对象
  final KeyValue compacted = tsdb.compact(row, datapoints.getAnnotations());
```

```
if (compacted != null) {
    // 调用 Span.addRow()方法将该行数据添加到该 Span 对象中，该 Span.addRow()方法在前面已经
    // 介绍过了，这里不再展开详细分析
    datapoints.addRow(compacted);
}
}
```

为了让分析过程比较清晰，前面将很多监控相关的细节省略掉了。在本节最后，我们来简单介绍一下 ScannerCB 中与监控相关的字段。

- scanner_start（long 类型）：记录了此次扫描的开始时间戳。
- timeout（long 类型）：此次扫描的超时时间，用户可以自定义，相应的配置项是"tsd.query.timeout"。在扫描过程中，如果当前时间戳减去 scanner_start 字段值超过 timeout，则此次扫描超时，会抛出相应的异常信息。
- uid_resolve_time（long 类型）：记录了解析 tag 所用的时间。
- nrows（int 类型）：查询到的行数。
- compaction_time（long 类型）：TSDB.compact()方法处理一行数据的时长。
- dps_pre_filter（long 类型）：记录了扫描之后、TagVFilter 过滤之前的点的个数。
- rows_pre_filter（long 类型）：记录了扫描之后、TagVFilter 过滤之前的行数。
- dps_post_filter（long 类型）：记录了 TagVFilter 过滤之后的点的个数。
- rows_post_filter（long 类型）：记录了 TagVFilter 过滤之后的行数。
- fetch_start（long 类型）：记录了每次 HBase 发起 RPC 请求的起始时间，即调用 Scanner.nextRows()方法的时间戳。
- fetch_time（long 类型）：记录了 HBase 响应 RPC 请求的耗时，即 HBase 响应 Scanner.nextRows()方法的耗时。

在 ScannerCB 中使用这些字段并记录监控信息的代码片段都比较简单，这里就不再展开详细介绍了，感兴趣的读者可以参考源码进行学习。

5.11.5 GroupByAndAggregateCB

通过 5.11.4 节的分析，我们了解了 TsdbQuery.findSpans()方法是如何根据查询条件扫描 HBase 表的，以及它是如何将扫描到的时序数据转换成 Span 对象集合返回的。我们注意到，在 findSpans()方法返回的 Deferred 对象上注册的 Callback 是 GroupByAndAggregateCB 对象，该 Callback 对象主要完成了对前面扫描结果的聚合、分组和排序。

GroupByAndAggregateCB 主要分为下面三种场景：

- TsdbQuery.aggregator 字段为 Aggregators.NONE 常量。在前面介绍 Aggregators.NONE 常量时提到，该常量表示跳过一切聚合、插值和 Downsample 操作，此时 GroupByAndAggregateCB 为每个 Span 对象创建相应的 SpanGroup 对象，如图 5-24 所示。
- 如果查询不需要进行分组操作（即 TsdbQuery.group_bys 字段为空），则将所有的 Span 对象聚合到一个 SpanGroup 对象中，如图 5-25 所示。

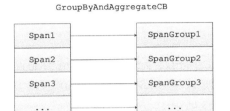
图 5-24

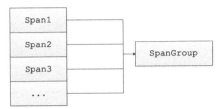
图 5-25

- 如果查询需要进行分组操作（即 TsdbQuery.group_bys 字段不为空），则会按照 group_bys 集合将所有的 Span 对象进行分组，并将一组 Span 对象聚合到一个 SpanGroup 对象中，如图 5-26 所示。

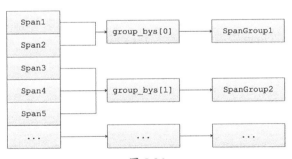
图 5-26

了解了 GroupByAndAggregateCB 处理的三种场景之后，下面详细分析一下 GroupByAndAggregateCB.call() 方法的具体实现，代码如下：

```
public DataPoints[] call(final TreeMap<byte[], Span> spans) throws Exception {
    // 如果 spans 集合为空，则直接返回空(略)

    // 在前面介绍 Aggregators.NONE 常量时提到，该常量表示跳过一切聚合、插值和 Downsample 操作
    if (aggregator == Aggregators.NONE) {
```

```java
    final SpanGroup[] groups = new SpanGroup[spans.size()];
    int i = 0;
    for (final Span span : spans.values()) { // 为每个 Span 创建相应的 SpanGroup 对象
      SpanGroup group = new SpanGroup(tsdb, getScanStartTimeSeconds(),
          getScanEndTimeSeconds(), null, rate, rate_options, aggregator, downsampler,
          getStartTime(), getEndTime(), query_index);
      group.add(span);
      groups[i++] = group;
    }
    return groups;
}
// 如果查询不需要进行分组操作（即 TsdbQuery.group_bys 字段为空），则将所有的 Span 对象聚合
// 到一个 SpanGroup 对象中
if (group_bys == null) {
  final SpanGroup group = new SpanGroup(tsdb, getScanStartTimeSeconds(),
      getScanEndTimeSeconds(), spans.values(), rate, rate_options,
      aggregator, downsampler, getStartTime(), getEndTime(), query_index);
  return new SpanGroup[]{group};
}

// 如果此次查询要进行分组操作，则需要进行如下处理。首先简单介绍存放分组结果的 groups 集合，
// 其中的 value 不必多说，必然是 SpanGroup 对象，其中的每个 Key 都是用于分组的 tagv UID 的
// 组合。读者可以参考下面的代码实现
final ByteMap<SpanGroup> groups = new ByteMap<SpanGroup>();
final short value_width = tsdb.tag_values.width();
// group 用于记录一种 tagv UID 的组合，即一个分组的 Key
final byte[] group = new byte[group_bys.size() * value_width];
for (final Map.Entry<byte[], Span> entry : spans.entrySet()) {
  final byte[] row = entry.getKey(); // Span 对应的 RowKey
  byte[] value_id = null;
  int i = 0;
  for (final byte[] tag_id : group_bys) {
    value_id = Tags.getValueId(tsdb, row, tag_id); // 从 RowKey 中解析指定 tagk 对应的 tagv
    if (value_id == null) { // 该 RowKey 不包含指定的 tagk，则过滤掉该行数据
      break;
    }
    // 将 RowKey 中解析到的 tagv UID 复制到 group 数组中相应的位置
    System.arraycopy(value_id, 0, group, i, value_width);
    i += value_width;
  }
```

```
    if (value_id == null) { // 该 RowKey 不包含指定的 tagk，则过滤掉该行数据
      LOG.error("...");
      continue;
    }
    // 根据 group 数组从 groups 集合中查询相应的 SpanGroup 对象
    SpanGroup thegroup = groups.get(group);
    if (thegroup == null) { // 未查找到相应的 SpanGroup 对象，则需要进行创建
      thegroup = new SpanGroup(tsdb, getScanStartTimeSeconds(), getScanEndTimeSeconds(),
          null, rate, rate_options, aggregator, downsampler, getStartTime(),
          getEndTime(), query_index);
      // group 数组在每次循环时会进行复用，所以这里需要进行一次复制
      final byte[] group_copy = new byte[group.length];
      System.arraycopy(group, 0, group_copy, 0, group.length);
      groups.put(group_copy, thegroup); // 将此次循环处理的 Span 对象添加到该 SpanGroup 对象中
    }
    thegroup.add(entry.getValue());// 将此次循环处理的 Span 对象添加到该 SpanGroup 对象中
  }

  return groups.values().toArray(new SpanGroup[groups.size()]); // 返回最终的分组结果
  }
}
```

为了便于读者理解整个分组过程，这里通过一个实例对其进行介绍。假设在查询条件中指定按照 tagk1 和 tagk2 进行分组，在扫描结果 Span1～Span6 中与分组相关的 tag 组合如图 5-27 所示。在 GroupByAndAggregateCB 分组过程中使用的 group 数组分别是"tagv1，tagv2""tagv1，tagv4"及"tagv3，tagv2"，如图 5-27 所示，GroupByAndAggregateCB 会在 groups 集合中创建相应的 SpanGroup 对象并添加相应的 Span 对象。

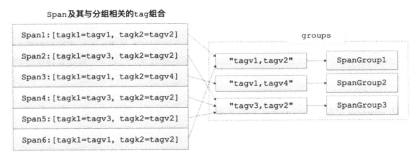

图 5-27

5.11.6 SaltScanner

在前面分析未开启分桶配置("tsd.storage.salt.buckets")的查询过程中,TsdbQuery 使用 Asynchronous HBase 客户端原生的 Scanner 对象完成 HBase 表的扫描。当 OpenTSDB 开启了分桶配置项之后,将会使用 SaltScanner 进行 HBase 表的扫描,TsdbQuery.findSpans()方法中相关的代码片段如下所示。

```
private Deferred<TreeMap<byte[], Span>> findSpans() throws HBaseException {
  ... ...
  if (Const.SALT_WIDTH() > 0) { // 创建 SaltScanner 对象扫描 HBase 表
    final List<Scanner> scanners = new ArrayList<Scanner>(Const.SALT_BUCKETS());
    for (int i = 0; i < Const.SALT_BUCKETS(); i++) {
      // 为每个分桶创建相应的 Scanner 对象,SaltScanner 的底层通过这些 Scanner 对象完成对
      // 各个分桶的扫描。TsdbQuery.getScanner()方法已经在前面详细分析过了,这里不再赘述
      scanners.add(getScanner(i));
    }
    scan_start_time = DateTime.nanoTime();
    return new SaltScanner(tsdb, metric, scanners, spans, scanner_filters,
        delete, query_stats, query_index).scan();
  }
  ... ... // 后续使用原生 Scanner 扫描 HBase 表
}
```

下面来介绍一下 SaltScanner 中核心字段的含义。

- **spans**(**TreeMap<byte[],Span>类型**):用来记录 SaltScanner 的扫描结果,该集合中的 Key 是 RowKey,Value 是对应的 Span 对象。
- **scanners**(**List<Scanner>类型**):该 SaltScanner 对象中封装了原生 Scanner 对象,该集合中的每个 Scanner 对象都负责扫描一个分桶。
- **kv_map**(**ConcurrentHashMap<Integer, List<KeyValue>>类型**):用于记录 scanners 集合中每个 Scanner 对象的扫描结果,当 scanners 集合中所有 Scanner 都完成扫描之后,会将该集合中暂存的结果整理到 SaltScanner.spans 字段中。
- **annotation_map**(**TreeMap<byte[], List<Annotation>>(new RowKey.SaltCmp())**):用来保存每个 Scanner 扫描到的 Annotation 信息。
- **results**(**Deferred<TreeMap<byte[], Span>>()类型**):该 SaltScanner.scan()方法的返回值。

- **metric**（**byte[]**类型）：该 SaltScanner 对象处理的 metric UID。
- **query_index**（**int** 类型）：此次查询对应的编号。
- **completed_tasks**(**AtomicInteger** 类型)：用于记录当前 scanners 集合中已有多少 Scanner 对象完成了 HBase 表的扫描。
- **delete**（**boolean** 类型）：查询完成后是否立即删除查询结果。
- **filters**（**List<TagVFilter>**类型）：请求指定的 TagVFilter 集合。

在 SaltScanner 的构造方法中，会检测 scanners、spans 等参数是否为空，并完成相应字段的初始化，其实现比较简单，感兴趣的读者可以参考源码进行学习。

在 SaltScanner.scan()方法中会为 scanners 集合所有的 Scanner 对象创建相应的 SaltScanner.ScannerCB 对象，并调用 scan()开始 HBase 表的扫描过程。SaltScanner 中实现的 ScannerCB 与前面介绍的 TsdbQuery 中实现的 ScannerCB 类似，但是有两个比较重要的不同点需要读者注意：

（1）每个原生 Scanner 都会将扫描结果暂存到 ScannerCB.kvs 集合中。

（2）通过 SaltScanner.ScannerCB 中的 close()方法，将 ScannerCB.kvs 集合整理到 SaltScanner.kv_map 集合中。

整个 SaltScanner 的工作原理如图 5-28 所示。

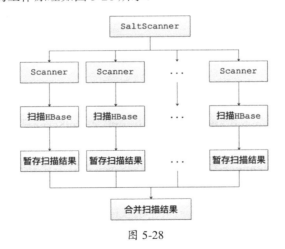

图 5-28

首先简单了解一下 SaltScanner.ScannerCB 将扫描结果保存到 ScannerCB.kvs 集合中的相关逻辑，该代码片段位于 SaltScanner.ScannerCB.processRow()方法中，如下所示。

```
void processRow(final byte[] key, final ArrayList<KeyValue> row) {
    // 省略所有与 TsdbQuery.ScannerCB 相同的代码
```

```
    final KeyValue compacted;
    compacted = tsdb.compact(row, notes); // 该行数据压缩成一个 KeyValue 对象
    if (compacted != null) {
      kvs.add(compacted); // 将压缩得到的 KeyValue 对象暂存到 ScannerCB.kvs 集合中
    }
  }
```

接下来看第二个不同点，该部分代码实现位于 SaltScanner.ScannerCB.close()方法中，相关代码片段如下所示。

```
void close(final boolean ok) {
    scanner.close(); // 关闭原生 Scanner 对象
    if (ok && exception == null) {
      // 前面扫描过程中没有任何异常，则调用 validateAndTriggerCallback()方法
      validateAndTriggerCallback(kvs, annotations);
    } else {
      completed_tasks.incrementAndGet();
    }
  }
}
```

通过 SaltScanner.ScannerCB.validateAndTriggerCallback()方法将 ScannerCB.kvs 集合中的扫描结果转移到 SaltScanner.kv_map 中，并检测 completed_tasks 字段值，当该值达到分桶数量时就表示对应的 Scanner 已经完成了对应的扫描操作，此时就会触发 mergeAndReturnResults()方法。validateAndTriggerCallback()方法的具体实现代码如下：

```
  private void validateAndTriggerCallback(final List<KeyValue> kvs,
      final Map<byte[], List<Annotation>> annotations) {

    final int tasks = completed_tasks.incrementAndGet();// 递增 completed_tasks 字段值
    if (kvs.size() > 0) { // 将该 Scanner 扫描的结果转移到 SaltScanner.kv_map 集合中
      kv_map.put(tasks, kvs);
    }
    ... ... // 省略 Annotation 处理的相关代码
    if (tasks >= Const.SALT_BUCKETS()) { // 检测 completed_tasks 字段值是否达到分桶数量
      try {
        // 将 SaltScanner.kv_map 中记录的所有时序数据合并到 SaltScanner.spans 集合中
```

```
            mergeAndReturnResults();
        } catch (final Exception ex) {
            results.callback(ex);
        }
    }
}
```

SaltScanner.mergeAndReturnResults()方法主要负责将 kv_map 集合中的时序数据及 annotation_map 集合中的 Annotation 信息添加到相应的 Span 对象中并记录到 spans 集合中，具体实现代码如下所示。

```
private void mergeAndReturnResults() {
    // 如果任何一个 Scanner 在扫描过程中出现异常，则打印日志并返回异常(略)
    for (final List<KeyValue> kvs : kv_map.values()) {
        if (kvs == null || kvs.isEmpty()) { // 跳过空行
            continue;
        }

        for (final KeyValue kv : kvs) {
            if (kv == null) {  // 跳过空行
                continue;
            }
            if (kv.key() == null) { // 跳过 RowKey 为空的行
                continue;
            }
            Span datapoints = spans.get(kv.key()); // 查找已有的 Span 对象，否则创建新的 Span 对象
            if (datapoints == null) {
                datapoints = new Span(tsdb);
                spans.put(kv.key(), datapoints); // 新建的 Span 对象会被添加到 spans 集合中
            }

            if (annotation_map.containsKey(kv.key())) { // 处理 Annotation
                for (final Annotation note: annotation_map.get(kv.key())) {
                    datapoints.getAnnotations().add(note);
                }
                annotation_map.remove(kv.key());
            }
            try {
```

```
        datapoints.addRow(kv); // 将 kv_map 集合中的时序数据记录到上述 Span 对象中
      } catch (RuntimeException e) {
        throw e;
      }
    }
  }
  kv_map.clear(); // 清空 kv_map 集合
  // 处理 Annotation，将 annotation_map 集合中的 Annotation 对象添加到相应的 Span 对象中
  for (final byte[] key : annotation_map.keySet()) {
    Span datapoints = spans.get(key);
    if (datapoints == null) {
      datapoints = new Span(tsdb);
      spans.put(key, datapoints);
    }

    for (final Annotation note: annotation_map.get(key)) {
      datapoints.getAnnotations().add(note);
    }
  }
  results.callback(spans);
}
```

5.12 TSUIDQuery

前面介绍 QueryRpc 时简单提到，TSUIDQuery 可以支持 "/api/query/last" 接口查询每条时序数据中最后一个点的功能。此外，TSUIDQuery 中还提供了查询 tsdb-meta 表中元数据的功能。本节将详细介绍 TSUIDQuery 提供的功能并深入分析 TSUIDQuery 的实现。

下面先来介绍 TSUIDQuery 中核心字段的含义。

- **tsuid**（**byte[]**类型）：此次查询的 tsuid。在使用 TSUIDQuery 查询时，tsuid 字段的优先级比下面的 metric、tags 字段优先级高，即同时设置了 tsuid 字段和 metric、tags 字段，TSUIDQuery 会使用 tsuid 字段完成此次查询。所以，一般不会同时设置 tsuid 字段和 metric、tags 字段。
- **metric**（**String** 类型）、**metric_uid**（**byte[]**类型）：此次查询的 metric 字符串及对应的 UID。
- **tags**（**Map<String, String>**类型）、**tag_uids**（**ArrayList<byte[]>**类型）：此次查询的 tag

组合及对应的 UID。

- **resolve_names（boolean 类型）**：当按指定条件查询到 LastPoint 之后，是否要将 metric 和 tag 对应的 UID 转换成字符串。
- **back_scan（int 类型）**：某个时序的最后一次写入的点可能是几个小时之前，为了查找 LastPoint，可能需要查找多行数据。back_scan 字段指定了向前查找的小时（行）数上限。
- **last_timestamp（long 类型）**：LastPoint 写入的时间戳，我们直接根据时间戳查找该行数据即可得到 LastPoint。

下面来分析 TSUIDQuery.getLastPoint()方法，它负责根据指定的 tsuid 查询时序中最后一个点，具体实现代码如下：

```java
public Deferred<IncomingDataPoint> getLastPoint(boolean resolve_names, int back_scan) {
    // 检测 back_scan 参数是否合法，back_scan 必须大于等于 0(略)
    this.resolve_names = resolve_names;
    this.back_scan = back_scan;
    // 判断在前面介绍的 TSDB.addPoint()方法中是否会向 tsdb-meta 表中记录相关元数据，
    // 这两个配置项的具体实现在前面已经详细分析过了，这里不再赘述
    final boolean meta_enabled = tsdb.getConfig().enable_tsuid_tracking() ||
        tsdb.getConfig().enable_tsuid_incrementing();

    class TSUIDCB implements Callback<Deferred<IncomingDataPoint>, byte[]> {
        ...... // 在 TSUIDCB 这个 Callback 中实现了查找 LastPoint 的具体逻辑，后面我们会详细分析其实现
    }

    if (tsuid == null) {
        // 如果未指定 tsuid,则需要先通过 tsuidFromMetric()方法将 metric 和 tag 组合构造相应的 tsuid,
        // 然后回调 TSUIDCB()查询 LastPoint
        return tsuidFromMetric(tsdb, metric, tags)
            .addCallbackDeferring(new TSUIDCB());
    }
    try {
        // damn typed exceptions....
        // 调用 TSUIDCB()查询 LastPoint
        return new TSUIDCB().call(null);
    } catch (Exception e) {
        return Deferred.fromError(e);
    }
}
```

TSUIDQuery.tsuidFromMetric()方法负责将 metric 和 tag 组合中的字符串解析成相应的 UID，并组装成 tsuid 返回。将字符串解析成 UID 的过程相信读者已经非常熟悉了，这里只对 tsuidFromMetric()方法做简略分析，代码如下：

```java
public static Deferred<byte[]> tsuidFromMetric(TSDB tsdb,
    String metric, Map<String, String> tags) {
  final byte[] metric_uid = new byte[TSDB.metrics_width()];// 用来记录解析后的metric UID
  class TagsCB implements Callback<byte[], ArrayList<byte[]>> {
    // 将 tag 组合解析后的 UID 与 metric UID 组装成 tsuid 并返回
    public byte[] call(final ArrayList<byte[]> tag_list) throws Exception {
      final byte[] tsuid = new byte[...];
      int idx = 0;
      System.arraycopy(metric_uid, 0, tsuid, 0, metric_uid.length);
      idx += metric_uid.length;
      for (final byte[] t : tag_list) {
        System.arraycopy(t, 0, tsuid, idx, t.length);
        idx += t.length;
      }
      return tsuid;
    }
  }

  class MetricCB implements Callback<Deferred<byte[]>, byte[]> {
    public Deferred<byte[]> call(byte[] uid) throws Exception {
      System.arraycopy(uid, 0, metric_uid, 0, uid.length); // 记录 metric UID
      // tag 组合解析成相应的 UID，Tags.resolveAllAsync()方法在前面已经详细介绍过了，这里不再赘述
      return Tags.resolveAllAsync(tsdb, tags).addCallback(new TagsCB());
    }
  }

  // 查询 metric 字符串对应的 UID，查询完成之后会回调 MetricCB
  return tsdb.getUIDAsync(UniqueIdType.METRIC, metric)
      .addCallbackDeferring(new MetricCB());
}
```

下面我们回到 TSUIDQuery.getLastPoint()方法继续分析，其中定义的 TSUIDCB 内部类中完成了查询的 LastPoint 的部分逻辑，具体实现代码如下所示。

```java
class TSUIDCB implements Callback<Deferred<IncomingDataPoint>, byte[]> {
  @Override
  public Deferred<IncomingDataPoint> call(byte[] incoming_tsuid) throws Exception {
    // 检测tsuid是否为空，初始化TSUIDQuery.tsuid字段(略)
    // 如果记录了meta信息，则先根据tsuid查询tsdb-meta表获取meta元数据，在元数据中记
    // 录了LastPoint写入的时间戳
    if (back_scan < 1 && meta_enabled) {
      final GetRequest get = new GetRequest(tsdb.metaTable(), tsuid);
      get.family(TSMeta.FAMILY());
      get.qualifier(TSMeta.COUNTER_QUALIFIER());
      // 查询完成之后会回调MetaCB
      return tsdb.getClient().get(get).addCallbackDeferring(new MetaCB());
    }

    if (last_timestamp > 0) {
      last_timestamp = Internal.baseTime(last_timestamp);// 将last_timestamp转化为小时数
    } else { // 未指定last_timestamp则默认使用当前时间戳
      last_timestamp = Internal.baseTime(DateTime.currentTimeMillis());
    }
    // 从查询tsdb表中查询时序数据，完成查询之后会回调LastPointCB
    final byte[] key = RowKey.rowKeyFromTSUID(tsdb, tsuid, last_timestamp);
    final GetRequest get = new GetRequest(tsdb.dataTable(), key);
    get.family(TSDB.FAMILY());
    return tsdb.getClient().get(get).addCallbackDeferring(new LastPointCB());
  }
}
```

在 TSUIDQuery.MetaCB 这个内部类中实现了对 META 元数据的处理，其主要功能是从中获取 LastPoint 的写入时间戳，同时根据该时间戳查询 TSDB 表中对应行的时序数据，具体实现代码如下：

```java
class MetaCB implements Callback<Deferred<IncomingDataPoint>, ArrayList<KeyValue>> {
  public Deferred<IncomingDataPoint> call(ArrayList<KeyValue> row) throws Exception {
    // 检测row是否为空(略)
    last_timestamp = Internal.baseTime(row.get(0).timestamp());// 获取写入的时间戳
    // 根据tsuid和last_timestamp查询创建对应的RowKey
    final byte[] key = RowKey.rowKeyFromTSUID(tsdb, tsuid, last_timestamp);
```

```java
    final GetRequest get = new GetRequest(tsdb.dataTable(), key);
    get.family(TSDB.FAMILY());
    // 查询 TSDB 表中对应的行,然后回调 LastPointCB
    return tsdb.getClient().get(get).addCallbackDeferring(new LastPointCB());
  }
}
```

接下来开始分析 LastPointCB,它主要完成两项功能:一是检测此次从 TSDB 表中查询到的行是否为空行,如果是空行则需要减小 last_timestamp 并重新查询;二是在查询到非空行时,获取其中的最后一个点并返回。LastPointCB 的具体实现代码如下:

```java
class LastPointCB implements Callback<Deferred<IncomingDataPoint>,ArrayList<KeyValue>> {
  int iteration = 0; // 记录当前迭代次数
  @Override
  public Deferred<IncomingDataPoint> call(final ArrayList<KeyValue> row)
      throws Exception {
    if (row == null || row.isEmpty()) { // 查询到空行
      if (iteration >= back_scan) { // 检测是否达到 back_scan 字段指定的上限,达到上限则查询失败
        return Deferred.fromResult(null);
      }
      last_timestamp -= 3600; // 减小 last_timestamp 时间戳
      ++iteration; // 递增 iteration
      // 根据减小后的 last_timestamp 创建新的 RowKey
      final byte[] key = RowKey.rowKeyFromTSUID(tsdb, tsuid, last_timestamp);
      final GetRequest get = new GetRequest(tsdb.dataTable(), key);
      get.family(TSDB.FAMILY());
      // 重新查询 TSDB,并将当前 LastPointCB 作为回调添加进去
      return tsdb.getClient().get(get).addCallbackDeferring(this);
    }
    // 如果从 HBase 表中查找到非空行,则从中获取最后一个点
    final IncomingDataPoint dp = new Internal.GetLastDataPointCB(tsdb).call(row);
    // 将 tsuid 转换成字符串并记录到 IncomingDataPoint 中
    dp.setTSUID(UniqueId.uidToString(tsuid));
    // 根据 resolve_names 字段决定是否将 UID 转换成相应的字符串并保存到 IncomingDataPoint 中
    if (!resolve_names) {
      return Deferred.fromResult(dp);
    }
    // TSUIDQuery.resolveNames() 方法的功能是将 tsuid 中的 metric UID、tag UID 等反解成对应
```

的字符串并填充到 IncomingDataPoint 对象的相应字段中，整个反解过程与前面介绍的 tsuidFromMetric()
    // 方法正好相反，相信读者能够看懂其具体实现，这里就不再详细分析了
    return resolveNames(dp);
  }
}

至此，TSUIDQuery 查询某时序中最后一个点的大致流程和代码实现就分析完了。TSUIDQuery 中还有另外两个方法需要读者了解一下。首先是 getLastWriteTimes() 方法，从名字上也不难看出，该方法主要是获取指定时序最后一次写入的时间戳，具体实现代码如下：

```
public Deferred<ByteMap<Long>> getLastWriteTimes() {
  // ResolutionCB 扫描 tsdb-meta 表，并解析其中保存的最后写入时间戳，后面将详细分析其具体实现
  class ResolutionCB implements Callback<Deferred<ByteMap<Long>>, Object> {
    ... ...
  }
  if (metric_uid == null) {
    // 利用 resolveMetric() 方法将指定的 metric 和 tag 组合字符串转换成 UID，并回调 ResolutionCB
    // 这里就不再展开详细介绍了，感兴趣的读者可以参考源码进行学习
    return resolveMetric().addCallbackDeferring(new ResolutionCB());
  }
  try {
    return new ResolutionCB().call(null);// 直接调用 ResolutionCB
  } catch (Exception e) {
    return Deferred.fromError(e);
  }
}
```

ResolutionCB 首先根据传入的 metric、tag 组合创建用于扫描 tsdb-meta 表的 Scanner 对象，之后将扫描出来的 tsuid 及对应的时间戳记录到 ByteMap<Long>集合中返回，具体实现代码如下：

```
class ResolutionCB implements Callback<Deferred<ByteMap<Long>>, Object> {
  @Override
  public Deferred<ByteMap<Long>> call(Object arg0) throws Exception {
    // 创建 Scanner 对象，TSUIDQuery.getScanner()方法创建 Scanner 对象的过程与前面
    // 介绍的 TsdbQuery 中创建 Scanner 对象的方式类似，只不过扫描的 HBase 表是 tsdb-meta 表，
    // 相信读者在分析完 TsdbQuery 之后，再看 TSUIDQuery.getScanner()方法会发现其简单很多，
    // 这里由于篇幅限制，就不展开分析了
```

```java
final Scanner scanner = getScanner();
scanner.setQualifier(TSMeta.COUNTER_QUALIFIER());
final Deferred<ByteMap<Long>> results = new Deferred<ByteMap<Long>>();
// TSUIDS 集合用来记录最终的扫描结果，其中 Key 为 tsuid, value 为对应的最后写入时间戳
final ByteMap<Long> tsuids = new ByteMap<Long>();

final class ErrBack implements Callback<Object, Exception> {
    ... ... // 处理异常信息(略)
}

class ScannerCB implements Callback<Object,ArrayList<ArrayList<KeyValue>>> {
    public Object scan() {
        // 通过前面创建的 Scanner 扫描 tsdb-meta 表，扫描到的行交给当前的 ScannerCB 进行处理
        return scanner.nextRows().addCallback(this).addErrback(new ErrBack());
    }

    @Override
    public Object call(final ArrayList<ArrayList<KeyValue>> rows) throws Exception {
        // 如果扫描不到数据，则表示扫描结束，返回 TSUIDS 集合(略)
        for (final ArrayList<KeyValue> row : rows) {
            final byte[] tsuid = row.get(0).key();
            tsuids.put(tsuid, row.get(0).timestamp()); // 记录 tsuid 及对应的最后写入时间戳
        }
        return scan();// 递归调用 scan()方法继续扫描后面的
    }
}

new ScannerCB().scan(); // 创建 ScannerCB 并调用其 scan()方法开始扫描 tsdb-meta 表
return results;
```

另一个需要介绍的方法是 getTSMetas()方法，该方法也按照指定条件扫描 tsdb-meta 表，但是其返回的是 tsdb-meta 中记录的元数据（TSMeta 对象集合），这也是与前面介绍的 getLastWriteTimes()方法的主要区别，其他部分的代码实现与其类似。这里就不再对 getTSMetas() 方法展开详细介绍了，感兴趣的读者可以参考源码进行学习。

5.13 Rate 相关

在第 1 章介绍 query 接口查询步骤的时候提到，其中一个名为 "Rate Conversion" 的步骤会根据子查询中的 rate 及 rateOption 字段，将原始时序数据转换为比值。

首先来看一下 RateOptions，它有 counter、counter_max、reset_value、drop_resets 四个字段及相关的 getter/setter 方法，它负责接收子查询中 rateOption 对应字段的值，其中每个字段的大致作用在第 1 章中已经通过示例详细介绍了，这里不再重复。

读者可以回顾一下，在前面分析 AggregationIterator.create()方法时提到，根据 downsampler 参数决定 AggregationIterator.iterators 集合中每个 SeekableView 对象的具体类型，如果 downsampler 参数为 null，则其中每个 SeekableView 都是 Span.Iterator 类型，如果 downsampler 参数不为 null，则其中每个 SeekableView 对象都是 Downsampler 类型。这两种类型的迭代器的功能在前文已经详细分析过了，这里不再赘述。另外，AggregationIterator.create()方法还会根据 rate 参数，决定是否使用 RateSpan 封装上述 SeekableView 对象，相关代码片段如下所示。

```
public static AggregationIterator create(...) {
  final SeekableView[] iterators = new SeekableView[size];
  for (int i = 0; i < size; i++) {
    SeekableView it;
    if (downsampler == null) { // 根据downsampler参数决定使用的SeekableView的实现类型
      it = spans.get(i).spanIterator();
    } else {
      it = spans.get(i).downsampler(start_time, end_time, sample_interval_ms,
          downsampler, fill_policy);
    }
    if (rate) { // 根据rate参数决定是否将上述SeekableView对象封装成RateSpan
      it = new RateSpan(it, rate_options);
    }
    iterators[i] = it;
  }
  return new AggregationIterator(iterators, start_time, end_time, aggregator,
                    method, rate);
}
```

RateSpan 是 SeekableView 接口的实现类之一，其主要功能是在原有 SeekableView 对象的基础上提供计算 rate 的功能。RateSpan 的核心字段及其含义如下所示。

- **source**（SeekableView 类型）：该 RateSpan 对象底层封装的 SeekableView 对象。
- **options**（RateOptions 类型）：控制 Rate Conversion 过程的相关参数，在前面已经详细介绍过了，这里不再重复描述。
- **next_data**（MutableDataPoint 类型）：记录当前从 source 中迭代出来的点。
- **next_rate**（MutableDataPoint 类型）：记录当前迭代到的 rate 值。
- **prev_rate**（MutableDataPoint 类型）：记录上次迭代返回的 rate 值。
- **initialized**（boolean 类型）：记录当前 RateSpan 对象是否已经初始化。

MutableDataPoint 是 DataPoint 接口的实现类之一，它表示的是一个可变的 DataPoint，它封装了如下三个字段。

- **timestamp**（long 类型）：当前点对应的时间戳，默认值为 Long.MAX_VALUE。
- **value**（long 类型）：当前点的 value 值，默认值是 0。
- **is_integer**（boolean 类型）：当前点是否为 int 类型，默认值为 true。

MutableDataPoint 实现的 DataPoint 接口方法都是依赖上述三个字段实现的，这里就不再详细介绍了，感兴趣的读者可以参考源码进行学习。另外，MutableDataPoint 还提供了一个 reset() 方法，该方法根据传入的参数更新 timestamp、value 及 is_integer 字段。

完成 RateSpan 对象的构造后，再来看 hasNext() 方法，它会调用 initializeIfNotDone() 方法，如果第一次调用该方法，则会触发 RateSpan 的初始化。RateSpan.initializeIfNotDone() 方法的具体实现代码如下。

```
public boolean hasNext() {
  initializeIfNotDone();
  // 根据 next_rate 的时间戳判断迭代是否完成
  return next_rate.timestamp() != INVALID_TIMESTAMP;
}

private void initializeIfNotDone() {
  if (!initialized) { // 检测当前 RateSpan 对象是否已经初始化
    initialized = true; // 更新 initialized 字段
    next_data.reset(0, 0);   // 重置 next_data 字段
    populateNextRate();
  }
}
```

populateNextRate() 方法是真正推进 source 迭代及计算 rate 值的地方。在 populateNextRate()

方法中先对 source 进行一次遍历，更新 next_data 字段，然后计算两点之间的差值并根据 RateOption 中指定的参数计算 rate 值，最终得到的 rate 值会记录到 next_rate 字段中，具体实现代码如下：

```
private void populateNextRate() {
  final MutableDataPoint prev_data = new MutableDataPoint(); // 记录上一次迭代的点
  if (source.hasNext()) {    // 对 source 集合进行一次迭代
    prev_data.reset(next_data); // 推进 pre_data
    next_data.reset(source.next());// 推进 next_data

    final long t0 = prev_data.timestamp(); // 获取 pre_data 点和 next_data 点的时间戳
    final long t1 = next_data.timestamp();
    // 检测 t0 和 t1 是否合法，保证 t0<t1(略)
    final double time_delta_secs = ((double)(t1 - t0) / 1000.0); // 计算时间增量
    double difference; // 计算 pre_data 点到 next_data 点的 value 值增量
    if (prev_data.isInteger() && next_data.isInteger()) {
      difference = next_data.longValue() - prev_data.longValue();
    } else {
      difference = next_data.toDouble() - prev_data.toDouble();
    }
    // 根据 difference 值和 options 字段进行分类处理，counter 字段为 true 则表示点的 value 值是
    // 递增的，如果 difference 小于 0，则是出现了溢出
    if (options.isCounter() && difference < 0) {
      if (options.getDropResets()) { // drop_resets 字段为 true，则直接忽略 difference<0 的情况
        populateNextRate();// 调用 populateNextRate()方法开始下一次迭代
        return;
      }
      // 重新计算 difference，并让 counter_max 参与计算
      if (prev_data.isInteger() && next_data.isInteger()) {
        difference = options.getCounterMax() - prev_data.longValue() +
          next_data.longValue();
      } else {
        difference = options.getCounterMax() - prev_data.toDouble() +
          next_data.toDouble();
      }
    }

    final double rate = difference / time_delta_secs; // 计算 rate 值
```

```
    // 如果设置了 reset_value 字段值，则当 rate 超过该值时，会返回 0，下面将计算得到的 rate 值
    // 和时间戳更新到 next_data 字段中
    if (options.getResetValue() > RateOptions.DEFAULT_RESET_VALUE
        && rate > options.getResetValue()) {
      next_rate.reset(next_data.timestamp(), 0.0D);
    } else {
      next_rate.reset(next_data.timestamp(), rate);
    }
  } else { // 未指定 RateOption 相关参数
    next_rate.reset(next_data.timestamp(), (difference / time_delta_secs));
  }
} else { // 迭代结束
  next_rate.reset(INVALID_TIMESTAMP, 0);
}
}
```

下面再来看 RateSpan.next()方法，它也会调用前面介绍的 initializeIfNotDone()方法完成初始化，还会调用 populateNextRate()方法推进迭代流程，具体实现代码如下：

```
public DataPoint next() {
  initializeIfNotDone(); // 调用 initializeIfNotDone()方法完成初始化
  if (hasNext()) {
    prev_rate.reset(next_rate); // 推进 prev_rate 点
    populateNextRate();// 进行迭代，更新 next_rate 点
    return prev_rate; // 返回 prev_rate 点
  } else {
    throw new NoSuchElementException("no more values for " + toString());
  }
}
```

通过 RateSpan 包装之后，在使用 AggregationIterator.iterators 集合中迭代器进行迭代时得到的值都是 rate 值，再经过后续步骤的处理，最终返回给客户端的即为 rate 值。至此，OpenTSDB 中与 Rate Conversion 相关的处理就介绍完了。

5.14 本章小结

本章主要介绍 OpenTSDB 查询时序数据的功能。首先介绍了 OpenTSDB 查询时涉及的一些

基本接口类和实现类，例如 DataPoint 接口、DataPoints 接口，DataPoint 接口抽象了时序数据中的一个数据点，而 DataPoints 接口则是对一组数据点的抽象。

然后，深入分析了 OpenTSDB 在查询过程中对时序数据的抽象，其中涉及 RowSeq、Span 及 SpanGroup 等组件。在 OpenTSDB 中，RowSeq 是对 HBase 表中一行数据的抽象。Span 中封装了多个 RowSeq 对象，即 HBase 表中的多行数据。也就是说，Span 负责管理同一时序跨越多个小时的数据。SpanGroup 管理多个 Span 对象，同一个 SpanGroup 对象管理的多个 Span 对象必须拥有相同的 metric，但是可以有不同的 tagk 或 tagv。与此同时，还介绍了与查询过程中 Aggregation 步骤相关的 Aggregator、AggregationIterator 等组件的具体实现。

接下来继续分析了 OpenTSDB 在查询时序数据的过程中涉及的其他组件，例如 DownsamplingSpecification、Downsampler 等，这些组件与查询过程中的 Downsampling 步骤紧密相关。之后又介绍了 TagVFilter 抽象类及其多个实现类，并分析了每个实现类的具体作用。

在本章剩余的小节中，分析了 TSQuery、TSSubQuery 的具体实现。简单来说，它们分别负责接收 query 接口中的主查询和子查询中的参数。在 OpenTSDB 查询时序数据时，会将子查询都编译成 TsdbQuery 对象，最终由 TsdbQuery 完成查询。这里详细分析了 TsdbQuery 查询时序数据的全过程，涉及 TsdbQuery 的初始化、Scanner 的创建、扫描 HBase 表、聚合、分组、Downsampling 等步骤。另外，我们还详细介绍了 TSUIDQuery 对 "/api/query/last" 接口的支持。最后，介绍了 Rate Conversion 步骤相关的组件，主要是对 RateSpan 实现的分析。

希望读者通过本章的阅读，了解 OpenTSDB 查询时序数据过程中各个步骤的工作原理和相关实现，方便将来在实践中排查问题并进行扩展。另外，由于篇幅限制，OpenTSDB 查询的表达式支持在本书中并未详细介绍，相信读者在理解 TsdbQuery 和 TSUIDQuery 的工作原理之后，可以轻松完成表达式查询相关的代码分析。

第 6 章 元数据

在前面的章节中已经详细介绍了 OpenTSDB 如何存储、写入及压缩时序数据。在 TSDB.addPointInternal() 方法完成时序数据的写入之后，根据当前 OpenTSDB 实例的配置决定是否为相关时序记录元数据信息，相关的代码片段如下：

```java
private Deferred<Object> addPointInternal(final String metric, final long timestamp,
    final byte[] value, final Map<String, String> tags, final short flags) {

  class WriteCB implements Callback<Deferred<Object>, Boolean> {
    @Override
    public Deferred<Object> call(final Boolean allowed) throws Exception {
      ... ... // 时序数据的写入在前面已经详细分析过了，这里不再赘述
      if (meta_cache != null) { // TSMeta 插件，后面有专门的章节介绍 OpenTSDB 的插件机制
        meta_cache.increment(tsuid);
      } else {
        if (config.enable_tsuid_tracking()) {
          if (config.enable_realtime_ts()) {
            if (config.enable_tsuid_incrementing()) {
              TSMeta.incrementAndGetCounter(TSDB.this, tsuid);
            } else {
              TSMeta.storeIfNecessary(TSDB.this, tsuid);
            }
          } else {
            final PutRequest tracking = new PutRequest(meta_table, tsuid,
```

```
                TSMeta.FAMILY(), TSMeta.COUNTER_QUALIFIER(), Bytes.fromLong(1));
            client.put(tracking);
          }
        }
      }
      ... ...  // 省略其他处理逻辑
    }
  }
}
```

这里需要读者了解的是 TSMeta 相关的几个配置项的含义。

- **tsd.core.meta.enable_tsuid_tracking**：当开启该选项时，每次写入一个点的同时还会向 tsdb-meta 表中对应行的对应列中写入一个 1（HBase 同时也会记录此次写入的时间戳）。这样，每个点就对应两次 HBase 写入，这会给 HBase 集群带来一定写入压力，同时也会给 OpenTSDB 带来一定的内存压力。

- **tsd.core.meta.enable_realtime_ts**：当与 tsd.core.meta.enable_tsuid_incrementing 同时开启的时候，在写入点的同时会在 tsdb-meta 表的对应行中记录该 tsuid 的点的个数。如果 tsd.core.meta.enable_tsuid_incrementing 未开启，则仅仅记录 tsuid 的元数据，不记录其中点的个数。

- **tsd.core.meta.enable_tsuid_incrementing**：正如前面所说，当该选项开启时，会在 tsdb-meta 表中记录每个 tsuid 的点的个数，由于每写入一个点的同时还伴随着一个 AtomicIncrementRequest 请求，会给 HBase 集群带来一定写入压力，同时也会给 OpenTSDB 带来一定的内存压力。

6.1 tsdb-meta 表

tsdb-meta 表的主要功能是，为某个特定的时序数据添加关联的元数据，其主要功能类似于 tsdb-uid 表中的 "*_meta" 列。

tsdb-meta 表中的 RowKey 设计与 TSDB 表中的类似，但是并不包含 base_time 部分，也就是前面多次提到的 tsuid，其结构如下：

```
<metric_uid><tagk1_uid><tagv1_uid>[...<tagkN_uid><tagvN_uid>]
```

tsdb-meta 表只有一个叫作 "name" 的 Family，其下有两个 qualifier，分别是 ts_meta 和 ts_counter。ts_meta 列中保存了相应时序数据的元数据，这些元数据也是 JSON 格式的。在 ts_counter 列中保存了相应时序中点的总个数（8 字节的有符号整数）。

另外，tsdb-meta 作为一张 HBase 表，还有一个隐藏属性，HBase 还会记录每次写入的时间戳，在后面的分析中可以看到，OpenTSDB 会利用 ts_counter 这一列的最后写入时间戳作为该时序的最后写入时间戳，从而方便查找对应时序中的最后一个点。

tsdb-meta 表的元数据个数如表 6-1 所示：

表 6-1

RowKey	name	
	ts_meta	ts_counter
0102040101	元数据	10000
0102040102	元数据	23423
0102040103	元数据	4532

6.2 TSMeta

TSMeta 有着与前面介绍的 UIDMeta 类似的字段，如下所示，其中部分字段也是后面将要写入 tsdb-meta 表中的元数据信息。

- **tsuid（String 类型）**：当前 TSMeta 对象关联的 tsuid，每个 tsuid 可以唯一标识一条时序数据。
- **metric（UIDMeta 类型）**：该时序中 metric UID 对应的 UIDMeta 对象，其中记录了 metric UID 对应的元数据，UIDMeta 的相关内容在前面介绍过了，这里不再重复。
- **tags（ArrayList<UIDMeta>类型）**：该时序中 tagk UID 及 tagv UID 对应的 UIDMeta 对象。
- **display_name（String 类型）**：可选项，用于展示的名称，默认与 name 相同。
- **description（String 类型）**：可选项，自定义描述信息。
- **notes（String 类型）**：可选项，详细的描述信息。
- **created（long 类型）**：TSMeta 信息的创建时间。
- **custom（HashMap<String, String>类型）**：用户自定义的附加信息。
- **data_type（String 类型）**：记录对应时序中记录的数据类型,可选值有"counter" "gauge"等。
- **units（String 类型）**：记录时序中数据的单位。
- **changed（HashMap<String, Boolean>类型）**：用于标识某个字段是否被修改过，与前面介绍的 UIDMeta 中的 changed 字段功能类似，这里不再赘述。
- **last_received（long 类型）**：记录时序最后写入的时间戳。

- **total_dps（long 类型）**：记录对应时序中点的总个数。

在 TSMeta 的构造方法中，除了会初始化 tsuid 等字段，还会重置 changed 字段，这与前面介绍的 UIDMeta 的构造方法类似，具体实现不再展开介绍。

我们来看一下 TSMeta.storeNew()方法是如何将新建的 TSMeta 元数据保存到 tsdb-meta 表中的，代码如下：

```java
public Deferred<Boolean> storeNew(final TSDB tsdb) {
  // 检测 tsuid 是否为空(略)
  // 创建 PutRequest, 其中 getStorageJSON()方法会将 TSMeta 序列化成 JSON 数据
  final PutRequest put = new PutRequest(tsdb.metaTable(),
    UniqueId.stringToUid(tsuid), FAMILY, META_QUALIFIER, getStorageJSON());

  final class PutCB implements Callback<Deferred<Boolean>, Object> {
    @Override
    public Deferred<Boolean> call(Object arg0) throws Exception {
      return Deferred.fromResult(true);
    }
  }
  // 调用 HBase 客户端的 put()方法写入元数据
  return tsdb.getClient().put(put).addCallbackDeferring(new PutCB());
}
```

TSMeta.getStorageJSON()方法与前面介绍的 UIDMeta.getStorageJSON()方法类似，返回的也是 TSMeta 序列化后的 JSON 数据，这里不再展开介绍，感兴趣的读者可以参考相关源码进行学习。

TSMeta.syncToStorage()方法主要用于修改元数据的功能，该方法首先加载 tsuid 对应的元数据，然后对比当前 TSMeta 对象与加载得到的元数据，最后执行 CAS 操作完成更新。syncToStorage()方法的大致实现代码如下：

```java
public Deferred<Boolean> syncToStorage(final TSDB tsdb, final boolean overwrite) {
  // 检测 tsuid 是否为空(略)
  boolean has_changes = false;
  for (Map.Entry<String, Boolean> entry : changed.entrySet()) {
    if (entry.getValue()) { // 检测当前 TSMeta 是否有字段被修改
      has_changes = true;
      break;
```

```
    }
  }
  if (!has_changes) {    // 当 TSMeta 中没有任何字段被修改时，会抛出异常
    throw new IllegalStateException("No changes detected in TSUID meta data");
  }

  // 从 tsuid 中解析得到 tagk UID、tagv UID 集合
  final List<byte[]> parsed_tags = UniqueId.getTagsFromTSUID(tsuid);
  // 用记录 metric UID、tagk UID、tagv UID 转换成字符串对应的 Deferred 对象
  ArrayList<Deferred<Object>> uid_group =
    new ArrayList<Deferred<Object>>(parsed_tags.size() + 1);

  // 将 metric UID 反解成相应的字符串
  byte[] metric_uid = UniqueId.stringToUid(tsuid.substring(0, TSDB.metrics_width() * 2));
  uid_group.add(tsdb.getUidName(UniqueIdType.METRIC, metric_uid)
    .addCallback(new UidCB()));

  int idx = 0;
  for (byte[] tag : parsed_tags) {    // 将 tagk UID 和 tagv UID 反解成相应的字符串
    if (idx % 2 == 0) {
      uid_group.add(tsdb.getUidName(UniqueIdType.TAGK, tag.addCallback(new UidCB()));
    } else {
      uid_group.add(tsdb.getUidName(UniqueIdType.TAGV, tag).addCallback(new UidCB()));
    }
    idx++;
  }

  final class ValidateCB implements Callback<Deferred<Boolean>, ArrayList<Object>> {
    ... ...
  }
  // 在将上述 UID 反解成字符串之后，会回调 ValidateCB，其具体实现将在下面进行分析
  return Deferred.group(uid_group).addCallbackDeferring(new ValidateCB(this));
}
```

在 ValidateCB 这个 Callback 实现中完成了三个操作：从 tsdb-meta 表中查询原有 TSMeta 元数据信息；根据原有 TSMeta 对象更新当前 TSMeta 对象；将更新后的 TSMeta 对象存储到 tsdb-meta 表中。ValidateCB 的具体实现代码如下：

```java
final class ValidateCB implements Callback<Deferred<Boolean>, ArrayList<Object>> {
  private final TSMeta local_meta; // 记录当前 TSMeta 对象

  public ValidateCB(final TSMeta local_meta) {
    this.local_meta = local_meta;
  }

  final class StoreCB implements Callback<Deferred<Boolean>, TSMeta> {
    @Override
    public Deferred<Boolean> call(TSMeta stored_meta) throws Exception {
      // 若查询到的 TSMeta 为空，则直接抛出异常(略)
      final byte[] original_meta = stored_meta.getStorageJSON();
      local_meta.syncMeta(stored_meta, overwrite); // 根据原有 TSMeta 更新当前 TSMeta 对象
      final PutRequest put = new PutRequest(tsdb.metaTable(),
          UniqueId.stringToUid(local_meta.tsuid), FAMILY, META_QUALIFIER,
          local_meta.getStorageJSON()); // 创建 PutRequest 请求
      // 通过 HBase 客户端的 CAS 操作，更新 TSMeta 中的元数据
      return tsdb.getClient().compareAndSet(put, original_meta);
    }
  }

  public Deferred<Boolean> call(ArrayList<Object> validated) throws Exception {
    // 调用 getFromStorage()方法查询 tsdb-meta 表，获取原有 TSMeta 对象，完成查询后回调 StoreCB
    return getFromStorage(tsdb, UniqueId.stringToUid(tsuid))
      .addCallbackDeferring(new StoreCB());
  }
}
```

在 ValidateCB 这个 Callback 实现中调用 TSMeta.getFromStorage()方法查询 tsdb-meta 表中记录的元数据，具体实现代码如下：

```java
private static Deferred<TSMeta> getFromStorage(final TSDB tsdb, final byte[] tsuid) {

  final class GetCB implements Callback<Deferred<TSMeta>, ArrayList<KeyValue>> {
    @Override
    public Deferred<TSMeta> call(final ArrayList<KeyValue> row) throws Exception {
      // 检测查询是否为空(略)
      long dps = 0;
```

```
        long last_received = 0;
        TSMeta meta = null;
        
        for (KeyValue column : row) {
          if (Arrays.equals(COUNTER_QUALIFIER, column.qualifier())) {
            dps = Bytes.getLong(column.value());  // 获取 ts_ctr 列的值
            last_received = column.timestamp() / 1000;  // 获取对应时序最后写入的时间戳
          } else if (Arrays.equals(META_QUALIFIER, column.qualifier())) {
            // 获取 ts_meta 列的值，并进行反序列化
            meta = JSON.parseToObject(column.value(), TSMeta.class);
          }
        }
        meta.total_dps = dps;  // 更新 TSMeta 的 total_dps 及 last_received 字段
        meta.last_received = last_received;
        return Deferred.fromResult(meta);
      }
      
    }
    // 创建并执行 GetRequest 请求，在请求执行之后会回调 GetCB
    final GetRequest get = new GetRequest(tsdb.metaTable(), tsuid);
    get.family(FAMILY);
    get.qualifiers(new byte[][] { COUNTER_QUALIFIER, META_QUALIFIER });
    return tsdb.getClient().get(get).addCallbackDeferring(new GetCB());
}
```

TSMeta.storeIfNecessary()方法可以看作是查询元数据和写入元数据的组合，storeIfNecessary()方法先根据指定的 tsuid 查询相应的元数据，如果元数据不存在，则将当前 TSMeta 对象中的元数据写入。storeIfNecessary()方法的实现比较简单，这里就不再展开详细介绍了，感兴趣的读者可以参考源码进行学习。

除了通过前面介绍的方式写入或更新元数据，还可以通过调用 TSMeta.incrementAndGet-Counter()方法更新 ts_ctr 列的值，具体实现代码如下：

```
public static Deferred<Long> incrementAndGetCounter(TSDB tsdb, byte[] tsuid) {
    final class TSMetaCB implements Callback<Deferred<Long>, Long> {
        ... ...  // TSMetaCB 的具体实现将在后面详细介绍
    }
```

```
// 创建并执行 AtomicIncrementRequest 请求
final AtomicIncrementRequest inc = new AtomicIncrementRequest(
    tsdb.metaTable(), tsuid, FAMILY, COUNTER_QUALIFIER);
if (!tsdb.getConfig().enable_realtime_ts()) { // 只更新 ts_ctr 列的值,不会写入 ts_meta 列
    return tsdb.getClient().atomicIncrement(inc);
}
// 开启了 tsd.core.meta.enable_realtime_ts 配置项,并回调 TSMetaCB
return tsdb.getClient().atomicIncrement(inc).addCallbackDeferring(new TSMetaCB());
}
```

通过 TSMetaCB 检测该时序是否是第一次更新 ts_ctr 列,如果是,则 TSMetaCB 会在更新 ts_ctr 列值之后,向 ts_meta 列中写入相应的元数据,具体实现代码如下:

```
final class TSMetaCB implements Callback<Deferred<Long>, Long> {
    @Override
    public Deferred<Long> call(final Long incremented_value) throws Exception {
        if (incremented_value > 1) { // 如果不是第一次写入,则直接返回
            return Deferred.fromResult(incremented_value);
        }
        // 如果是第一次写入,则创建 TSMeta 并在后面将其写入 tsdb-meta 表中
        final TSMeta meta = new TSMeta(tsuid, System.currentTimeMillis() / 1000);

        // 将此次 TSMeta 及相关 UIDMeta 的信息通知给相关插件,具体实现将在后面介绍插件的章节中详细分析
        final class FetchNewCB implements Callback<Deferred<Long>, TSMeta> {
            ... ...
        }

        final class StoreNewCB implements Callback<Deferred<Long>, Boolean> {
            @Override
            public Deferred<Long> call(Boolean success) throws Exception {
                // 检测写入 TSMeta 是否成功(略),写入失败直接返回 0
                // 创建 LoadUIDs,它会根据 tsuid 加载相关的 UIDMeta 对象并其记录到 TSMeta 中,后面会
                // 回调 FetchNewCB,其中将 TSMeta 信息通知给各个相关的插件
                return new LoadUIDs(tsdb, UniqueId.uidToString(tsuid)).call(meta)
                    .addCallbackDeferring(new FetchNewCB());
            }
        }
```

```
        // 写入前面创建的 TSMeta 对象，之后会回调 StoreNewCB
        return meta.storeNew(tsdb).addCallbackDeferring(new StoreNewCB());
    }
}
```

最后，TSMeta 还提供了删除元数据的 delete()方法，该方法只删除 ts_meta 列的数据，不会删除 ts_ctr 列的数据，具体实现代码如下：

```
public Deferred<Object> delete(final TSDB tsdb) {
    // 检测 tsuid 是否合法(略)
    // 创建 DeleteRequest 请求并执行
    final DeleteRequest delete = new DeleteRequest(tsdb.metaTable(),
        UniqueId.stringToUid(tsuid), FAMILY, META_QUALIFIER);
    return tsdb.getClient().delete(delete);
}
```

到这里，TSMeta 的相关内容就介绍完了。"/api/uid/tsmeta" HTTP 接口由 OpenTSDB 网络层中的 UniqueIdRpc 支持，读者简单看一下代码就会发现，它对"/api/uid/tsmeta"接口的支持是调用本节介绍的 TSMeta 方法实现的。

6.3 Annotation

OpenTSDB 将某个时间点上发生的一个事件（Event）抽象成了一个 Annotation 对象。Annotation 会关联一个 start_time 用于表示该事件发生的起始时间。如果 Annotation 指定了 end_time，则表示该事件是发生在 start_time~end_time 这个时间段的持续事件，否则就表示该事件是发生在 start_time 时间点上的瞬时事件。Annotation 还可以与一条时序数据进行关联（tsuid），表示发生在该时序上的事件，也称为 Local Annotation（本地事件），如果未关联 tsuid，则为 Global Annotation（全局事件）。

在前面的介绍中也提到过 Annotation 与时序数据存储在同一张 HBase 表（即 TSDB 表）中。其中，Local Annotation 会根据 start_time 与关联的时序存放到 TSDB 表的同一行中，Global Annotation 则是根据 start_time 存放到单独行中，不会与任何时序数据混合存放。另外需要读者回顾一下本章第 1 节（TSDB 表设计）的内容，其中提到 Annotation 与时序数据是通过不同的 qualifier 进行区别的。

下面来介绍一下 Annotation 中核心字段的含义。

- **start_time**（**long 类型**）：当前 Annotation 对象对应事件的起始时间戳。Annotation 中

实现的 ompareTo() 方法是通过比较该字段实现的。
- **end_time（long 类型）**：对应事件的结束时间戳。
- **tsuid（String 类型）**：关联时序的 tsuid。
- **description（String 类型）**：对应事件的简单描述信息。
- **notes（String 类型）**：对应事件的详细描述信息。
- **custom（HashMap<String, String>类型）**：用户自定义的附加信息。
- **changed（HashMap<String, Boolean>类型）**：用于标识某个字段是否被修改过。

在 Annotation.syncToStorage() 方法中完成了 Annotation 的写入（或更新）操作，具体实现代码如下：

```
public Deferred<Boolean> syncToStorage(final TSDB tsdb, final Boolean overwrite) {
// 检测 start_time 是否合法(略)
// 检测是否有字段发生过修改(略)

  final class StoreCB implements Callback<Deferred<Boolean>, Annotation> {
    @Override
    public Deferred<Boolean> call(final Annotation stored_note) throws Exception {
      final byte[] original_note = stored_note == null ? new byte[0] :
        stored_note.getStorageJSON();   // 获取已存在 Annotation 的数据

      if (stored_note != null) {
        // 根据已存在的 Annotation 信息更新当前的 Annotation，在前面介绍的 TSMeta 和 UIDMeta 中
        // 有类似的方法，这里不再展开分析
        Annotation.this.syncNote(stored_note, overwrite);
      }

      final byte[] tsuid_byte = tsuid != null && !tsuid.isEmpty() ?
          UniqueId.stringToUid(tsuid) : null;
// 创建 PutRequest 请求并完成 Annotation 的写入，其中通过 getRowKey() 方法获取该 Annotation
// 对象对应的 RowKey，通过 getQualifier() 方法获取该 Annotation 对象对应的 qualifier
      final PutRequest put = new PutRequest(tsdb.dataTable(),
          getRowKey(start_time, tsuid_byte), FAMILY,
          getQualifier(start_time),
          Annotation.this.getStorageJSON());
// 调用 compareAndSet() 方法完成写入
```

```
      return tsdb.getClient().compareAndSet(put, original_note);
   }

}
// 通过getAnnotation()方法查询HBase中已有的Annotation，之后会回调StoreCB完成写入（或更新）
if (tsuid != null && !tsuid.isEmpty()) {
  return getAnnotation(tsdb, UniqueId.stringToUid(tsuid), start_time)
    .addCallbackDeferring(new StoreCB());
}
return getAnnotation(tsdb, start_time).addCallbackDeferring(new StoreCB());
}
```

下面先来介绍一下 Annotation.getRowKey()方法是如何创建 Annotation 对象对应的 RowKey 的，其中为 Global Annotation 和 Local Annotation 产生的 RowKey 是不同的，具体实现代码如下：

```
private static byte[] getRowKey(final long start_time, final byte[] tsuid) {
  final long base_time;
  if ((start_time & Const.SECOND_MASK) != 0) { // 将start_time转换成base_time
    base_time = ((start_time / 1000) - ((start_time / 1000) % Const.MAX_TIMESPAN));
  } else {
    base_time = (start_time - (start_time % Const.MAX_TIMESPAN));
  }

  //若tsuid为空，则是为Global Annotation创建RowKey，该RowKey中只有base_time
  if (tsuid == null || tsuid.length < 1) {
    final byte[] row = new byte[Const.SALT_WIDTH() +
                    TSDB.metrics_width() + Const.TIMESTAMP_BYTES];
    Bytes.setInt(row, (int) base_time, Const.SALT_WIDTH() + TSDB.metrics_width());
    return row;
  }

  // 若tsuid不为空，则为Local Annotation，对应的RowKey与前面介绍的时序数据的RowKey一致，
  // 也是由salt、metric_uid、base_time和tag UID四部分构成
  final byte[] row = new byte[Const.SALT_WIDTH() + Const.TIMESTAMP_BYTES + tsuid.length];
  // 填充metric_uid
  System.arraycopy(tsuid, 0, row, Const.SALT_WIDTH(), TSDB.metrics_width());
  // 填充base_time
  Bytes.setInt(row, (int) base_time, Const.SALT_WIDTH() + TSDB.metrics_width());
```

```
// 填充tagk_uid和tagv_uid
System.arraycopy(tsuid, TSDB.metrics_width(), row, Const.SALT_WIDTH() +
 TSDB.metrics_width() + Const.TIMESTAMP_BYTES, (tsuid.length - TSDB.metrics_width()));
RowKey.prefixKeyWithSalt(row);  // 计算并填充salt部分
return row;
}
```

Annotation.getQualifier()方法根据 start_time 字段创建对应的 qualifier，前面提到 Annotation 的 qualifier 为 3 或 5 个字节，且第一个字节始终未填充 0x01，这是其与时序数据的 qualifier 的主要区别。getQualifier()方法的具体实现代码如下：

```
private static byte[] getQualifier(final long start_time) {
  // 检测start_time是否合法(略)
  final long base_time;
  final byte[] qualifier;
  long timestamp = start_time;
  if (timestamp % 1000 == 0) {
    timestamp = timestamp / 1000;
  }
  if ((timestamp & Const.SECOND_MASK) != 0) { // 毫秒级时间戳对应5个字节的qualifier
    base_time = ((timestamp / 1000) - ((timestamp / 1000) % Const.MAX_TIMESPAN));
    qualifier = new byte[5];
    final int offset = (int) (timestamp - (base_time * 1000));
    System.arraycopy(Bytes.fromInt(offset), 0, qualifier, 1, 4); // 填充2~5个字节
  } else { // 毫秒级时间戳对应3个字节的qualifier
    base_time = (timestamp - (timestamp % Const.MAX_TIMESPAN));
    qualifier = new byte[3];
    final short offset = (short) (timestamp - base_time);
    System.arraycopy(Bytes.fromShort(offset), 0, qualifier, 1, 2); // 填充2~3两个字节
  }
  qualifier[0] = PREFIX; // 第一个字节始终填充 0x01
  return qualifier;
}
```

接下来看 Annotation.getAnnotation()方法，该方法根据指定的 tsuid 和 start_time 查询 Local Annotation 对象，在 Annotation 中，其他的 getAnnotation()方法重载都是调用这里分析的重载实现的，具体实现代码如下：

```java
public static Deferred<Annotation> getAnnotation(final TSDB tsdb,
    final byte[] tsuid, final long start_time) {

  final class GetCB implements Callback<Deferred<Annotation>, ArrayList<KeyValue>> {
    @Override
    public Deferred<Annotation> call(final ArrayList<KeyValue> row) throws Exception {
      // 将从 HBase 表中查询到的 JSON 数据反序列化成 Annotation 对象返回
      Annotation note = JSON.parseToObject(row.get(0).value(),Annotation.class);
      return Deferred.fromResult(note);
    }

  }
  // 先调用 getRowKey()方法创建 RowKey,之后创建 GetRequest 请求
  final GetRequest get = new GetRequest(tsdb.dataTable(), getRowKey(start_time, tsuid));
  get.family(FAMILY);
  get.qualifier(getQualifier(start_time)); // 调用 getQualifier()方法得到对应的 qualifier
  // 执行 GetRequest 进行查询,并回调 GetCB
  return tsdb.getClient().get(get).addCallbackDeferring(new GetCB());
}
```

除查询 Local Annotation 外,Annotation 还提供了 getGlobalAnnotations()方法用于查询 Global Annotation,具体实现代码如下:

```java
public static Deferred<List<Annotation>> getGlobalAnnotations(final TSDB tsdb,
    final long start_time, final long end_time) {
  // 检测 start_time 和 end_time 是否合法(略)
  // 在 ScannerCB 中会根据 start_time 和 end_time 扫描 TSDB 表查询 Global Annotation
  final class ScannerCB implements Callback<Deferred<List<Annotation>>,
      ArrayList<ArrayList<KeyValue>>> {
    // 扫描 TSDB 表的 Scanner 对象,在 ScannerCB 的构造函数中会初始化该字段
    final Scanner scanner;
    // 记录扫描得到的 Annotation 对象
    final ArrayList<Annotation> annotations = new ArrayList<Annotation>();

    public ScannerCB() {
      byte[] start = new byte[...]; // 扫描的起始 RowKey
      byte[] end = new byte[...]; // 扫描的终止 RowKey
```

```java
    // 格式化 start_time 和 end_time
    long normalized_start = (start_time - (start_time % Const.MAX_TIMESPAN));
    long normalized_end = (end_time -
        (end_time % Const.MAX_TIMESPAN) + Const.MAX_TIMESPAN);
    Bytes.setInt(start, (int) normalized_start,
        Const.SALT_WIDTH() + TSDB.metrics_width());
    Bytes.setInt(end, (int) normalized_end,
        Const.SALT_WIDTH() + TSDB.metrics_width());
    scanner = tsdb.getClient().newScanner(tsdb.dataTable());// 创建 Scanner 对象
    scanner.setStartKey(start); // 设置扫描的起始 RowKey
    scanner.setStopKey(end);    // 设置扫描的终止 RowKey
    scanner.setFamily(FAMILY);  // 设置扫描的 Family
}

public Deferred<List<Annotation>> scan() {
    return scanner.nextRows().addCallbackDeferring(this);
}

@Override
public Deferred<List<Annotation>> call (
    final ArrayList<ArrayList<KeyValue>> rows) throws Exception {
    // 如果扫描结果为空,则表示扫描结束,直接返回 annotations 集合(略)
    for (final ArrayList<KeyValue> row : rows) {
      for (KeyValue column : row) { // 遍历扫描结果,创建对应的 Annotation 对象
        if ((column.qualifier().length == 3 || column.qualifier().length == 5)
            && column.qualifier()[0] == PREFIX()) {
          Annotation note = JSON.parseToObject(column.value(),
              Annotation.class);
          if (note.start_time < start_time || note.end_time > end_time) {
            continue;
          }
          annotations.add(note);  // 将 Annotation 对象记录到 annotations 集合中
        }
      }
    }
    return scan();
}
```

```java
    return new ScannerCB().scan();
}
```

最后，在 Annotation.delete()方法中根据 tsuid 及 start_time 字段删除 HBase 表中相应的 Local Annotation，具体实现比较简单，感兴趣的读者可以参考源码进行学习。而 Annotation.deleteRange() 方法则会删除指定范围的 Global Annotation 和 Local Annotation，具体实现代码如下：

```java
public static Deferred<Integer> deleteRange(final TSDB tsdb,
    final byte[] tsuid, final long start_time, final long end_time) {
  // 检测 start_time 和 end_time 是否合法(略)
  // delete_requests 集合用来记录每个删除操作对应的 Deferred 对象
  final List<Deferred<Object>> delete_requests = new ArrayList<Deferred<Object>>();
  // 创建 Scanner 扫描时使用的起止 RowKey(略)

  // 在 ScannerCB 中会扫描 HBase 表，同时也会删除扫描到的 Annotation 对象
  final class ScannerCB implements Callback<Deferred<List<Deferred<Object>>>,
      ArrayList<ArrayList<KeyValue>>> {
    final Scanner scanner;

    public ScannerCB() {
      scanner = tsdb.getClient().newScanner(tsdb.dataTable());
      scanner.setStartKey(start_row);
      scanner.setStopKey(end_row);
      scanner.setFamily(FAMILY);
      if (tsuid != null) {
        final List<String> tsuids = new ArrayList<String>(1);
        tsuids.add(UniqueId.uidToString(tsuid));
        Internal.createAndSetTSUIDFilter(scanner, tsuids);
      }
    }

    public Deferred<List<Deferred<Object>>> scan() {
      return scanner.nextRows().addCallbackDeferring(this);
    }

    @Override
    public Deferred<List<Deferred<Object>>> call (
        final ArrayList<ArrayList<KeyValue>> rows) throws Exception {
```

```java
        // 如果扫描结果为空，则表示扫描结束(略)

        for (final ArrayList<KeyValue> row : rows) { // 遍历扫描结果，并进行删除
          final long base_time = Internal.baseTime(tsdb, row.get(0).key());
          for (KeyValue column : row) {
            if ((column.qualifier().length == 3 || column.qualifier().length == 5)
                && column.qualifier()[0] == PREFIX()) { // 根据qualifier查找Annotation的数据
              final long timestamp = timeFromQualifier(column.qualifier(), base_time);
              if (timestamp < start_time || timestamp > end_time) {
                continue;
              }
              // 创建DeleteRequest并进行删除
              final DeleteRequest delete = new DeleteRequest(tsdb.dataTable(),
                  column.key(), FAMILY, column.qualifier());
              delete_requests.add(tsdb.getClient().delete(delete));
            }
          }
        }
      return scan();
    }
}

// 在ScannerDoneCB中等待ScannerCB中所有的删除操作完成，其实现比较简单，不再进行详细介绍
final class ScannerDoneCB implements Callback<Deferred<ArrayList<Object>>,
  List<Deferred<Object>>> {
  ... ...
}

// 在GroupCB中等待所有删除操作完成之后，返回删除的Annotation个数，其实现比较简单，不再进行
// 详细介绍
final class GroupCB implements Callback<Deferred<Integer>, ArrayList<Object>> {
  ... ...
}
// 在ScannerCB扫描的过程中同时删除扫描到的Annotation
Deferred<ArrayList<Object>> scanner_done = new ScannerCB().scan()
    .addCallbackDeferring(new ScannerDoneCB());
return scanner_done.addCallbackDeferring(new GroupCB());
}
```

到这里，Annotation 的相关内容就介绍完了。另外，在前面介绍的 OpenTSDB 网络层中，并没有详细讲解 AnnotationRpc 的具体实现，读者简单看一下代码就会发现，其底层实现都是调用本节介绍的 Annotation 的方法实现的。

6.4　本章小结

本章主要介绍了 OpenTSDB 中元数据的相关内容。首先介绍了存储 TSMeta 元数据的 tsdb-meta 表的 RowKey 设计及整张 tsdb-meta 表的结构。然后，详细分析了 TSMeta 类的核心字段、增删改查 TSMeta 元数据的具体实现。最后，介绍了 Annotation 的内容，虽然 Annotation 不能算是元数据，但是其实现方法与 TSMeta 及 UIDMeta 十分类似，这里主要分析了 Annotation 中增删改查的相关方法。

第 7 章 Tree

OpenTSDB 从 2.0 版本开始引进了 Tree 的概念，它按照树形层次结构组织时序，这样就可以像浏览文件系统一样浏览时序了，有点类似于我们熟知的索引结构。用户通过自定义多个 Tree 得到自己最方便使用的树形结构。

读者应该了解了数据结构中的树结构，这里只简单介绍一下 OpenTSDB 中 Tree 的相关概念。

- **Branch**：Branch 表示树形结构中的节点，Branch 会记录其关联的子节点及父节点。
- **Leaf**：Leaf 表示树形结构中的叶子节点，它会关联 OpenTSDB 中的一条时序数据。
- **Root**：Root 表示树形结构中的根节点。
- **Depth**：Depth 表示从 Root 节点到指定节点的距离。
- **Path**：在树形结构中，Path 是由从 Root 节点到指定节点所经过的所有节点名称构成的。
- **Rule**：Rule 表示用户自定义的一些规则，这些规则控制着一棵树形结构如何构造。Rule 分为多个层级（level），level 值越小，优先级越高，同一层级中可能包含多个 Rule，其优先级顺序按照 order 排列，order 越小，优先级越高。另外，每个 Rule 的类型也有所区别，Rule 的具体内容后面会进行详细介绍。

7.1　tsdb-tree 表设计

介绍完 Tree 涉及的基本概念之后，我们来介绍一下 OpenTSDB 中与 Tree 相关的 HBase 表（默认表名为 tsdb-tree）是如何设计的。OpenTSDB 会为每棵树分配一个 UID（从 1 开始分配），在 tsdb-tree 表中所有与该树相关的 RowKey，都会以该树的 UID 为前缀（前两个字节）。

首先，树形结构的定义会存储在 RowKey 为 tree_uid 的行中，在该行中以 JSON 的格式存储树形结构定义的基本信息（例如描述信息等），存储在名为"tree"的列中。其次，该行中还存储 Root 节点的信息，存储在名为"branch"的列中。最后，该行中还存储该树形结构中使用的 Rule 信息，存储 Rule 信息的列名都以"tree_rule:"开头，其完整的列名格式为"rule:<level>:<order>"，其中 level 表示该 Rule 所处的处理层级，order 表示该 Rule 在同层级中的处理顺序，存储的 Value 也是 JSON 格式的数据。

Branch 节点的 RowKey 格式一般由 tree_uid 和 branch_id 两部分构成，其中 tree_uid 为 RowKey 的开头两个字节，branch_id 是当前 Branch 节点及父 Branch 节点的名称的 Hash 值拼接。这里通过一个示例进行简单介绍，如图 7-1 所示，这是树形结构的一部分，每个 Branch 名称的 Hash 值也在图中展示出来了。

图 7-1

假设 tree_uid 为 1，那么"dc01"这个 Branch 对应的 RowKey 为"\x00\x01\x00\x01\x83\x8F"，"tomcat01"这个 Branch 对应的 RowKey 为"\x00\x01\x00\x01\x83\x8F\x06\xBC\x4C\x55"，"http_request_qps"这个 Branch 对应的 RowKey 为"\x00\x01\x00\x01\x83\x8F\x06\xBC\x4C\x55\x06\x38\x7C\xF5"。

在 Branch 对应行中以 JSON 格式存储对 Branch 节点描述的信息及其子节点的信息，这些信息保存在名为"branch"的列中，如果该列出现在 RowKey 为 tree_uid 的行中，则记录的是 Root Branch 的对应信息。

在 Leaf 对应行中有一个名为"leaf:<TSUID>"的列，该列名中的"TSUID"就是该 Leaf 节点对应时序的 tsuid，该列中存储的 Value 值也是一个 JSON，它记录了当前 Leaf 节点的描述信息。

在每个树形结构中都会包含两个特殊性的行，其中一行的 RowKey 是"tree_uid\x01"，在该行中记录了出现冲突的 RowKey。另一行的 RowKey 是"tree_uid\0x02"，在该行中记录了出现不匹配的 RowKey。

7.2 Branch

了解了 OpenTSDB 中与 Tree 相关的基本概念及 tsdb-meta 的设计之后，我们开始深入分析

OpenTSDB 中的相关实现。首先来看 Branch 中记录的具体信息，这也是 Branch 中的关键字段，如下。

- **tree_id（int 类型）**：当前 Branch 所属的树形结构的 id。
- **leaves（HashMap<Integer, Leaf>类型）**：记录了当前 Branch 下所有的叶子节点，其中 Value 是叶子节点对应的 Leaf 对象，Key 则是 Leaf 对象的 Hash 值。
- **branches（TreeSet<Branch>类型）**：记录了当前 Branch 下的所有子节点。leaves 和 braches 两个集合都会延迟到第一次使用时进行初始化。另外，Branch 中提供了 addChild()方法和 addLeaf()方法向这两个集合中添加元素，这两个方法比较简单，感兴趣的读者可以参考源码进行学习。
- **path（TreeMap<Integer, String>）**：当前 Branch 的 path，该集合中的 Value 是父节点的 display_name，Key 则是其对应 Branch 对象的 depth。需要读者注意的是，这里使用了 TreeMap 类型的 Map，它会按照 depth 对 Branch 名称进行排序。
- **display_name（String 类型）**：当前节点的名称。

首先来看 Branch 中的 storeBranch()方法，该方法负责将 Branch 的定义记录到 HBase 表中，并将 path、display_name 等信息以 JSON 的格式进行存储，具体代码实现如下：

```
public Deferred<ArrayList<Boolean>> storeBranch(final TSDB tsdb,
    final Tree tree, final boolean store_leaves) {
  // 检测 tree_id 是否合法(略)
  final ArrayList<Deferred<Boolean>> storage_results =
    new ArrayList<Deferred<Boolean>>(leaves != null ? leaves.size() + 1 : 1);

  // 创建当前 Branch 对应的 RowKey, 在下面会详细介绍其实现过程
  final byte[] row = this.compileBranchId();
  // 将当前 Branch 对象的相关信息序列化成 JSON, 其中只涉及 path 和 display_name 两个字段
  // toStorageJson()方法实现比较简单, 这里就不再展开详细介绍了, 感兴趣的读者可以参考源码进行学习
  final byte[] storage_data = toStorageJson();
  // 创建 PutRequest 请求, 该请求会将上面得到的 JSON 数据写入对应行的"branch"列中
  final PutRequest put = new PutRequest(tsdb.treeTable(), row, Tree.TREE_FAMILY(),
      BRANCH_QUALIFIER, storage_data);
  put.setBufferable(true);
  // 通过 HBase 客户端的 CAS 操作完成写入
  storage_results.add(tsdb.getClient().compareAndSet(put, new byte[0]));

  // 根据 store_leaves 参数决定是否存储当前 Branch 下的 Leaf 对象, Leaf 的相关方法在后面进行详细分析
```

```
    if (store_leaves && leaves != null && !leaves.isEmpty()) {
      for (final Leaf leaf : leaves.values()) {
        storage_results.add(leaf.storeLeaf(tsdb, row, tree));
      }
    }
    return Deferred.group(storage_results);
}
```

在 storeBranch()方法中调用 compileBranchId()方法创建当前 Branch 对应的 RowKey，RowKey 的组成部分在本节开始已经介绍过了，这里不再赘述，读者可以结合前面对 Branch RowKey 的介绍来分析 compileBranchId()方法，具体实现代码如下：

```
public byte[] compileBranchId() {
    // 在为 Branch 对象创建 RowKey 时，需要使用 tree_id、path 及 display_name 三个字段，
    // 这里会先检测这三个字段，如果发现任何一项字段为空，则会抛出异常(略)

    // 整理 path 集合，确保当前 Branch 对象的名称是 path 集合的最后一项
    if (path.isEmpty()) {
        path.put(0, display_name);
    } else if (!path.lastEntry().getValue().equals(display_name)) {
        final int depth = path.lastEntry().getKey() + 1;
        path.put(depth, display_name);
    }

    final byte[] branch_id = new byte[Tree.TREE_ID_WIDTH() +
                                ((path.size() - 1) * INT_WIDTH)];
    int index = 0;
    // 将 tree_id 转换成 byte[]数组，并记录到 branch_id 中
    final byte[] tree_bytes = Tree.idToBytes(tree_id);
    System.arraycopy(tree_bytes, 0, branch_id, index, tree_bytes.length);
    index += tree_bytes.length;

    for (Map.Entry<Integer, String> entry : path.entrySet()) {
        if (entry.getKey() == 0) { // 跳过 root 节点，这样可以减少 RowKey 的长度
            continue;
        }
        // 按序遍历 path 集合，计算每个 display_name 的 Hash 值，并记录到 branch_id 中
        final byte[] hash = Bytes.fromInt(entry.getValue().hashCode());
```

```
        System.arraycopy(hash, 0, branch_id, index, hash.length);
        index += hash.length;
    }
    return branch_id;
}
```

分析完 Branch 的写入之后,再来看查询 Branch 的相关方法。在 Branch 中提供了两个查询方法,分别是 fetchBranchOnly() 方法和 fetchBranch() 方法,从名字上也能看出来,fetchBranchOnly() 方法只会加载 Branch 对象本身,而 fetchBranch() 方法除了加载 Branch 对象本身,还会加载其子节点及其叶子节点。这里我们重点分析 fetchBranch() 方法,fetchBranchOnly() 方法的实现相对来说比较简单,留给读者自行分析。Branch.fetchBranch() 方法的步骤与前面 Annotation 等元数据的查询类似,大致为:

(1) 根据传入的 branch_id 创建 Scanner 对象用于扫描 HBase 表。

(2) 使用 Scanner 扫描 HBase 表,并将扫描到的结果信息封装成 Branch。

(3) 根据 load_leaf_uids 参数决定是否查询 Leaf 信息。

下面来看创建 Scanner 对象的过程,该过程是在 Branch.setupBranchScanner() 方法中实现的,并不复杂,主要涉及扫描起始和终止 RowKey 及扫描时使用的正则表达式的构造,相关代码如下:

```
private static Scanner setupBranchScanner(final TSDB tsdb, final byte[] branch_id) {
    final byte[] start = branch_id;
    final byte[] end = Arrays.copyOf(branch_id, branch_id.length);
    final Scanner scanner = tsdb.getClient().newScanner(tsdb.treeTable());
    scanner.setStartKey(start);// 设置扫描的起始 RowKey,即 branch_id

    byte[] tree_id = new byte[INT_WIDTH];
    for (int i = 0; i < Tree.TREE_ID_WIDTH(); i++) {
        tree_id[i + (INT_WIDTH - Tree.TREE_ID_WIDTH())] = end[i];
    }
    // 为了扫描 branch_id 开始的整棵子树,这里直接将 tree_id 加 1 即可
    int id = Bytes.getInt(tree_id) + 1;
    tree_id = Bytes.fromInt(id);
    for (int i = 0; i < Tree.TREE_ID_WIDTH(); i++) {
        end[i] = tree_id[i + (INT_WIDTH - Tree.TREE_ID_WIDTH())];
    }
    scanner.setStopKey(end); // 设置扫描终止的 RowKey
```

```
scanner.setFamily(Tree.TREE_FAMILY());
// 设置扫描使用的正则表达式，该正则表达式主要是为了匹配出当前 branch_id 下的子节点
final StringBuilder buf = new StringBuilder((start.length * 6) + 20);
buf.append("(?s)" + "^\\Q");
for (final byte b : start) {
  buf.append((char) (b & 0xFF));
}
buf.append("\\E(?:.{").append(INT_WIDTH).append("})?$");
scanner.setKeyRegexp(buf.toString(), CHARSET);
return scanner;
}
```

下面开始正式分析 fetchBranch() 方法的具体实现，代码如下：

```
public static Deferred<Branch> fetchBranch(final TSDB tsdb,
    final byte[] branch_id, final boolean load_leaf_uids) {

  final Deferred<Branch> result = new Deferred<Branch>();
  final Scanner scanner = setupBranchScanner(tsdb, branch_id); // 创建 Scanner 对象

  final Branch branch = new Branch(); // 此次查询最终返回的 Branch 对象
  final ArrayList<Deferred<Object>> leaf_group = new ArrayList<Deferred<Object>>();

  // LeafErrBack 用于处理查询 Leaf 时产生的异常，其实现比较简单，这里不再赘述
  final class LeafErrBack implements Callback<Object, Exception> {
      ... ...
  }

  // 当叶子节点对应的 Leaf 对象被查询出来之后，会通过 LeafCB 回调将其记录到父 Branch 中
  final class LeafCB implements Callback<Object, Leaf> {
    public Object call(final Leaf leaf) throws Exception {
      if (leaf != null) {
        if (branch.leaves == null) {
          branch.leaves = new HashMap<Integer, Leaf>();
        }
        branch.leaves.put(leaf.hashCode(), leaf);
      }
      return null;
```

```
    }
  }

  // FetchBranchCB 真正完成了 Branch 和 Leaf 查询的 Callback 实现，其具体实现过程将在后面进行详
  // 细介绍
  final class FetchBranchCB implements Callback<Object,
    ArrayList<ArrayList<KeyValue>>> {
    ... ...
  }

  new FetchBranchCB().fetchBranch();  // 创建 FetchBranchCB 对象并触发查询
  return result;
}
```

FetchBranchCB 首先使用前面创建的 Scanner 对象扫描 tsdb-tree 表，然后根据加载数据判断应该转换成 Branch 还是 Leaf 对象，并对其进行组装，具体实现代码如下：

```
final class FetchBranchCB implements Callback<Object, ArrayList<ArrayList<KeyValue>>> {

  public Object fetchBranch() {
    return scanner.nextRows().addCallback(this);
  }

  @Override
  public Object call(final ArrayList<ArrayList<KeyValue>> rows)
    throws Exception {
    // 检测 rows 查询结果是否为空，若为空则表示查询结束(略)

    for (final ArrayList<KeyValue> row : rows) { // 遍历扫描结果
      for (KeyValue column : row) {
        // 根据列名确定扫描到的是 Branch 还是 Leaf
        if (Bytes.equals(BRANCH_QUALIFIER, column.qualifier())) {
          if (Bytes.equals(branch_id, column.key())) { // 扫描到 branch_id 对应的 Branch
            // 扫描到 branch_id 指定的 Branch 对象，并进行反序列化得到 branch_id 对应的 Branch 对象
            final Branch local_branch = JSON.parseToObject(column.value(), Branch.class);
            // 初始化 Branch 对象中各个字段
            branch.path = local_branch.path;
```

```
            branch.display_name = local_branch.display_name;
            branch.tree_id = Tree.bytesToId(column.key());
        } else { // 扫描到子 Branch, 反序列化后添加到父 Branch 的 branches 集合中
            final Branch child = JSON.parseToObject(column.value(), Branch.class);
            child.tree_id = Tree.bytesToId(column.key());
            branch.addChild(child);
        }
    } else if (Bytes.memcmp(Leaf.LEAF_PREFIX(), column.qualifier(), 0,
             Leaf.LEAF_PREFIX().length) == 0) {
        // 扫描到叶子节点,对叶子节点的具体处理在后面分析 Leaf 时详细介绍
        if (Bytes.equals(branch_id, column.key())) {
            leaf_group.add(Leaf.parseFromStorage(tsdb, column, load_leaf_uids)
                .addCallbacks(new LeafCB(), new LeafErrBack(column.qualifier())));
        } else { // 空实现 }
        }
    }
  }
}
return fetchBranch();
}
```

7.3 Leaf

介绍完 Branch 的具体实现之后,我们再来看树形结构中另一个重要组成部分——Leaf。正如前面介绍的那样,Leaf 表示的是树形结构中的叶子节点。下面来介绍 Leaf 中核心字段的含义,如下所示。

- tsuid（String 类型）：关联时序的 tsuid。
- metric（String 类型）：关联时序的 metric。
- tags（HashMap<String, String>类型）：关系时序的 tag 组合。
- display_name（String 类型）：当前 Leaf 的名称。

Leaf 中提供的方法与上节介绍的 Branch 类似,其中 getFromStorage()方法负责查询 Leaf 对象,具体实现代码如下：

```
private static Deferred<Leaf> getFromStorage(final TSDB tsdb,
    final byte[] branch_id, final String display_name) {
```

```java
final Leaf leaf = new Leaf();// 根据传入的参数创建 Leaf 对象
leaf.setDisplayName(display_name);
// 创建 GetRequest，指定查询的表名、RowKey、family、列名
final GetRequest get = new GetRequest(tsdb.treeTable(), branch_id);
get.family(Tree.TREE_FAMILY());
get.qualifier(leaf.columnQualifier());

final class GetCB implements Callback<Deferred<Leaf>, ArrayList<KeyValue>> {
  @Override
  public Deferred<Leaf> call(ArrayList<KeyValue> row) throws Exception {
    // 检测查询到的行是否为空(略)
    // 将查询到的 JSON 数据进行反序列化，得到 Leaf 对象
    final Leaf leaf = JSON.parseToObject(row.get(0).value(), Leaf.class);
    return Deferred.fromResult(leaf);
  }
}
// 执行 GetRequest，并回调 GetCB
return tsdb.getClient().get(get).addCallbackDeferring(new GetCB());
}
```

Leaf.storeLeaf()方法负责将存储的 Leaf 对象存储到 tsdb-tree 表中，在通过 CAS 进行写入时会认为不存在 branch_id 相同的 Leaf 对象，如果存在，则通过 LeafStoreCB 回调进行冲突检测，具体实现代码如下：

```java
public Deferred<Boolean> storeLeaf(TSDB tsdb, byte[] branch_id, Tree tree) {
  // 在 LeafStoreCB 这个 Callback 实现中，根据下面 CAS 写入的结果进行一系列操作，具体实现将在后
  // 面进行详细介绍
  final class LeafStoreCB implements Callback<Deferred<Boolean>, Boolean> {
    ... ...
  }

  final PutRequest put = new PutRequest(tsdb.treeTable(), branch_id,
     Tree.TREE_FAMILY(), columnQualifier(), toStorageJson());
  return tsdb.getClient().compareAndSet(put, new byte[0])
    .addCallbackDeferring(new LeafStoreCB(this));
}
```

下面我们深入 LeafStoreCB 这个 Callback 的具体实现。首先检测 CAS 写入是否成功，如果写入失败，则会查询 tsdb-tree 表，然后比较已有 Leaf 对象与待写入 Leaf 对象的 tsuid 是否冲突。

LeafStoreCB 的具体实现代码如下：

```
class LeafStoreCB implements Callback<Deferred<Boolean>, Boolean> {

    final Leaf local_leaf; // 记录当前写入的 Leaf 对象

    public Deferred<Boolean> call(final Boolean success) throws Exception {
        // 检测前面的 CAS 写入操作是否成功，如果写入成功，则直接返回(略)
        final class LeafFetchCB implements Callback<Deferred<Boolean>, Leaf> {
            @Override
            public Deferred<Boolean> call(final Leaf existing_leaf) throws Exception {
                if (existing_leaf == null) { // 未查询到已存在的 Leaf 对象
                    return Deferred.fromResult(false);
                }
                if (existing_leaf.tsuid.equals(tsuid)) {
                    // 如果已存在的 Leaf 对象与待写入的 Leaf 对象的 branch_id、tsuid 都相同，
                    // 则两个 Leaf 对象相同，认为前面的 CAS 写入成功，直接返回
                    return Deferred.fromResult(true);
                }
                // 如果两个 Leaf 的 branch_id 相同，但是 tsuid 不同，则认为两个 Leaf 发生冲突并记录到 Tree 中
                tree.addCollision(tsuid, existing_leaf.tsuid);
                return Deferred.fromResult(false); // 如果发生冲突，则 CAS 写入失败
            }
        }

        // 如果写入失败，则查询已存在的 Leaf 对象，并回调 LeafFetchCB 检测两个 Leaf 对象是否冲突
        return Leaf.getFromStorage(tsdb, branch_id, display_name)
            .addCallbackDeferring(new LeafFetchCB());
    }
}
```

7.4 TreeRule

前面简单提到，TreeRule 是控制一棵树形结构如何构造的用户自定义规则。我们可以通过 tree_id、level、order 三部分唯一确定一个 TreeRule 对象，下面来看一下 TreeRule 中核心字段的含义。

- **tree_id**（**int** 类型）：当前 TreeRule 所属树形结构的唯一 id。

- **leve**（**int** 类型）：当前 TreeRule 所属的层级，level 越小，TreeRule 被应用的优先级越高。
- **order**（**int** 类型）：当前 TreeRule 在同一层级中的顺序，order 越小，TreeRule 被应用的优先级越高。
- **type**（**TreeRuleType** 类型）：当前 TreeRule 的类型。枚举 TreeRuleType 的各个值及其含义如下。
  - **METRIC**：该类型的 TreeRule 会匹配 metric。
  - **METRIC_CUSTOM**：该类型的 TreeRule 会根据用户自定义字段（TreeRule.custom_field 字段），从 metric UIDMeta 中获取对应的用户自定义值（custom 集合），然后进行匹配。这是与前面的 metric 类型的 TreeRule 的最大区别。
  - **TAGK**：该类型的 TreeRule 会匹配时序中指定 tagk 的 tagv 值。
  - **TAGK_CUSTOM**：该类型的 TreeRule 与 METRIC_CUSTOM 类似，它匹配的是 tagk UIDMeta 中指定的用户自定义值。
  - **TAGV_CUSTOM**：该类型的 TreeRule 与 METRIC_CUSTOM 类似，它匹配的是 tagv UIDMeta 中指定的用户自定义值。

  在后面的分析中会详细介绍每个类型的 TreeRule 功能。
- **field**（**String** 类型）：该 TreeRule 匹配的字段名称。举个例子，如果当前 TreeRule 为 tagk 类型，该字段值就是 tagk 名称。
- **custom_field**（**String** 类型）：该 TreeRule 匹配的用户自定义字段名称。举个例子，如果当前 TreeRule 为 TAGK_CUSTOM 类型，则该字段是 tagk UIDMeta 中 custom 字段的一个 key。
- **regex**（**String** 类型）和 **compiled_regex**（**Pattern** 类型）：如果用当前 TreeRule 使用的正则表达式进行匹配，则正则表达式记录在这两个字段中。
- **separator**（**String** 类型）：记录了当前 TreeRule 使用的分隔符。
- **display_format**（**String** 类型）：经过当前 TreeRule 处理之后 Branch 的名称，其中可能会包含一些占位符，后面分析 TreeBuilder 时会介绍其中各种占位符的含义。
- **description**、**notes**（**String** 类型）：当前 TreeRule 的描述信息。
- **changed**（**HashMap<String, Boolean>类型**）：用于标识某个字段是否被修改过，与前面介绍的 UIDMeta 中的 changed 字段功能相同，这里不再赘述。

TreeRule 与前面介绍的 Branch、Leaf 类似，也提供了写入、查询及删除 TreeRule 的基本方法。虽然这些方法具体操作的对象不同，但是其大致实现与 Branch 等类似，这里只介绍这些方法的功能和需要注意的点,不再逐个展开介绍每个方法的具体实现。

- **syncToStorage()方法**:该方法负责将 TreeRule 对象中封装的信息写入 tsdb-tree 表中,要注意的是,写入时使用的 RowKey 是 tree_id,列名是 "tree_rule:<level>:<order>"(通过 TreeRule.getQualifier()方法得到)。
- **fetchRule()方法**:该方法负责从 tsdb-tree 表中读取指定的 TreeRule 对象,其中使用的 RowKey 和列名与 syncToStorage()方法一致。
- **deleteRule()方法**:该方法首先通过 tree_id、level、order 三者确定唯一的 TreeRule,然后对该 TreeRule 进行删除。
- **deleteAllRule()方法**:该方法首先根据 tree_id 获取树形结构中定义的所有 TreeRule,然后对这些 TreeRule 进行批量删除。

上述四个方法就是 TreeRule 中的核心方法,它们的实现都不复杂,感兴趣的读者可以将其与 Branch 中的方法进行类比,然后参考源码进行分析。

7.5 Tree 元数据

了解了树形结构中依赖的基本组件之后,我们来看 OpenTSDB 对树形结构定义的抽象,也就是本节将要介绍的 Tree。这里需要注意的是,Tree 只记录了树形结构基本的元数据,例如树形结构关联的 TreeRule 集合,并没有记录树形结构中的 Branch、Leaf 等信息。下面来看 Tree 中核心字段的含义。

- tree_id(int 类型):该树形结构的唯一标识。
- name(String 类型):该树形结构的名称。
- description、notes(String 类型):该树形结构的简单描述信息和详细描述信息。
- created(long 类型):该树形结构的创建时间。
- rules(TreeMap<Integer, TreeMap<Integer, TreeRule>>类型):该树形结构关联的 TreeRule 对象,两层 TreeMap 的 Key 分别是 level 和 order。
- strict_match(boolean 类型):该树形结构的模式,后面会详细介绍不同模式之间的区别。
- enabled(boolean 类型):当前树形结构是否处于启用的状态。
- store_failures(boolean 类型):是否记录不匹配和发生冲突的 tsuid 信息。
- not_matched(HashMap<String, String>类型): 与当前 Tree 不匹配的 tsuid 信息。

- collisions（HashMap<String, String>类型）：在构造当前树形结构时发生冲突的 tsuid 信息。

下面继续分析 Tree 中的核心方法。首先是 fetchAllTree()方法，它负责从 tsdb-tree 表中加载所有 Tree 对象，具体实现代码如下：

```java
public static Deferred<List<Tree>> fetchAllTrees(final TSDB tsdb) {
  final Deferred<List<Tree>> result = new Deferred<List<Tree>>();
  // AllTreeScanner 这个 Callback 实现是查询所有 Tree 的核心
  final class AllTreeScanner implements Callback<Object, ArrayList<ArrayList<KeyValue>>>
  {
    private final List<Tree> trees = new ArrayList<Tree>();
    private final Scanner scanner;

    public AllTreeScanner() {
      // 创建 Scanner，该 Scanner 只会扫描 Tree 定义的行，不会扫描存储 Branch、Leaf 的行
      // setupAllTreeScanner()方法创建 SCanner 对象的过程比较简单，这里不再展开描述了
      scanner = setupAllTreeScanner(tsdb);
    }

    public Object fetchTrees() {
      return scanner.nextRows().addCallback(this);
    }

    @Override
    public Object call(ArrayList<ArrayList<KeyValue>> rows)
       throws Exception {
      // 扫描结果为空，则表示扫描结束，直接返回(略)
      for (ArrayList<KeyValue> row : rows) {
        final Tree tree = new Tree();
        for (KeyValue column : row) {
          if (column.qualifier().length >= TREE_QUALIFIER.length &&
              Bytes.memcmp(TREE_QUALIFIER, column.qualifier()) == 0) {
            // 扫描到存储树形机构定义的列，则将其中的 value 解析成 Tree 对象
            final Tree local_tree = JSON.parseToObject(column.value(),
               Tree.class);
            // 将 local_tree 对象中的核心字段值更新到 tree 对象中(略)
            tree.setTreeId(bytesToId(row.get(0).key())); // 更新 tree_id
```

```
      } else if (column.qualifier().length > TreeRule.RULE_PREFIX().length &&
          Bytes.memcmp(TreeRule.RULE_PREFIX(), column.qualifier(),
              0, TreeRule.RULE_PREFIX().length) == 0) {
        // 扫描到存储 TreeRule 的列，则将其中的 value 解析成 TreeRule 对象，并记录到当前的 tree 中
        final TreeRule rule = TreeRule.parseFromStorage(column);
        tree.addRule(rule);
      }
    }
    // 检测 tree_id，只有 tree_id 大于 0，Tree 才是合法的，才能将其记录到前面的 trees 集合中(略)
  }
  return fetchTrees(); // 调用 Scanner.next()方法，继续后面的扫描
}
   }
   // 创建 AllTreeScanner 并调用其 fetchTrees()方法扫描 tsdb-tree 表中全部的 Tree 定义
   new AllTreeScanner().fetchTrees();
   return result;
}
```

除了 fetchAllTree()方法，Tree 还提供了一个 fetchTree()方法用于查询指定 Tree 对象，其实现比较简单，这里不再展开介绍。

下面来看 Tree.createNewTree()方法，它负责将一个 Tree 对象存储到 tsdb-tree 表中。该方法首先通过前面介绍的 fetchAllTree()方法获取已有的全部 Tree，然后得到其中最大的 id，该最大 id 加 1，即为待写入 Tree 的 id 值，最后调用 storeTree()方法将保存写入 Tree。除创建新 Tree 外，更新某个 Tree 的持久化操作也是通过 storeTree()方法实现的，具体实现代码如下：

```
public Deferred<Boolean> storeTree(final TSDB tsdb, final boolean overwrite) {
  // 检测 Tree id 是否合法(略)
  // 检测 Tree 中是否有字段发生了更新，如果未发生任何更新，则不需要进行后续的写入操作(略)

  final class StoreTreeCB implements Callback<Deferred<Boolean>, Tree> {

    final private Tree local_tree; // 记录已存在的 Tree

    public StoreTreeCB(final Tree local_tree) {
      this.local_tree = local_tree;
    }
```

```java
    @Override
    public Deferred<Boolean> call(final Tree fetched_tree) throws Exception {
      Tree stored_tree = fetched_tree;
      final byte[] original_tree = stored_tree == null ? new byte[0] :
        stored_tree.toStorageJson();

      // 复制未修改的字段
      if (stored_tree == null) {
        stored_tree = local_tree;
      } else {
        stored_tree.copyChanges(local_tree, overwrite);
      }
      initializeChangedMap(); // 重置 changed 集合
      // 创建并执行 PutRequest 请求，完成写入
      final PutRequest put = new PutRequest(tsdb.treeTable(), Tree.idToBytes(tree_id),
          TREE_FAMILY, TREE_QUALIFIER, stored_tree.toStorageJson());
      return tsdb.getClient().compareAndSet(put, original_tree);
    }
  }

  // 调用前面提到的 fetchTree()方法，根据 tree_id 查找指定的 Tree，然后回调 StoreTreeCB
  return fetchTree(tsdb, tree_id).addCallbackDeferring(new StoreTreeCB(this));
}
```

介绍完查询和写入 Tree 对象的实现之后，接下来看 deleteTree()方法。它负责将指定的 Tree 删除，同时也会删除与该 Tree 相关的 TreeRule、Branch 和 Leaf 对象，具体实现代码如下：

```java
public static Deferred<Boolean> deleteTree(final TSDB tsdb,
    final int tree_id, final boolean delete_definition) {
  // 检测 tree_id 是否合法(略)
  // 前面介绍的过程中提到，Branch、Leaf 等对应的 RowKey 都是以 tree_id 开头的，这里扫描的
  // 起始 RowKey 就是 tree_id，扫描的终止 RowKey 为 tree_id+1，即可扫描出该 Tree 下的所有关联信息
  final byte[] start = idToBytes(tree_id);
  final byte[] end = idToBytes(tree_id + 1);
  final Scanner scanner = tsdb.getClient().newScanner(tsdb.treeTable());
  scanner.setStartKey(start);
  scanner.setStopKey(end);
  scanner.setFamily(TREE_FAMILY);
```

第 7 章 Tree | 307

```java
final Deferred<Boolean> completed = new Deferred<Boolean>();
// DeleteTreeScanner 是真正执行扫描和删除操作的地方，下面将进行详细的分析
final class DeleteTreeScanner implements Callback<Deferred<Boolean>,
  ArrayList<ArrayList<KeyValue>>> {
  ... ...
}
// 创建 DeleteTreeScanner 对象并调用其 deleteTree() 方法进行删除
new DeleteTreeScanner().deleteTree();
return completed;
}
```

下面来看 DeleteTreeScanner，它通过前面创建的 Scanner 对象扫描指定 Tree 关联的所有行，然后根据列名确定该行存储的是 Tree 定义、TreeRule、Branch 还是 Leaf，并进行相关的删除操作，具体实现代码如下：

```java
final class DeleteTreeScanner implements Callback<Deferred<Boolean>,
  ArrayList<ArrayList<KeyValue>>> {

  private final ArrayList<Deferred<Object>> delete_deferreds =
    new ArrayList<Deferred<Object>>();

  public Deferred<Boolean> deleteTree() {
    return scanner.nextRows().addCallbackDeferring(this);
  }

  @Override
  public Deferred<Boolean> call(ArrayList<ArrayList<KeyValue>> rows) throws Exception {
    // 扫描结果为空，则表示扫描结束，直接返回(略)
    for (final ArrayList<KeyValue> row : rows) {
      ArrayList<byte[]> qualifiers = new ArrayList<byte[]>(row.size());
      for (KeyValue column : row) { // 根据每一列的列名确定删除的内容
        if (delete_definition && Bytes.equals(TREE_QUALIFIER, column.qualifier())) {
          qualifiers.add(column.qualifier()); // 该列存储的是 Tree 定义信息
        } else if (Bytes.equals(Branch.BRANCH_QUALIFIER(), column.qualifier())) {
          qualifiers.add(column.qualifier()); // 该列存储的是 Branch 信息
        } else if (column.qualifier().length > Leaf.LEAF_PREFIX().length &&
          Bytes.memcmp(Leaf.LEAF_PREFIX(), column.qualifier(), 0,
```

```java
            Leaf.LEAF_PREFIX().length) == 0) {
        qualifiers.add(column.qualifier());    // 该列存储 Leaf 信息
      }
      ... ...     // 这里省略了对其他可删除列名的处理
      else if (delete_definition && column.qualifier().length >
        TreeRule.RULE_PREFIX().length &&
        Bytes.memcmp(TreeRule.RULE_PREFIX(), column.qualifier(), 0,
          TreeRule.RULE_PREFIX().length) == 0) {
        qualifiers.add(column.qualifier());    // 该列存储 Leaf 信息
      }
    }

    if (qualifiers.size() > 0) {    // 根据上面记录的 qualifiers 删除该行中相应的列
      final DeleteRequest delete = new DeleteRequest(tsdb.treeTable(),
        row.get(0).key(), TREE_FAMILY,
        qualifiers.toArray(new byte[qualifiers.size()][])
      );
      delete_deferreds.add(tsdb.getClient().delete(delete));
    }
  }

  final class ContinueCB implements Callback<Deferred<Boolean>,
    ArrayList<Object>> {
    public Deferred<Boolean> call(ArrayList<Object> objects) {
      delete_deferreds.clear();  // 清空 delete_deferreds 集合，为删除下一批行做准备
      return deleteTree();    // 继续后续的扫描和删除操作
    }
  }

  // 等待上述删除结束后，回调 ContinueCB 对象
  Deferred.group(delete_deferreds).addCallbackDeferring(new ContinueCB());
  return null;
  }
}
```

到这里，Tree 的核心方法实现就介绍完了。

7.6 TreeBuilder

通过上节的介绍，我们了解了树形结构中涉及的组件及存储方式。本节主要学习如何根据前面介绍的 TreeRule 构造出一个完整的树形结构，而这部分逻辑主要在 TreeBuilder 中完成。

这里我们先通过一个 OpenTSDB 官方文档中的示例介绍 TreeBuilder，根据 TreeRule 组建树形结构的大致流程，让读者对其工作原理有个大概认识。在该示例中有如表 7-1 所示的时序数据。

表 7-1

TS#	Metric	Tags	tsuid
1	cpu.system	dc=dal, host=web01.dal.mysite.com	102040101
2	cpu.system	dc=dal, host=web02.dal.mysite.com	102040102
3	cpu.system	dc=dal, host=web03.dal.mysite.com	102040103
4	app.connections	host=web01.dal.mysite.com	10101
5	app.errors	host=web01.dal.mysite.com, owner=doe	101010306
6	cpu.system	dc=lax, host=web01.lax.mysite.com	102050101
7	cpu.system	dc=lax, host=web02.lax.mysite.com	102050102
8	cpu.user	dc=dal, host=web01.dal.mysite.com	202040101
9	cpu.user	dc=dal, host=web02.dal.mysite.com	202040102

在该示例中我们定义了一个树形结构，其中有 4 条 TreeRule，如表 7-2 所示。

表 7-2

Level	Order	Rule Type	Field (value)	Regex	Separator
0	0	tagk	dc		
0	1	tagk	host	.*\.(.*)\.mysite\.com	
1	0	tagk	host		\\.
2	0	metric			\\.

通过这 4 条 TreeRule，我们可以将树形结构中的 Branch 和 Leaf 按照 dc（数据中心）、host（主机名）、metric（指标）这种层级进行组织。在 level0 中有两条 TreeRule，其中第一条 TreeRule 会查找时序中 dc 这个 tag，如果查找到则使用其 tagv 创建相应的 Branch；如果时序没有 dc 这个 tag，则使用第二条 TreeRule，它会按照指定的正则从 host 这个 tag 的 tagv 中提取 dc 信息并用于创建对应的 Branch。在 level1 中只有一条 TreeRule，它会将 host 按照 "." 进行切分并形成对应的 Branch。同理，level2 中唯一的 TreeRule 会按照 "." 切分 metric 并形成对应的 Branch。

下面看示例中的时序数据，在我们写入第一条时序数据时，因为其包含 dc 这个 tag，该时序首先会匹配 level0、order0 这条 TreeRule，创建名称为 dal 的 Branch。然后，该时序会匹配 level1、order0 这条 TreeRule，创建名为 web01.dal.mysite.com 的 Branch。最后根据 level2、order0 这条 TreeRule，创建 CPU 的 Branch 及 system 的 Leaf。在写入其他时序时，也是类似的规则，最终将得到如图 7-2 所示的树形结构。

```
• dal
    ○ web01.dal.mysite.com
        ■ App
            • connections (tsuid=010101)
            • errors (tsuid=0101010306)
        ■ CPU
            • system (tsuid=0102040101)
            • user (tsuid=0202040101)
    ○ web02.dal.mysite.com
        ■ CPU
            • system (tsuid=0102040102)
            • user (tsuid=0202040102)
    ○ web03.dal.mysite.com
        ■ CPU
            • system (tsuid=0102040103)
• lax
    ○ web01.lax.mysite.com
        ■ CPU
            • system (tsuid=0102050101)
    ○ web02.lax.mysite.com
        ■ CPU
            • system (tsuid=0102050102)
```

图 7-2

下面要介绍的是 TreeBuilder 中核心字段的含义。

- **trees**（**List<Tree>**类型）：静态字段，其中缓存了 Tree 对象，默认情况下，该缓存每隔 5 分钟刷新一次。
- **trees_lock**（**Lock** 类型）：静态字段，在加载 trees 列表时需要获取该锁进行同步。
- **last_tree_load**（**long** 类型）：静态字段，最后一次更新 trees 列表的时间戳。
- **tree_roots**（**ConcurrentHashMap<Integer, Branch>**类型）：静态字段，缓存了所有树形结构的根节点。
- **tree**（**Tree** 类型）：当前 TreeBuilder 关联的 Tree 对象。
- **root**（**Branch** 类型）：当前 TreeBuilder 关联的树形结构的根节点。
- **meta**（**TSMeta** 类型）：当前 TreeBuilder 处理的 TSMeta 对象。
- **rule**（**TreeRule** 类型）：记录了 TreeBuilder 处理过程中正在使用的 TreeRule。
- **rule_idx**（**int** 类型）：当前正在处理的 TreeRule 的 level。
- **current_branch**（**Branch** 类型）：记录了 TreeBuilder 处理过程中正在处理的 Branch 对象。
- **splits**（**String[]**类型）、**split_idx**（**int** 类型）：主要供 split 类型的 TreeRule 使用。
- **processed_branches**（**HashMap<String, Boolean>**类型）：记录当前 TreeBuilder 已经处理过的 Branch 信息。

在开始介绍 TreeBuilder 的具体实现之前,读者可以先回顾一下前面介绍的 TSDB.addPointInternal() 方法,在完成 IncomingDataPoint 的写入之后,会根据当前 OpenTSDB 实例的配置写入 TSMeta 信息。如果是首次写入 TSMeta,则会调用 TreeBuilder.processAllTrees()静态方法,该方法也是创建所有树形结构的入口函数。

processAllTrees()静态方法处理 TSMeta 对象的过程比较简单,它首先会检测 trees 字段是否过期,如果过期则需要重新加载。然后遍历所有 trees 集合,为每个 Tree 对象创建对应的 TreeBuilder 对象,并调用 TreeBuilder.processTimeseriesMeta()方法处理 TSMeta。这样 TSMeta 对应的时序会根据每棵树形结构中不同的 TreeRule,创建不同的 Branch 和 Leaf。TreeBuilder.processAllTrees()静态方法的具体实现代码如下:

```
public static Deferred<Boolean> processAllTrees(TSDB tsdb, TSMeta meta) {
    trees_lock.lock(); // 读写 trees 缓存之前需要加锁同步
    // 如果两次加载 Tree 列表的时间间隔不超过 5 分钟,则不再重新加载
    if (((System.currentTimeMillis() / 1000) - last_tree_load) > 300) {
        // 调用 fetchAllTrees()方法加载全部的树形结构,其中也包括树形结构的 TreeRule,前面已经详细
        // 介绍过了,这里不再赘述
        final Deferred<List<Tree>> load_deferred = Tree.fetchAllTrees(tsdb)
            // 完成 Tree 的加载之后,会回调 FetchedTreesCB 将上述加载结果中可用的 Tree 记录到 trees
            // 字段中 FetchedTreesCB 的实现比较简单,这里就不再展开详细介绍了,感兴趣的读者可以参考
            // 源码进行学习
            .addCallback(new FetchedTreesCB()).addErrback(new ErrorCB());
        last_tree_load = (System.currentTimeMillis() / 1000); // 更新 last_tree_load 字段
        return load_deferred.addCallbackDeferring(new ProcessTreesCB());
    }

    // 检测 trees 缓存是否为空,如果为空则直接返回(略)
    final List<Tree> local_trees;
    // 将 trees 缓存中的 Tree 对象添加到 local_trees 集合中,等待后续
    local_trees = new ArrayList<Tree>(trees.size());
    local_trees.addAll(trees);
    trees_lock.unlock();

    return new ProcessTreesCB().call(local_trees); // 调用 ProcessTreesCB 处理传入的
TSMeta 对象
}
```

无论是直接使用缓存,还是重新加载 Tree 数据,最终都会调用 ProcessTreesCB 这个 Callback

实现，其核心作用就是为每个树形结构创建对应的 TreeBuilder，并处理传入的 TSMeta 对象，具体实现代码如下：

```
final class ProcessTreesCB implements Callback<Deferred<Boolean>, List<Tree>> {
    // 记录每个树形结构对该 TSMeta 的处理结果
    ArrayList<Deferred<ArrayList<Boolean>>> processed_trees;

    @Override
    public Deferred<Boolean> call(List<Tree> trees) throws Exception {
        // 检测 trees 集合是否为空，即判断当前是否有树形结构存在(略)
        processed_trees = new ArrayList<Deferred<ArrayList<Boolean>>>(trees.size());
        for (Tree tree : trees) {
            // 检测该 Tree 是否可用(略)
            // 为此 Tree 创建对应的 TreeBuilder 对象，并调用 processTimeseriesMeta()方法
            final TreeBuilder builder = new TreeBuilder(tsdb, new Tree(tree));
            processed_trees.add(builder.processTimeseriesMeta(meta, false));
        }
        return Deferred.group(processed_trees).addCallback(new FinalCB());
    }
}
```

接下来我们要深入分析 TreeBuilder.processTimeseriesMeta()方法，该方法负责将一个 TSMeta 对象添加到对应的树形结构中。processTimeseriesMeta()方法首先会查找对应的树形结构的根节点，如果找不到则会创建一个根结点，然后调用其中的 ProcessCB 实现，继续处理 TSMeta 对象，具体实现代码如下：

```
public Deferred<ArrayList<Boolean>> processTimeseriesMeta(final TSMeta meta,
    final boolean is_testing)
    // 检测当前 Tree 及 TSMeta 是否合法(略)
    resetState();// 重置当前 TreeBuilder 的各种状态，主要就是重置前面介绍的核心字段
    this.meta = meta; // 更新 META 字段
    ArrayList<Deferred<Boolean>> storage_calls = new ArrayList<Deferred<Boolean>>();
    ... ... // 省略 LoadRootCB 和 ProcessCB 这两个 Callback 实现，后面将进行详细介绍
    if (root == null) {
        // root 字段中未缓存对应树形结构的根节点，则调用 loadOrInitializeRoot()方法创建或加载根
        // 节点，这里的 loadOrInitializeRoot()方法实现没有什么难度，相信通过前面的学习，读者可以自
        // 己完成该方法的分析
```

```
      return loadOrInitializeRoot(tsdb, tree.getTreeId(), is_testing)
          // LoadRootCB将树形结构的根节点记录到当前TreeBuilder对象的root字段中，
          // 然后回调ProcessCB。LoadRootCB的实现比较简单，这里就不再展开详细介绍了，
          // 感兴趣的读者可以参考源码进行学习
          .addCallbackDeferring(new LoadRootCB());
    } else {
      return new ProcessCB().call(root);
    }
  }
```

在processTimeseriesMeta()方法中定义的ProcessCB实现中，真正遍历TreeRule匹配传入TSMeta对象的方法是processRuleset()方法。processRuleset()方法通过递归的方式，遍历当前Tree中定义的所有TreeRule，并根据TSMeta中封装的时序信息创建相应节点，具体实现代码如下：

```
private boolean processRuleset(final Branch parent_branch, int depth) {
    // 检测当前rule_idx是否合法(略)
    final Branch previous_branch = current_branch;
    current_branch = new Branch(tree.getTreeId());// 更新current_branch字段
    // 获取当前level(rule_idx字段)中的TreeRule对象(按照order排序)，fetchRuleLevel()方法
    // 比较简单，这里不再展开分析
    TreeMap<Integer, TreeRule> rule_level = fetchRuleLevel();
    // rule_level集合为空时，表示全部TreeRule处理完毕，直接返回true(略)

    // 按序遍历该level的TreeRule
    for (Map.Entry<Integer, TreeRule> entry : rule_level.entrySet()) {
      rule = entry.getValue();       // 获取TreeRule
      // 根据TreeRule填充Branch对象的display_name字段，后面会展开介绍parse*()等方法
      if (rule.getType() == TreeRuleType.METRIC) {
        parseMetricRule();
      } else if (rule.getType() == TreeRuleType.TAGK) {
        parseTagkRule();
      } else if (rule.getType() == TreeRuleType.METRIC_CUSTOM) {
        parseMetricCustomRule();
      } else if (rule.getType() == TreeRuleType.TAGK_CUSTOM) {
        parseTagkCustomRule();
      } else if (rule.getType() == TreeRuleType.TAGV_CUSTOM) {
        parseTagvRule();
      } else {
```

```java
      throw new IllegalArgumentException("Unkown rule type: " + rule.getType());
    }

    // 一旦当前 TSMeta 匹配了该层 level 中的一条 TreeRule，则不再继续匹配该 level 中剩余的 TreeRule
    if (current_branch.getDisplayName() != null &&
        !current_branch.getDisplayName().isEmpty()) {
      break;  // 跳出当前循环
    }
  }
}

// 如果当前 TSMeta 没有匹配任何 TreeRule，则需要记录在大盘 not_matched 中(略)
if (splits != null && split_idx >= splits.length) {  // 存在 splits 但所有 splits 已处理完成
  splits = null;
  split_idx = 0;
  rule_idx++;
} else if (splits != null) {  // 存在 splits 且未处理完成
} else {  // 当前 level 的 TreeRule 已经处理完成，则递增 rule_idx，处理下一个 level 的 TreeRule
  rule_idx++;
}

final boolean complete = processRuleset(current_branch, ++depth);  // 递归处理，生成子节点

if (complete) {  // 当 complete 为 true 时，表示已经处理完全部 TreeRule，当前节点为叶子节点
  // 此次递归未匹配任何 TreeRule，则忽略 current_branch，直接回滚到 previous_branch 中(略)
  // 父节点未匹配任何 TreeRule，则需要继续回滚(略)

  // 此时处理完全部 TreeRule，得到的节点为叶子节点，这里将其封装成 Leaf 并添加到父节点中
  // 上面的两个判断可以保证该父节点匹配了某个 TreeRule，即将来会出现在该树形结构中
  final Leaf leaf = new Leaf(current_branch.getDisplayName(), meta.getTSUID());
  parent_branch.addLeaf(leaf, tree);
  current_branch = previous_branch;
  return false;
}

// 下面开始是对 Branch 节点的处理：
// 当父节点未匹配任何 TreeRule 时，直接忽略该父节点，回滚到上一层递归(略)

// 此次递归未匹配任何 TreeRule，则忽略 current_branch，直接回滚到 previous_branch 中(略)
```

```
    // 如果当前 Branch 节点与其父节点重名，则忽略父节点，直接回滚到上一层递归调用。之所以可以这样做，
    // 是因为父节点还未添加任何子节点，而当前节点可能在前面的回滚过程中添加了子节点(略)

    // 将当前节点添加到父节点的 branches 集合中
    parent_branch.addChild(current_branch);
    current_branch = previous_branch;
    return false;
}
```

前面对 processRuleset()方法的介绍比较抽象，为了便于读者理解，下面结合前面介绍的示例深入分析各个 parse*()等方法，这里以 cpu.system 指标为例，其中 tag 为 dc=dal，host=web01.dal.mysite.com。进入 processRuleset()方法之后，首先会查询 level0 的所有 TreeRule，其中 order 为 0 的 TreeRule 为 TreeRuleType.tagk 类型，所以进入 parseTagkRule()方法。parseTagkRule()方法从 TSMeta 中提取指定 tagk 对应的 tagv，然后根据 TreeRule 的类型处理该 tagv，最终得到当前节点的 display_name，具体实现代码如下：

```
private void parseTagkRule() {
    final List<UIDMeta> tags = meta.getTags(); // 获取 TSMeta 中所有 Tag 关联的 UIDMeta
    String tag_name = "";
    boolean found = false;
    // 遍历 tag 对应的 UIDMeta 集合，如果在该时序中找到要处理的 tagk，则更新 found 为 true 并记
    // 录对应的 tagv
    for (UIDMeta uidmeta : tags) {
        if (uidmeta.getType() == UniqueIdType.TAGK &&
            uidmeta.getName().equals(rule.getField())) {
            found = true;
        } else if (uidmeta.getType() == UniqueIdType.TAGV && found) {
            tag_name = uidmeta.getName();
            break;
        }
    }
    // 该时序中未包含指定的 tag，则直接返回，表示该 TreeRule 的匹配失败，后面会继续匹配该 level
    // 的后续 TreeRule(略)
    processParsedValue(tag_name); // 处理查找到的 tagv
}
```

processParsedValue()方法根据 TreeRule 的规则解析出传入的 parsed_value 并填充当前节点

（current_branch）的 display_name，调用关系如图 7-3 所示。

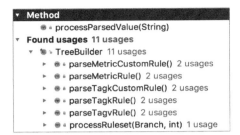

图 7-3

正如图 7-3 所示，parseMetricRule()、parseMetricCustomRule() 等方法最终也会调用 processParsedValue() 方法，具体实现代码如下：

```
private void processParsedValue(final String parsed_value) {
    // 如果当前 TreeRule 不包含 regex 或 split，则 parsd_value 直接作为当前节点的 display_name
    if (rule.getCompiledRegex() == null &&
        (rule.getSeparator() == null || rule.getSeparator().isEmpty())) {
      setCurrentName(parsed_value, parsed_value);
    } else if (rule.getCompiledRegex() != null) {
      // 根据 TreeRule 中指定的正则表达式确定当前节点的 display_name，正则的处理过程这里不再展开介绍
      processRegexRule(parsed_value);
    } else if (rule.getSeparator() != null && !rule.getSeparator().isEmpty()) {
      // 根据 TreeRule 中指定的分隔符对 parsed_value 进行分割，之后确定当前节点的 display_name
      // 在该示例的后续分析过程中，还会再次看到分隔符的处理过程
      processSplit(parsed_value);
    } else {
      throw new IllegalStateException("Unable to find a processor for rule: " + rule);
    }
}
```

需要读者注意的是，在 setCurrentName() 方法中会使用解析后的结果替换 TreeRule.display_name 中的占位符，形成当前节点的最终 display_name。

回到前面的示例中继续分析，level0 层中已经匹配了 order0 这条 TreeRule，当前节点的 display_name 已经确定为 dal，不再匹配该层后续的 TreeRule。接下来 rule_idx 加 1，然后递归调用 processRuleset() 方法开始匹配 level1 中的 TreeRule，此次递归中 dal 节点变为 previous_branch。

在 level1 中，唯一的 TreeRule 依然是 TreeRuleType.tagk 类型，与 level0、order0 的 TreeRule

的区别在于，它匹配的是 host 这个 tag，并且它会使用"."来分隔 tagv，所以在查找到该时序中 host 对应的 tagv（示例中为 web01.dal.mysite.com）后，processParsedValue()方法会调用 processSplit()方法处理该 tagv，该方法的具体实现代码如下：

```
private void processSplit(final String parsed_value) {
    if (splits == null) { // 第一次切分
        // 检测 parsed_value 参数及该 TreeRule 使用的分隔符是否为空，如果为空，则直接抛出异常(略)
        // 按照指定的分隔符切分 parsed_value，这里将切分结果记录到 splits 字段中
        splits = parsed_value.split(rule.getSeparator());
        // 检测切分结果是否合法(略)
        split_idx = 0; // 根据切分结果更新 split_idx 字段
        // 将切分结果中的一项作为当前节点的 display_name
        setCurrentName(parsed_value, splits[split_idx]);
        split_idx++; // 递增 split_idx 字段
    } else {
        // 之前已经进行过切分，则直接使用切分结果，将其中的一项作为当前节点的 display_name
        setCurrentName(parsed_value, splits[split_idx]);
        split_idx++; // 递增 split_idx 字段
    }
}
```

与上一次递归不同的是，这里虽然完成了 display_name（示例中的值为 web01）的设置，但是该层 TreeRule 的处理依然没有结束。读者可以回顾一下 processRuleset()方法中对 splits 的特殊处理，由于此处的 splits 字段中记录的切分结果没有处理完成（split_idx=1），在下一次的 processRuleset()方法递归调用中，rule_idx 字段并未递增，所以匹配的依然是 level1 的 TreeRule。经过几次 processRuleset()方法的递归调用之后，通过 level1 中的 TreeRule 会依次创建 display_name 为 web01、dal、mysite、com 四个 Branch 节点。

处理完当前 splits 字段中记录的切分结果之后，rule_idx 递增，在下一次 processRuleset()方法的递归调用中将开始匹配 level2 中的 TreeRule。level2 中唯一的 TreeRule 是 TreeRuleType.metric 类型，其指定了"."分隔符，这点与 level1 中的 TreeRule 类似，它会按照"."切分时序数据的 metric（示例中为 cpu.system），并形成 display_name 为 CPU 和 system 的两个节点，该过程与前面描述的相同，这里不再展开赘述。

至此，该条时序数据的相关节点就创建完成了，后面在递归返回的过程中，会将这些节点串联起来。前面提到的 processRuleset()方法返回值表示是否已经匹配完全部的 TreeRule，processRuleset()方法也是根据该返回值决定为当前节点创建 Branch 对象还是 Leaf 对象的。在示例中，最后一层递归中创建完 system 节点之后，整个递归过程开始返回，最终得到如图 7-4 所

示的一连串 Branch 对象返回给 processTimeseriesMeta()方法的 ProcessCB。

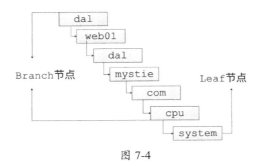

图 7-4

通过 processRuleset()方法获取该时序在当前树形结构中待创建的节点之后，我们回到 processTimeseriesMeta()方法，继续分析其中定义的 ProcessCB Callback 实现，其剩余逻辑主要就是负责将上述递归得到的节点写入 tsdb-tree 表中保存，具体实现代码如下：

```
final class ProcessCB implements Callback<Deferred<ArrayList<Boolean>>, Branch> {
    public Deferred<ArrayList<Boolean>> call(final Branch branch) throws Exception {
        // 递归遍历当前 Tree 中全部的 TreeRule，获取该时序在当前树形结构中待创建的节点
        processRuleset(branch, 1);
        // 在 strict matching 模式下的处理(略)
        // 当前节点(current_branch 字段)为空时，输出日志(略)
        // 测试模式下的处理(略)

        Branch cb = current_branch;
        Map<Integer, String> path = branch.getPath();
        cb.prependParentPath(path);
        while (cb != null) {
            // 如果当前节点是叶子节点或是已经存储过的节点，则不需要再次存储
            if (cb.getLeaves()!= null || !processed_branches.containsKey(cb.getBranchId())) {
                // 调用 Branch.storeBranch()方法存储节点，其具体实现在前面介绍过了，这里不再赘述
                final Deferred<Boolean> deferred = cb.storeBranch(tsdb, tree, true)
                    .addCallbackDeferring(new BranchCB());
                storage_calls.add(deferred);
                // 记录此次存储的 Branch 节点，后续不需要重新存储该 Branch 节点
                processed_branches.put(cb.getBranchId(), true);
            }
            if (cb.getBranches() == null) { // 所有节点都保存完毕
                cb = null;
```

```
      } else {
        path = cb.getPath();
        cb = cb.getBranches().first();// 后移 cb 变量，继续保存其子节点
        cb.prependParentPath(path);
      }
    }
    // 保存冲突(略)
    return Deferred.group(storage_calls);
  }
}
```

至此，如何根据树形结构中的 TreeRule 为一条时序数据创建对应的节点，以及如何持久化这些节点信息的核心实现就介绍完了。

7.7 本章小结

本章主要介绍了 OpenTSDB 中与 Tree（树形结构）相关的实现。首先，简单介绍了 Tree（树形结构）中关键组成部分的概念。然后，详细分析了 tsdb-tree 表的结构，其中涉及存储树形结构中各个组成部分的设计，例如，存储 Tree 定义、存储 Branch、存储 Leaf、存储 TreeRule 等部分的设计都是有所不同的。

接着，我们深入剖析了 OpenTSDB 树形结构中核心组件的实现，其中涉及 Branch 节点的存储和查询、Leaf 节点的存储和查询、TreeRule 及整个 Tree 的存储和查询功能。

最后，我们深入分析了 TreeBuilder 的工作原理，TreeBuilder 会根据前面定义的 TreeRule 来动态构建一个树形结构。在该节中，除了分析 TreeBuilder 的具体代码实现，还通过一个完整的示例帮助读者理解了 TreeBuilder 的工作原理。希望读者通过本章的阅读，可以更加深入地理解 OpenTSDB 中树形结构的工作原理和具体实现，以方便在将来的实践中扩展 OpenTSDB。

第 8 章 插件及工具类

从 OpenTSDB 2.0 开始,引入了插件(Plugins)的功能。在前面分析 OpenTSDB 的具体实现时,可以看到 OpenTSDB 提供了很多插件接口,用户可以根据这些插件接口实现扩展 OpenTSDB 的目的。本章将介绍 OpenTSDB 提供的插件原理,以及 OpenTSDB 可用的插件接口,最后简单介绍一些插件示例。

8.1 插件概述

OpenTSDB 中的所有插件都是以 jar 包的形式存放到指定目录中的,该路径由 opentsdb.conf 配置文件中的 tsd.core.plugin_path 配置项指定。当 OpenTSDB 实例启动的时候,会到该配置指定的路径中加载其下的插件类,如果要添加新的插件或替换已有的插件,则需要重启 OpenTSDB 实例。

另外,如果插件依赖其他第三方 jar 包,则这些被依赖的第三方 jar 包也要被放置到 tsd.core. plugin_path 配置项指定的目录中。OpenTSDB 必须拥有读取插件类及其依赖 jar 包的权限。

在 opentsbd.conf 配置文件中,除了需要使用 tsd.core.plugin_path 配置项指定插件 jar 包所在路径,有很多插件还有另外两个对应的配置项,一个控制该类插件是否生效,另一个指定插件实现类的完全限定名,只有通过该配置项指定的类才会被初始化,其他类即使实现了插件的接口,也不会被实例化。例如,SearchPlugin 接口对应的两个配置项分别是 "tsd.search.enable" 和 "tsd.search.plugin"。

如果在插件类中使用了其他自定义的配置项,我们也需要将其添加到 opentsdb.conf 配置文件中,这样自定义的插件类才能读取这些配置信息。

8.2 常用插件分析

了解了 OpenTSDB 插件的配置方式之后，接下来看一下 OpenTSDB 中提供的各种插件抽象类，在本节中我们将详细介绍这些插件抽象类（或接口）的定义，以及其中各个方法的功能。

8.2.1 SearchPlugin 插件

OpenTSDB 可以通过 SearchPlugin 插件将时序数据的元数据及其中的 Annotation 信息发送到搜索引擎之中进行索引，例如我们常用的 ElasticSearch，这样就可以在搜索引擎中直接搜索元数据或 Annotation 来确定关联的时序数据。SearchPlugin 插件在 opentsdb.conf 中对应的两个配置项是 "tsd.search.enable" 和 "tsd.search.plugin"。下面简单介绍一下 SearchPlugin 抽象类的定义，如下所示：

```java
public abstract class SearchPlugin {

    // 在 OpenTSDB 初始化该插件时调用
    public abstract void initialize(final TSDB tsdb);

    // 在 OpenTSDB 正常关闭该插件式调用
    public abstract Deferred<Object> shutdown();

    // 返回当前插件的版本号
    public abstract String version();

    // 返回监控信息
    public abstract void collectStats(final StatsCollector collector);

    // OpenTSDB 在搜索引擎中为指定的 TSMeta 元数据建立索引
    public abstract Deferred<Object> indexTSMeta(final TSMeta meta);

    // OpenTSDB 从搜索引擎中删除指定 TSMeta 元数据的索引
    public abstract Deferred<Object> deleteTSMeta(final String tsuid);

    // OpenTSDB 在搜索引擎中为指定的 UIDMeta 元数据建立索引
    public abstract Deferred<Object> indexUIDMeta(final UIDMeta meta);

    // OpenTSDB 从搜索引擎中删除指定 UIDMeta 元数据的索引
```

```
public abstract Deferred<Object> deleteUIDMeta(final UIDMeta meta);

// OpenTSDB 在搜索引擎中为指定的 Annotation 建立索引
public abstract Deferred<Object> indexAnnotation(final Annotation note);

// OpenTSDB 从搜索引擎中删除指定 UIDMeta 元数据的索引
public abstract Deferred<Object> deleteAnnotation(final Annotation note);

// OpenTSDB 通过该方法调用搜索引擎进行查询
public abstract Deferred<SearchQuery> executeQuery(final SearchQuery query);
}
```

OpenTSDB 的官方文档提供了 SearchPlugin 的一个实现，它的底层通过 HTTP 接口与 Elastic Search 进行交互，其核心实现在 net.opentsdb.search.ElasticSearch 这个类中。这里就不再展开分析该插件的具体实现了，感兴趣的读者可以参考其源码进行学习，具体地址为 https://github.com/manolama/opentsdb-elasticsearch。在使用时要注意，我们需要在 opentsdb.conf 配置文件中添加 "tsd.search.elasticsearch.host" 配置项来指定 Elastic Search 的地址，另外还需要提前在 Elastic Search 中为 TSMeta、UIDMeta 及 Annotation 创建对应的 mapping，具体参考其 script 文件夹下的脚本。

最后我们了解一下 SearchPlugin 插件被调用的时机。首先是 indexTSMeta()方法，在前面分析 TSDB.addPointInternal()方法时提到，在完成数据点的写入之后会根据配置调用 TSMeta 的方法更新 tsdb-meta 表。在一条时序数据首次将 TSMeta 写入 tsdb-meta 表之后，会调用 SearchPlugin.indexTSMeta()方法为该 TSMeta 元数据创建索引。此外，用户还可以通过 HTTP 请求（由 UniqueIdRpc 支持）接口或是 MetaSync 工具手动触发 SearchPlugin.indexTSMeta()方法，如图 8-1 所示：

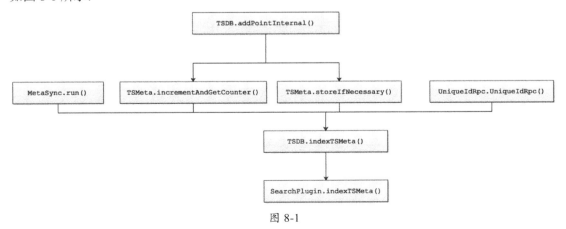

图 8-1

OpenTSDB 成功为字符串分配 UID 之后，会根据配置决定是否触发 SearchPlugin.indexUIDMeta() 方法为 UIDMeta 数据创建索引。同样，也可以通过 HTTP 请求（由 UniqueIdRpc 支持）接口或是 MetaSync 工具为指定 UIDMeta 建立索引，调用关系如图 8-2 所示。

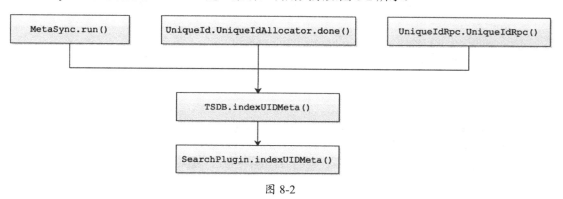

图 8-2

SearchPlugin 插件中的其他方法只能通过相应的 HTTP 接口调用，这里就不再展开描述了。

8.2.2 RTPublisher 插件

OpenTSDB 可以通过 RTPublisher 插件将写入的时序数据点实时转发到其他系统中进行处理，目前 RTPublisher 插件除了支持时序数据点的转发，还支持 Annotation 信息的转发。按照 OpenTSDB 官方文档的说法，在后续版本中的 RTPublisher 插件会添加对 UIDMeta、TSMeta 等元数据的转发。下面来看一下 RTPublisher 抽象类的定义：

```
public abstract class RTPublisher {

    // 启动和关闭 RTPublisher 插件
    public abstract void initialize(final TSDB tsdb);
    public abstract Deferred<Object> shutdown();

    // 返回当前 RTPublisher 插件的版本
    public abstract String version();

    // 在 TSDB.addPointInternal()方法中，在将时序数据写入 HBase 表之后，会调用该方法进行转发，
    // 其中会根据 value 值的类型调用不同的 publishDataPoint()方法重载
    public final Deferred<Object> sinkDataPoint(final String metric,
        final long timestamp, final byte[] value, final Map<String, String> tags,
```

```
        final byte[] tsuid, final short flags) {
    if ((flags & Const.FLAG_FLOAT) != 0x0) {
      return publishDataPoint(metric, timestamp,
          Internal.extractFloatingPointValue(value, 0, (byte) flags), tags, tsuid);
    } else {
      return publishDataPoint(metric, timestamp,
          Internal.extractIntegerValue(value, 0, (byte) flags), tags, tsuid);
    }
  }

  // OpenTSDB 通过该方法转发值为 double 类型的时序数据点
  public abstract Deferred<Object> publishDataPoint(final String metric,
      final long timestamp, final long value, final Map<String, String> tags,
      final byte[] tsuid);

  // OpenTSDB 通过该方法转发值为 double 类型的时序数据点
  public abstract Deferred<Object> publishDataPoint(final String metric,
      final long timestamp, final double value, final Map<String, String> tags,
      final byte[] tsuid);

  // OpenTSDB 通过该方法将 Annotation 信息转发出去
  public abstract Deferred<Object> publishAnnotation(Annotation annotation);

}
```

RTPublisher 插件在 opentsdb.conf 文件中的两个对应配置项为"tsd.rtpublisher.enable"和"tsd.rtpublisher.plugin"。OpenTSDB 的官方文档中虽然提供了一个向 RabbitMQ 转发的 RTPublisher 插件实现,但是其版本比较陈旧,不建议读者使用。

当 OpenTSDB 在完成时序数据点的写入之后,会触发 RTPublisher.sinkDataPoint()方法将刚刚写入的数据点转发出去。AnnotationRpc 在成功写入 Annotation 信息之后,除了调用 SearchPlugin.indexAnnotation()方法创建索引,还会调用 RTPublisher.publishAnnotation()方法转发 Annotation 数据。

8.2.3　StartupPlugin 扩展

OpenTSDB 中的 StartupPlugin 插件是为了方便用户监控 OpenTSDB 实例的启动事件。下面来看 StartupPlugin 抽象类中定义的核心方法:

```
public abstract class StartupPlugin {

    // 初始化和关闭 startupPlugin 插件
    public abstract Config initialize(Config config);
    public abstract Deferred<Object> shutdown();

    // 当 TSDB 实例完全初始化完成之后，会调用 setReady()方法通知 StartupPlugin 插件
    public abstract void setReady(final TSDB tsdb);
}
```

StartupPlugin 插件在 opentsdb.conf 文件中的两个对应配置项为"tsd.startup.enable"和"tsd.startup.plugin"。在后面的介绍中会看到，StartupPlugin 插件的初始化时机是在 OpenTSDB 初始化 Config 对象之后，可以通过 StartupPlugin 插件更改 Config 配置。

读者可以回顾一下 TSD.Main()方法，首先加载 StartupPlugin 插件（具体的加载流程将在后面进行详细分析），然后创建 TSDB 对象并完成初始化，最后调用 StartupPlugin.setReady()方法通知插件 OpenTSDB 实例已经创建完成，相关的代码片段如下所示。

```
final class TSDMain {
    public static void main(String[] args) throws IOException {
        StartupPlugin startup = null;
        try {
            startup = loadStartupPlugins(config); // 加载 StartupPlugin 插件
        } catch (Exception e) {
            throw new RuntimeException("Initialization failed", e);
        }

        try {
            tsdb = new TSDB(config); // 创建 TSDB 实例并完成初始化
            if (startup != null) {
                // 调用 setStartupPlugin()方法通知 StartupPlugin 插件
                tsdb.setStartupPlugin(startup);
            }
            ... ...
        }
    }
}
```

8.2.4　HttpSerializer 插件

在前面分析 OpenTSDB 网络层时提到，当客户端 HTTP 请求使用 JSON 格式时，OpenTSDB 会使用 HttpJsonSerializer 解析该请求，相应的 HTTP 响应也是由 HttpJsonSerializer 完成序列化的，在第 2 章中已经详细分析过了，这里不再赘述。除了使用默认的 HttpJsonSerializer，OpenTSDB 还为用户提供了扩展的接口。我们知道 HttpJsonSerializer 继承了 HttpSerializer 抽象类，也可以通过实现 HttpSerializer 抽象类的方式扩展 OpenTSDB 的网络层。

HttpSerializer 抽象类中定义了所有与 OpenTSDB HTTP 请求和响应序列化相关的方法，如图 8-3 所示，HttpSerializer 抽象类对这些方法的默认实现都是直接抛出异常。

```
• ▸ parseAnnotationBulkDeleteV1(): AnnotationBulkDelete      • ▸ formatAggregatorsV1(Set<String>): ChannelBuffer
• ▸ parseAnnotationsV1(): List<Annotation>                    • ▸ formatAnnotationBulkDeleteV1(AnnotationBulkDelete): ChannelBuffer
• ▸ parseAnnotationV1(): Annotation                           • ▸ formatAnnotationsV1(List<Annotation>): ChannelBuffer
• ▸ parseLastPointQueryV1(): LastPointQuery                   • ▸ formatAnnotationV1(Annotation): ChannelBuffer
• ▸ parsePutV1(): List<IncomingDataPoint>                     • ▸ formatBranchV1(Branch): ChannelBuffer
• ▸ parseQueryV1(): TSQuery                                   • ▸ formatConfigV1(Config): ChannelBuffer
• ▸ parseSearchQueryV1(): SearchQuery                         • ▸ formatDropCachesV1(Map<String, String>): ChannelBuffer
• ▸ parseSuggestV1(): HashMap<String, String>                 • ▸ formatErrorV1(BadRequestException): ChannelBuffer
• ▸ parseTreeRulesV1(): List<TreeRule>                        • ▸ formatErrorV1(Exception): ChannelBuffer
• ▸ parseTreeRuleV1(): TreeRule                               • ▸ formatFilterConfigV1(Map<String, Map<String, String>>): ChannelBuffer
• ▸ parseTreeTSUIDsListV1(): Map<String, Object>              • ▸ formatJVMStatsV1(Map<String, Map<String, Object>>): ChannelBuffer
• ▸ parseTreeV1(): Tree                                       • ▸ formatLastPointQueryV1(List<IncomingDataPoint>): ChannelBuffer
• ▸ parseTSMetaV1(): TSMeta                                   • ▸ formatNotFoundV1(): ChannelBuffer
• ▸ parseUidAssignV1(): HashMap<String, List<String>>         • ▸ formatPutV1(Map<String, Object>): ChannelBuffer
• ▸ parseUidMetaV1(): UIDMeta                                 • ▸ formatQueryAsyncV1(TSQuery, List<DataPoints[]>, List<Annotation>)
• ▸ parseUidRenameV1(): HashMap<String, String>               • ▸ formatQueryStatsV1(Map<String, Object>): ChannelBuffer
```

图 8-3

用户在实现 HttpSerializer 抽象类的时候，必须要将其支持接口的请求和响应相关的（反）序列化方法实现。例如，要使 HttpSerializer 实现类支持 put 接口，需要实现 parsePutV1() 方法和 formatPutV1() 方法。

用户自定义的 HttpSerializer 实现类只需放到插件目录下，OpenTSDB 即可在启动时将其加载并使用，不需要像前面介绍的其他插件那样，配置插件类的完全限定名及 enable 开关。我们可以提供多个自定义的 HttpSerializer 实现类，从而让 OpenTSDB 支持多种请求格式。

我们在第 2 章分析 OpenTSDB 网络层时提到，通过 PipelineFactory 构造方法调用 HttpQuery.initializeSerializerMaps() 方法加载全部 HttpSerializer 插件，并通过反射的方式将其构造函数添加到 HttpQuery.serializer_map_query_string 和 serializer_map_content_type 两个静态集合中。当后续有 HTTP 请求到来时，RpcHandler.handleHttpQuery() 方法在处理该请求时，就会调用 HttpQuery.setSerializer() 方法选择对应的 HttpSerializer 实现。上述方法的具体实现在第 2 章已经详细介绍过了，这里不再重复。

8.2.5 HttpRpcPlugin 扩展

OpenTSDB 默认支持 Telnet 和 HTTP 两种网络协议，在前面介绍其网络层实现时也提到，它是通过请求的第一个字符确定该连接使用的网络协议的。OpenTSDB 提供了 RpcPlugin 帮助用户扩展新的网络协议，例如，我们可以为 OpenTSDB 添加支持 Protobufs、Thrift 等协议的 RpcPlugin 实现。

但是，为 OpenTSDB 完全扩展一种新的协议是比较复杂的，笔者常使用的扩展方式是 HttpRpcPlugin。OpenTSDB 通过 HttpRpcPlugin 的方式让用户可以在其原生支持的 HTTP 协议之上扩展新的 HTTP 接口。HttpRpcPlugin 在 opentsdb.conf 文件中对应的配置项为 "tsd.http.rpc.plugins"，用户可以在其中添加多个 HttpRpcPlugin 抽象类的实现。HttpRpcPlugin 支持的 HTTP 接口与内置 HTTP 接口的唯一区别就是其接口路径上多了"/plugin/"。

```
public abstract class HttpRpcPlugin {

  // 初始化及关闭 HttpRpcPlugin
  public abstract void initialize(TSDB tsdb);
  public abstract Deferred<Object> shutdown();

  // 当前 HttpRpcPlugin 的版本号
  public abstract String version();

  // 获取当前 HttpRpcPlugin 支持的接口路径
  public abstract String getPath();

  // 处理请求的核心
  public abstract void execute(TSDB tsdb, HttpRpcPluginQuery query) throws IOException;
}
```

我们从 HttpRpcPlugin.execute() 方法的参数可以得知，HttpRpcPlugin 处理的是 HttpRpcPluginQuery 请求对象。HttpRpcPluginQuery 也是 AbstractHttpQuery 抽象类的具体实现，相较于 HttpQuery，HttpRpcPluginQuery 的实现比较简单，它只实现了 getQueryBaseRoute() 方法。

这里简单介绍一下 HttpRpcPlugin 的加载过程及工作原理。RpcManager 在初始化的过程中会调用 initializeHttpRpcPlugins() 方法，加载 "tsd.http.rpc.plugins" 配置项指定的 HttpRpcPlugin 实现类，并创建相应的对象，然后将 HTTP 接口路径与其对应的 HttpRpcPlugin 对象记录到 RpcManager.http_plugin_commands 集合中。上述过程的相关代码片段如下所示。

```java
public static synchronized RpcManager instance(final TSDB tsdb) {
    ... ... // 前面的实现已经详细分析过,这里不再重复
    final ImmutableMap.Builder<String, HttpRpcPlugin> httpPluginsBuilder =
            ImmutableMap.builder();
    if (tsdb.getConfig().hasProperty("tsd.http.rpc.plugins")) {
        String[] plugins = tsdb.getConfig().getString("tsd.http.rpc.plugins").split(",");
        // 加载 tsd.http.rpc.plugins 配置项指定的 HttpRpcPlugin 对象,并记录到 httpPluginsBuilder 中
        manager.initializeHttpRpcPlugins(mode, plugins, httpPluginsBuilder);
    }
    manager.http_plugin_commands = httpPluginsBuilder.build();// 更新 http_plugin_commands
    ... ... // 后面的实现已经详细分析过,这里不再重复
}

protected void initializeHttpRpcPlugins(String mode,
    String[] pluginClassNames,ImmutableMap.Builder<String, HttpRpcPlugin> http) {
    for (final String plugin : pluginClassNames) {
        // 在 createAndInitialize()方法中会通过后面介绍的 PluginLoader 加载 HttpRpcPlugin
        // 实现类并完成其实例化
        final HttpRpcPlugin rpc = createAndInitialize(plugin, HttpRpcPlugin.class);
        final String path = rpc.getPath().trim();
        final String canonicalized_path = canonicalizePluginPath(path);
        http.put(canonicalized_path, rpc); // 记录 HttpRpcPlugin 对象与对应的 HTTP 接口路径
    }
}
```

当 OpenTSDB 后续收到 HTTP 请求时,RpcHandler.handleHttpQuery()方法根据请求的 URL 地址判断该请求是否由 HttpRpcPlugin 插件处理,如果是,则根据 HTTP 请求路径在 http_plugin_commands 集合中查找相应的 HttpRpcPlugin 对象进行处理,相关代码片段如下:

```java
private void handleHttpQuery(final TSDB tsdb, final Channel chan, final HttpRequest req) {
    AbstractHttpQuery abstractQuery = null;
    try {
        // createQueryInstance()方法会根据 HTTP 请求的路径判断返回的 AbstractHttpQuery 对象的具
        // 体类型
        abstractQuery = createQueryInstance(tsdb, req, chan);
        ... ... // 省略前面已经分析过的代码片段
```

```
    // 根据AbstractHttpQuery的具体类型进行分类处理
    if (abstractQuery.getClass().isAssignableFrom(HttpRpcPluginQuery.class)) {
      final HttpRpcPluginQuery pluginQuery = (HttpRpcPluginQuery) abstractQuery;
      // 请求中包含"/plugin/"路径，则转换为HttpRpcPluginQuery，并根据请求路径在前文得到
      // 的http_plugin_commands集合中查找相应的HttpRpcPlugin对象进行处理
      final HttpRpcPlugin rpc = rpc_manager.lookupHttpRpcPlugin(route);
      if (rpc != null) {
        rpc.execute(tsdb, pluginQuery);
      }
    } else if (abstractQuery.getClass().isAssignableFrom(HttpQuery.class)) {
      ... ...  // 前文已经详细分析过HttpQuery的处理，这里不再重复
    }
  } catch (Exception ex) {
    ... ...
  }
}
```

8.2.6　WriteableDataPointFilterPlugin&UniqueIdFilterPlugin

这两类插件主要进行数据的过滤，其中 WriteableDataPointFilterPlugin 主要负责过滤时序数据的点是否能存储到底层的 HBase 表中，UniqueIdFilterPlugin 主要负责决定 OpenTSDB 实例是否能为某些字符串分配 UID。如果 metric、tagk、tagv 有严格的命名规则，或我们只接收指定的时序数据（黑名单场景）时，这两类插件就非常有效。

下面简单看一下 WriteableDataPointFilterPlugin 抽象类的定义：

```
public abstract class WriteableDataPointFilterPlugin {

  // 初始化及关闭WriteableDataPointFilterPlugin插件
  public abstract void initialize(final TSDB tsdb);
  public abstract Deferred<Object> shutdown();

  // 当前WriteableDataPointFilterPlugin插件是否对时序数据点进行过滤
  public abstract boolean filterDataPoints();

  // 检测该点是否能够通过该WriteableDataPointFilterPlugin插件的过滤
  public abstract Deferred<Boolean> allowDataPoint(final String metric,
      final long timestamp, final byte[] value,final Map<String, String> tags,
```

```
      final short flags);
}
```

下面简单看一下 UniqueIdFilterPlugin 抽象类的定义:

```
public abstract class UniqueIdFilterPlugin {

  // 省略 initialize()方法和 shutdown()方法

  // 检测 OpenTSDB 是否能为指定的字符串分配 UID
  public abstract Deferred<Boolean> allowUIDAssignment(final UniqueIdType type,
      final String value, final String metric, final Map<String, String> tags);

  // 当前 UniqueIdFilterPlugin 实现是否对 UID 分配进行过滤
  public abstract boolean fillterUIDAssignments();
}
```

接下来会介绍 WriteableDataPointFilterPlugin 插件及 UniqueIdFilterPlugin 插件的加载,TSDB.ts_filter 字段及 uid_filter 字段用以记录这两类插件的对象。TSDB.addPointInternal()方法在写入时序数据点之前,会调用 ts_filter.allowDataPoint()方法判断该点是否能被写入 TSDB 表中,相关的代码片段如下所示。

```
private Deferred<Object> addPointInternal(final long timestamp,
    final byte[] value, final short flags) {
  ... ... // 前面关于时序数据点写入的相关实现在前面已经分析过了,这里不再重复
  if (tsdb.getTSfilter() != null && tsdb.getTSfilter().filterDataPoints()) {
    // 调用 ts_filter.allDataPoint()方法检测是否允许写入该点,检测结果会在 WriteCB 这个回调中
    // 进行检测,读者可以回顾第 4 章中的相关内容
    return tsdb.getTSfilter().allowDataPoint(metric, timestamp, value, tags, flags)
        .addCallbackDeferring(new WriteCB());
  }
  return Deferred.fromResult(true).addCallbackDeferring(new WriteCB());
}
```

UniqueIdFilterPlugin 插件在第 3 章中已经简单分析过了,同时还分析了其 UniqueIdWhitelistFilter 实现,这里不再重复介绍。

8.2.7 TagVFilter 扩展

OpenTSDB 不仅可以使用前面介绍过的内置 TagVFilter 实现，也可以通过创建的方式添加自定义 TagVFilter 实现。

在用户编写自定义 TagVFilger 实现类时，必须要通过 FILTER_NAMEP 指定该实现类的名称，该名称必须全局唯一，不能与其他 TagVFilter 实现冲突，另外还要提供 description()方法和 examples()方法对 TagVFilter 进行简单描述。下节将深入介绍 TagVFilter 插件的加载过程，TagVFilter 插件的工作原理与 OpenTSDB 内置的 TagVFilter 实现相同，读者可以参考第 5 章的相关内容，这里不再重复介绍。

8.3 插件加载流程

通过上节的介绍，我们大致了解了 OpenTSDB 提供的常用插件接口的功能及这些插件接口的定义。本节将回到 OpenTSDB 的代码中，介绍这些插件的加载及工作原理。

首先读者可以回顾前面介绍的 TSDB 初始化的过程，其中会调用 TSDB.initializePlugins()方法加载插件目录下的所有插件，具体实现代码如下：

```java
public void initializePlugins(final boolean init_rpcs) {
    // 获取"tsd.core.plugin_path"配置项指定的插件目录
    final String plugin_path = config.getString("tsd.core.plugin_path");
    // 加载插件配置目录下的所有插件实现，其具体实现将在后面进行详细分析
    loadPluginPath(plugin_path);
    // 加载 TagVFilter 插件
    TagVFilter.initializeFilterMap(this);

    // 如果"tsd.search.enable"配置项设置为 true，则加载"tsd.search.plugin"配置项指
    // 定的 SearchPlugin 插件实现。由于篇幅限制，这里省略了异常处理等代码片段
    if (config.getBoolean("tsd.search.enable")) {
        search = PluginLoader.loadSpecificPlugin(
            config.getString("tsd.search.plugin"), SearchPlugin.class);
        search.initialize(this);
    }

    // 如果"tsd.rtpublisher.enable"配置项设置为 true,则加载"tsd.rtpublisher.plugin"配置项
    // 指定的 RTPublisher 插件实现。由于篇幅限制，这里省略了异常处理等代码片段
```

```
  if (config.getBoolean("tsd.rtpublisher.enable")) {
    rt_publisher = PluginLoader.loadSpecificPlugin(
        config.getString("tsd.rtpublisher.plugin"), RTPublisher.class);
    rt_publisher.initialize(this);
  }

  // 如果"tsd.core.meta.cache.enable"配置项设置为true, 则加载"tsd.core.meta.cache.plugin"
  // 配置项指定的MetaDataCache插件实现。由于篇幅限制, 这里省略了异常处理等代码片段
  if (config.getBoolean("tsd.core.meta.cache.enable")) {
    meta_cache = PluginLoader.loadSpecificPlugin(
        config.getString("tsd.core.meta.cache.plugin"), MetaDataCache.class);
    meta_cache.initialize(this);
  }
  // 根据配置加载WriteableDataPointFilterPlugin插件, 具体实现与上面其他类型插件类似, 这里不
  // 再赘述
  // 根据配置加载UniqueIdFilterPlugin插件, 具体实现与上面其他类型插件类似, 这里不再赘述
}
```

TSDB.loadPluginPath()方法会检测插件目录是否合法, 然后调用 PluginLoader.loadJARs()方法加载插件目录下的jar包, 具体实现代码如下:

```
public static void loadJARs(String directory) throws Exception {
  // 检测插件目录是否合法(略)
  ArrayList<File> jars = new ArrayList<File>();
  // searchForJars()方法中会递归查找插件目录下的全部jar包, 并将其添加到jars集合中,
  // 其实现比较简单, 不再展开介绍
  searchForJars(file, jars);
  for (File jar : jars) {
    addFile(jar); // 加载jar包
  }
}
```

PluginLoader.addFile()方法最终会调用 addURL()方法, 并通过 SystemClassLoader 加载上面扫描到的 jar 包。

```
private static void addURL(final URL url) throws Exception {
  // 获取SystemClassLoader
  URLClassLoader sysloader = (URLClassLoader) ClassLoader.getSystemClassLoader();
```

```java
Class<?> sysclass = URLClassLoader.class;
// 调用 addURL()方法加载 jar 包
Method method = sysclass.getDeclaredMethod("addURL", PARAMETER_TYPES);
method.setAccessible(true);
method.invoke(sysloader, new Object[]{url});
}
```

完成插件 jar 包的加载之后,调用 PluginLoader.loadSpecificPlugin()方法根据类名及插件类型在 ClassPath 下查找对应的类,具体实现代码如下:

```java
public static <T> T loadSpecificPlugin(final String name, final Class<T> type) {
    // ClassPath 下查找指定类型的类,可能会有多个
    ServiceLoader<T> serviceLoader = ServiceLoader.load(type);
    Iterator<T> it = serviceLoader.iterator();
    while (it.hasNext()) { // 迭代查找到的多个类,然后根据类名决定具体使用哪个插件实现
        T plugin = it.next();
        if (plugin.getClass().getName().equals(name)
                || plugin.getClass().getSuperclass().getName().equals(name)) {
            return plugin;
        }
    }
    return null;
}
```

TSDB.initializePlugins() 方法除上面介绍的加载 SearchPlugin 、RTPublisher、WriteableDataPointFilterPlugin、UniqueIdFilterPlugin 等插件的流程之外,还会调用 TagVFilter.initializeFilterMap()方法对 TagVFilter 插件进行单独处理。initializeFilterMap()方法会获取插件目录下的所有 TagVFilter 插件,并将其构造方法记录到 tagv_filter_map 集合中等待后续初始化时使用,具体代码实现如下:

```java
public static void initializeFilterMap(final TSDB tsdb) throws Exception {
    final List<TagVFilter> filter_plugins = PluginLoader.loadPlugins(TagVFilter.class);
    if (filter_plugins != null) {
        for (final TagVFilter filter : filter_plugins) {
            // 正如前面介绍的那样,插件实现必须有 description()方法和 examples()方法,以及
            // FILTER_NAME 字段
            filter.getClass().getDeclaredMethod("description");
```

```
            filter.getClass().getDeclaredMethod("examples");
            filter.getClass().getDeclaredField("FILTER_NAME");
            final Method initialize = filter.getClass()
                .getDeclaredMethod("initialize", TSDB.class);
            initialize.invoke(null, tsdb);   // 调用 initialize()方法，初始化插件实现
            final Constructor<? extends TagVFilter> ctor =
                filter.getClass().getDeclaredConstructor(String.class, String.class);
            // 通过反射获取 TagVFilter 实现类的构造方法，并记录到 tagv_filter_map 集合中
            final Pair<Class<?>, Constructor<? extends TagVFilter>> existing =
                tagv_filter_map.get(filter.getType());
            tagv_filter_map.put(filter.getType().toLowerCase(),
                new Pair<Class<?>, Constructor<? extends TagVFilter>>(filter.getClass(),
ctor));
        }
      }
    }
```

将 TagVFilter 实现的构造方法记录到 tagv_filter_map 集合之后，OpenTSDB 在后续处理查询请求时，即可从该集合中获取相应的构造方法创建 TagVFilter 对象了。

8.4 常用工具类

用户在运维或是二次开发 OpenTSDB 时，可能会使用命令行命令操作 OpenTSDB 中的时序数据。例如，在二次开发 OpenTSDB 时，可以在测试数据写入之后，通过命令行工具对其进行验证或导出等操作，用来验证代码的正确性。

8.4.1 数据导入

TextImporter 是 OpenTSDB 自带的数据导入工具，其大致原理就是读取命令行参数中指定的数据文件得到时序数据点，然后将这些时序数据点写入 HBase 表中。下面来看 TextImporter 的入口方法：

```
public static void main(String[] args) throws Exception {
    // 解析命令行参数(略)
    Config config = CliOptions.getConfig(argp); // 创建 Config 对象
    // 根据 Config 对象创建 TSDB 对象
```

```java
    final TSDB tsdb = new TSDB(config);
    final boolean skip_errors = argp.has("--skip-errors");
    // 检测必要的 HBase 表是否存在
    tsdb.checkNecessaryTablesExist().joinUninterruptibly();
    argp = null;
    try {
      int points = 0;
      final long start_time = System.nanoTime();
      // 调用 importFile()方法读取指定的数据文件并导入
      for (final String path : args) {
        points += importFile(tsdb.getClient(), tsdb, path, skip_errors);
      }
      final double time_delta = (System.nanoTime() - start_time) / 1000000000.0;
    } finally {
      tsdb.shutdown().joinUninterruptibly();// 调用 shutdown()方法关闭 TSDB 实例
    }
}
```

下面来看 importFile()方法，它是解析数据文件并将数据点导入 HBase 的核心方法。该方法按行读取文件，文件中的每一行都对应一个时序数据点，每个数据点的不同部分都由空格分隔，如图 8-4 所示。

| metric | 空格 | timestamp | 空格 | value | 空格 | tagk1=tagv1 | 空格 | tagk2=tagv2 | …… |

图 8-4

TextImporter.importFile()方法的具体实现代码如下：

```java
private static int importFile(final HBaseClient client, final TSDB tsdb,
    final String path, final boolean skip_errors) throws IOException {
  // 创建 BufferedReader 读取指定路径的文件
  final BufferedReader in = open(path);
  String line = null;
  int points = 0;
  try {
    final Errback errback = new Errback();
    // 读取一行数据，一行数据对应一个时序数据点
    while ((line = in.readLine()) != null) {
      final String[] words = Tags.splitString(line, ' '); // 按照空格对数据进行切分
```

```java
      final String metric = words[0]; // 获取该点的metric
      // 检测metric是否合法(略)
      final long timestamp;
      timestamp = Tags.parseLong(words[1]); // 从该行中获取该数据点对应的时间戳
      // 检测timestamp是否合法(略)
      final String value = words[2]; // 获取该数据点的value值
      // 检测该value值是否合法(略)
      try {
        // 解析该数据点对应的tag
        final HashMap<String, String> tags = new HashMap<String, String>();
        for (int i = 3; i < words.length; i++) {
          if (!words[i].isEmpty()) {
            Tags.parse(tags, words[i]);
          }
        }
        // 创建WritableDataPoints对象，实际是IncomingDataPoints对象，可以记录多个数据点，
        // 这些点的metric和tag必须相同
        final WritableDataPoints dp = getDataPoints(tsdb, metric, tags);
        Deferred<Object> d;
        // 根据value的类型调用WritableDataPoints合适的方法进行添加
        if (Tags.looksLikeInteger(value)) {
          d = dp.addPoint(timestamp, Tags.parseLong(value));
        } else {
          d = dp.addPoint(timestamp, Float.parseFloat(value));
        }
        d.addErrback(errback);// 添加Errback回调，后面会介绍Errback的功能
        points++; // 记录写入点的个数
        if (throttle) { // 限流操作在后面与Errback一起介绍
          ... ...
        }
      } catch (final RuntimeException e) {
        ... ...
      }
    }
  } catch (RuntimeException e) {
    throw e;
  } finally {
    in.close();// 关闭文件流
```

```
    }
    return points;
}
```

在使用 TextImporter 进行导入的时候，请求 HBase 的频率非常快，如果 HBase 集群无法支持该写入速度，则导入数据的速度就需要进行限速。上面为 IncomingDataPoints.addPoint()方法添加的 Callback 实现是 Errback，当写入过程中出现 PleaseThrottleException 异常时就会触发限流操作，Errback.call()方法的具体实现代码如下：

```java
public Object call(final Exception arg) {
    if (arg instanceof PleaseThrottleException) { // 针对 PleaseThrottleException 异常
                                                  // 的处理
        final PleaseThrottleException e = (PleaseThrottleException) arg;
        throttle = true; // 将 throttle 这个 volatile 字段更新为 true
        final HBaseRpc rpc = e.getFailedRpc();
        if (rpc instanceof PutRequest) {
            client.put((PutRequest) rpc); // 如果是 PutRequest 出现异常，则在这里重试
        }
        return null;
    }
    System.exit(2);
    return arg;
}
```

在 throttle 字段更新为 true 之后，TextImporter 的后续导入过程就会有相应的限流逻辑，相关的代码逻辑如下所示。

```java
if (throttle) { // 当 throttle 字段为 true 时会执行下面的逻辑
    long throttle_time = System.nanoTime();
    // 等待当前 IncomingDataPoints 对象中的点全部写入完成后，再开始后续的写入
    d.joinUninterruptibly();
    throttle_time = System.nanoTime() - throttle_time;
    if (throttle_time < 1000000000L) {
        try {
            Thread.sleep(1000); // 如果限流时间较短，还会多暂停一段时间
        } catch (InterruptedException e) {
            throw new RuntimeException("interrupted", e);
```

```
      }
    }
    throttle = false;
}
```

另外，TextImporter 使用 datapoints 这个 Map 缓存了 IncomingDataPoints 对象，其中 key 是 metric+tag，value 是对应的 IncomingDataPoints。IncomingDataPoints 将数据点写入 HBase 表的过程与第 4 章中介绍的 TSDB.addPointInternal()方法类似，相信通过第 4 章的介绍，读者完全可以自行分析 IncomingDataPoints 的实现。

8.4.2　数据导出

DumpSeries 是 OpenTSDB 自带的数据导出工具，它可以将 HBase 中的时序数据按照指定的格式转换成文本输出，同时还可以指定 delete 参数将已导出的时序数据从 HBase 中删除。

DumpSeries 的入口 main()函数与前面介绍的 TextImporter.main()函数类似，也是先解析命令行参数，然后创建 Config 配置对象及实例化 TSDB 对象，然后调用 DumpSeries.doDump()方法完成 HBase 表查询并输出时序数据。doDump()方法的具体实现如下所示：

```
private static void doDump(TSDB tsdb, HBaseClient client, byte[] table, boolean delete,
        boolean importformat, String[] args) throws Exception {
    final ArrayList<Query> queries = new ArrayList<Query>();
    // 将命令行参数转换成 TsdbQuery 对象，读者了解 TsdbQuery 的功能和核心字段值之后，相信读者可以
    // 自己完成对 parseCommandLineQuery()方法的分析，这里不再展开介绍
    CliQuery.parseCommandLineQuery(args, tsdb, queries, null, null);

    final StringBuilder buf = new StringBuilder();
    for (final Query query : queries) {
        // 根据 TsdbQuery 创建 Scanner 对象
        final List<Scanner> scanners = Internal.getScanners(query);
        for (Scanner scanner : scanners) {
            ArrayList<ArrayList<KeyValue>> rows;
            while ((rows = scanner.nextRows().joinUninterruptibly()) != null) {
                for (final ArrayList<KeyValue> row : rows) { // 遍历查询结果
                    buf.setLength(0);
                    final byte[] key = row.get(0).key();
                    final long base_time = Internal.baseTime(tsdb, key);
```

```java
      final String metric = Internal.metricName(tsdb, key);
      // 输出 RowKey、metric、base_time 及格式化的 base_time 时间戳，如果按照能够直接导入
      // 的格式输出，则不会输出这些内容
      if (!importformat) {
        buf.append(Arrays.toString(key)).append(' ').append(metric).append(' ')
            .append(base_time).append(" (").append(date(base_time)).append(") ");
        buf.append(Internal.getTags(tsdb, key)); // 输出 tag
        buf.append('\n'); // 输出换行符
        System.out.print(buf);
      }
      buf.setLength(0);
      if (!importformat) {
        buf.append("  ");
      }
      for (final KeyValue kv : row) {
        buf.setLength(importformat ? 0 : 2);
        // 在 formatKeyValue() 方法中也会根据 importformat 决定输出格式
        formatKeyValue(buf, tsdb, importformat, kv, base_time, metric);
        if (buf.length() > 0) {
          buf.append('\n');
          System.out.print(buf);
        }
      }

      if (delete) { // 根据 delete 参数决定是否删除前面查询到的数据
        final DeleteRequest del = new DeleteRequest(table, key);
        client.delete(del);
      }
    }
  }
 }
}
```

8.4.3　Fsck 工具

在 Linux 中，fsck（全称 file system check）命令用来检查和维护不一致的文件系统，如果

服务器发生掉电或磁盘发生问题，可以使用 fsck 命令对文件系统进行检查。OpenTSDB 也提供了一个 Fsck 工具类，该 Fsck 工具类可以让用户手动清理错误和异常的时序数据。如果用户在命令行中指定了查询参数，则 Fsck 工具类会校验查询到的行，否则 Fsck 工具类校验整张表。

Fsck 工具类校验 OpenTSDB 中时序数据的大致步骤如下：

（1）根据命令行指定的查询条件扫描 TSDB 表，确定每行的 RowKey 都是合法的，另外还会解析得到 RowKey 中各个部分的 UID，确定这些 UID 是否是合法的。如果这些 RowKey 或 UID 的检测出现问题，则用户可以选择保留或删除未通过校验的数据。

（2）针对扫描到的每一行数据，我们需要遍历其中的每个 Cell 并根据其 qualifier 确定其中时序数据的类型，Fsck 会将储存的数据添加到一个 TreeMap 中，而忽略 Annotation。

（3）检测该 TreeMap 集合，将重复的、异常的数据清理掉。

（4）最后将检测通过的数据重新写回 HBase 中，同时清理掉校验之前的旧数据。

了解了 Fsck 工具的大致工作原理之后，我们来看 Fsck.main()这个入口方法，其会解析命令行参数，然后创建 TSDB 实例支持 HBase 的读写，最后创建 Fsck 对象并调用 run*()方法进行校验，具体实现代码如下：

```java
public static void main(String[] args) throws Exception {
    // 解析命令行参数并创建 Config 对象(略)
    // 创建 FsckOptions，其中包含了控制 Fsck 工具类执行的参数
    final FsckOptions options = new FsckOptions(argp, config);
    final TSDB tsdb = new TSDB(config); // 创建 TSDB 实例用于读写 HBase
    // 下面会根据命令行参数创建对应的 TsdbQuery 对象，并记录到该集合中
    final ArrayList<Query> queries = new ArrayList<Query>();
    if (args != null && args.length > 0) {
        CliQuery.parseCommandLineQuery(args, tsdb, queries, null, null);
    }
    // 检测使用到的 HBase 表是否存在
    tsdb.checkNecessaryTablesExist().joinUninterruptibly();
    final Fsck fsck = new Fsck(tsdb, options); // 创建 Fsck 对象
    try {
        if (!queries.isEmpty()) { // 执行命令行中指定的查询，并对查询到的数据进行校验
            fsck.runQueries(queries);
        } else {
            fsck.runFullTable(); // 扫描全表，并对全表数据进行校验
        }
    } finally {
```

```
    tsdb.shutdown().joinUninterruptibly();
  }
}
```

无论是 Fsck.runQueries()方法还是 Fsck.runFullTable()方法，最终都会创建 FsckWorker 子线程来完成校验操作，两者的主要区别就是扫描数据的范围不同，这里以 runQueries()方法为例进行介绍，代码如下：

```
public void runQueries(final List<Query> queries) throws Exception {
  for (final Query query : queries) {
    // 根据前面的查询条件创建 Scanner 对象进行扫描
    final List<Scanner> scanners = Internal.getScanners(query);
    final List<Thread> threads = new ArrayList<Thread>(scanners.size());
    int i = 0;
    for (final Scanner scanner : scanners) { // 为每个 Scanner 创建一个 FsckWorker 线程
      final FsckWorker worker = new FsckWorker(scanner, i++);
      worker.start();
      threads.add(worker);
    }

    for (final Thread thread : threads) {
      thread.join(); // 等待上面的 FsckWorker 线程执行结果
    }
  }
  // 输出日志及校验报告(略)
}
```

接下来我们看 FsckWorker 线程的工作原理，FsckWork 线程会通过前面创建的 Scanner 扫描 HBase 表数据并进行循环处理，它首先会调用 fsckRow()方法检测 RowKey、解析该行中每一列存储的数据点，当一行中的所有列都处理完之后，会调用 fsckDataPoints()方法校验数据点。FsckWork.run()方法的具体实现代码如下：

```
public void run() {
  // 该 TreeMap 负责记录一行中的全部时序数据点
  TreeMap<Long, ArrayList<DP>> datapoints = new TreeMap<Long, ArrayList<DP>>();
  byte[] last_key = null;
  ArrayList<ArrayList<KeyValue>> rows;
```

```
    while ((rows = scanner.nextRows().joinUninterruptibly()) != null) {
      for (final ArrayList<KeyValue> row : rows) { // 遍历此次扫描到的所有数据行
        // RowKey发生变化，则表示一行数据已经全部处理完成
        if (last_key != null && Bytes.memcmp(row.get(0).key(), last_key) != 0) {
          if (!datapoints.isEmpty()) { // 上一行中存储了数据点
            // 重置这两个字段用来存储压缩后的qualifier和value值
            compact_qualifier = new byte[qualifier_bytes];
            compact_value = new byte[value_bytes+1];
            fsckDataPoints(datapoints); // 校验数据点
            resetCompaction();
            datapoints.clear();// 清空datapoints集合，为校验下一行数据做准备
          }
        }
        last_key = row.get(0).key();
        // 检测RowKey并将数据点填充到datapoints集合中
        fsckRow(row, datapoints);
      }
    }
    // 如果最后一行中也存储了数据点，则需要执行fsckDataPoints()方法进行校验(略)
}
```

正如前面介绍的那样，FsckWork.fsckRow()方法首先会检测该行数据的 RowKey 格式是否合法，然后提取 RowKey 中的 metric UID、tagk UID、tagv UID 等部分进行检测，这些校验操作是在FsckWork.fsckKey()方法中完成的，具体实现代码如下：

```
private boolean fsckKey(final byte[] key) throws Exception {
  // 检测RowKey的长度，如果发现异常的RowKey，可以根据FsckOptions.delete_bad_rows参数
  // 决定是否删除该行数据(略)

  final byte[] tsuid = UniqueId.getTSUIDFromKey(key, TSDB.metrics_width(),
    Const.TIMESTAMP_BYTES); // 从RowKey中解析得到tsuid
  if (!tsuids.contains(tsuid)) {
    try {
      // 将tsuid中的metric UID解析成相应字符串
      RowKey.metricNameAsync(tsdb, key).joinUninterruptibly();
    } catch (NoSuchUniqueId nsui) {
      // 解析失败则会输出错误日志，并根据delete_bad_rows参数决定是否删除该行数据(略)
      return false;
```

```java
    }
    try {
        // 将 tsuid 中的 tagk UID 及 tagv UID 解析成相应字符串
        Tags.resolveIds(tsdb, (ArrayList<byte[]>) UniqueId.getTagPairsFromTSUID(tsuid));
    } catch (NoSuchUniqueId nsui) {
        // 解析失败则会输出错误日志,并根据 delete_bad_rows 参数决定是否删除该行数据(略)
        return false;
    }
}
return true;
}
```

当 RowKey 通过校验之后,FsckWork.fsckRow()方法开始解析该行存储的所有数据点,根据 qualifier 确定每个 Cell 中 value 值存储的数据格式,并进行相应的流程解析,fsckRow()方法的具体实现代码如下:

```java
private void fsckRow(final ArrayList<KeyValue> row,
    final TreeMap<Long, ArrayList<DP>> datapoints) throws Exception {
    // 调用 fsckKey()方法校验 RowKey(略)
    final long base_time = Bytes.getUnsignedInt(row.get(0).key(), // 获取 RowKey 中的 base_time
        Const.SALT_WIDTH() + TSDB.metrics_width());

    for (final KeyValue kv : row) { // 遍历该行的所有列
        byte[] value = kv.value();
        byte[] qual = kv.qualifier();
        // 检测 qualifier 的长度(略)

        if (qual.length % 2 != 0) { // OpenTSDB 中所有点对应的 qualifier 都是 2n 个字节
            if (qual.length != 3 && qual.length != 5) {
                // 异常列,根据参数决定是否删除该列数据(略)
            }
            if (qual[0] == Annotation.PREFIX()) {
                // 这里不会对 Annotation 信息进行校验,直接跳过(略)
            } else if (qual[0] == AppendDataPoints.APPEND_COLUMN_PREFIX) {
                // 解析追加模式下写入的数据,解析出现异常则根据参数决定是否删除该列数据(略)
            }
            continue;
```

```java
    }

    if (qual.length == 4 && !Internal.inMilliseconds(qual[0])
        || qual.length > 4) {   // 下面开始处理经过压缩的数据点
      try {
        // 解析获取每个数据点, extractDataPoints()方法会根据qualifier判断该KeyValue
        // 中存放的是单个数据点还是压缩后的数据点, 并进行相应的处理, 最终返回List中的每个Cell
        // 仅封装了一个点的信息
        final ArrayList<Cell> cells = Internal.extractDataPoints(kv);
        final byte[] recompacted_qualifier = new byte[kv.qualifier().length];
        int qualifier_index = 0;
        for (final Cell cell : cells) {
          final long ts = cell.timestamp(base_time); // 获取该点的时间戳,
          // 将该点记录到其timestamp对应的DP集合中
          ArrayList<DP> dps = datapoints.get(ts);
          if (dps == null) {
            dps = new ArrayList<DP>(1);
            datapoints.put(ts, dps);
          }
          dps.add(new DP(kv, cell));
          qualifier_bytes += cell.qualifier().length;
          value_bytes += cell.value().length;
          // 填充recompacted_qualifier, 其中维护了校验后的新的qualifier
          System.arraycopy(cell.qualifier(), 0, recompacted_qualifier,
              qualifier_index, cell.qualifier().length);
          qualifier_index += cell.qualifier().length;
        }
        // 比较新旧qualifier, 如果冲突, 则输出相应日志(略)

        compact_row = true;
      } catch (IllegalDataException e) {
        // 解析出现异常则根据参数决定是否删除该列数据(略)
      }
      continue;
    }

    // 下面处理单独存储的点, 获取该点对应的timestamp
    final long timestamp = Internal.getTimestampFromQualifier(qual, base_time);
```

```
      ArrayList<DP> dps = datapoints.get(timestamp); // 将该点记录到其 timestamp 对应的 DP
                                                      // 集合中
      if (dps == null) {
        dps = new ArrayList<DP>(1);
        datapoints.put(timestamp, dps);
      }
      dps.add(new DP(kv)); // 记录该点对应的 Cell
      qualifier_bytes += kv.qualifier().length;
      value_bytes += kv.value().length;
    }
  }
```

完成 RowKey 校验及数据点的解析之后,我们继续分析 FsckWorker.fsckDataPoints()方法对数据点的验证,该方法主要检测是否存在重复的数据点。对于重复的数据点,FsckWorker 会按照 FsckOptions 指定的策略选择合适的点进行保留,最后写入校验之后的点并删除旧的点。fsckDataPoints()方法的大致实现过程如下:

```
private void fsckDataPoints(Map<Long, ArrayList<DP>> datapoints) throws Exception {
  // 记录 qualifier 与 value 的对应关系,为后续的压缩等操作做准备
  final ByteMap<byte[]> unique_columns = new ByteMap<byte[]>();
  byte[] key = null;
  boolean has_seconds = false;
  boolean has_milliseconds = false;
  boolean has_duplicates = false;
  boolean has_uncorrected_value_error = false;

  for (final Map.Entry<Long, ArrayList<DP>> time_map : datapoints.entrySet()) {
    if (key == null) {
      key = time_map.getValue().get(0).kv.key(); // 记录 RowKey,后面在写入和删除时都会使用
    }
    if (time_map.getValue().size() < 2) { // 该时间戳只对应一个数据点,不存在冲突
      final DP dp = time_map.getValue().get(0);
      // 检测该数据点 value 值的类型是否与 qualifier 冲突
      has_uncorrected_value_error |= Internal.isFloat(dp.qualifier()) ?
          fsckFloat(dp) : fsckInteger(dp);
      if (Internal.inMilliseconds(dp.qualifier())) { // 记录当前点的时间戳精度
        has_milliseconds = true;
      } else {
```

```java
        has_seconds = true;
      }
      unique_columns.put(dp.kv.qualifier(), dp.kv.value()); // 记录qualifier和value
      continue;
    }
    // 如果同一时间戳对应多个点，则对该点进行排序，然后决定保留哪个点
    Collections.sort(time_map.getValue());
    has_duplicates = true;
    int num_dupes = time_map.getValue().size();

    final int delete_range_start;
    final int delete_range_stop;
    final DP dp_to_keep;  // 记录要保存的数据点
    if (options.lastWriteWins()) { // 保留最后一个数据点
      delete_range_start = 0;
      delete_range_stop = num_dupes - 1;
      dp_to_keep = time_map.getValue().get(num_dupes - 1);
    } else { // 保存第一个数据点
      delete_range_start = 1;
      delete_range_stop = num_dupes;
      dp_to_keep = time_map.getValue().get(0);
    }
    unique_columns.put(dp_to_keep.kv.qualifier(), dp_to_keep.kv.value());
    // 检测保留数据点的value类型与其qualifier指定的类型是否冲突(略)
    // 根据当前点的时间戳精度更新has_milliseconds 和 has_seconds字段(略)

    for (int dp_index = delete_range_start; dp_index < delete_range_stop; dp_index++) {
      DP dp = time_map.getValue().get(dp_index);
      final byte flags = (byte)Internal.getFlagsFromQualifier(dp.kv.qualifier());
      unique_columns.put(dp.kv.qualifier(), dp.kv.value());
      if (options.fix() && options.resolveDupes()) {
        if (compact_row) {
          // 如果当前行保存的是压缩数据，则不需要执行删除，只会输出日志(略)
        } else if (!dp.compacted) { // 非压缩的数据点，则需要进行删除
          tsdb.getClient().delete(
            new DeleteRequest(
              tsdb.dataTable(), dp.kv.key(), dp.kv.family(), dp.qualifier()
            )
```

```
          );
        }
      }
    }
  }

  if ((options.compact() || compact_row) && options.fix() && qualifier_index > 0) {
    // 下面根据 FsckOptions 参数创建新写入的数据
    final byte[] new_qualifier = Arrays.copyOfRange(compact_qualifier, 0,
        qualifier_index);
    final byte[] new_value = Arrays.copyOfRange(compact_value, 0,
        value_index);
    final PutRequest put = new PutRequest(tsdb.dataTable(), key,
        TSDB.FAMILY(), new_qualifier, new_value);

    if (unique_columns.containsKey(new_qualifier)) {
      if (Bytes.memcmp(unique_columns.get(new_qualifier), new_value) != 0) {
        tsdb.getClient().put(put).joinUninterruptibly(); // 写入新的压缩数据
      }
      unique_columns.remove(new_qualifier);
    } else {
      tsdb.getClient().put(put).joinUninterruptibly(); // 写入数据点
    }

    final List<Deferred<Object>> deletes =
        new ArrayList<Deferred<Object>>(unique_columns.size());
    for (byte[] qualifier : unique_columns.keySet()) { // 遍历删除旧数据
      final DeleteRequest delete = new DeleteRequest(tsdb.dataTable(), key,
          TSDB.FAMILY(), qualifier);
      deletes.add(tsdb.getClient().delete(delete));
    }
    Deferred.group(deletes).joinUninterruptibly(); // 等待旧数据删除完毕
  }
}
```

8.4.4 其他工具简介

OpenTSDB 中除了上述三个工具，还提供了一些其他比较简单的工具类，这里对这些工具类进行简单的功能介绍，不再进行详细的代码分析。

- **MetaSync**：主要用于生成 UIDMeta 和 TSMeta 元数据。
- **TreeSync**：可以根据 TSMeta 元数据创建或同步一棵树形结构，也可以用于删除一棵树形结构。
- **MetaPurge**：主要用于清理 UIDMeta 和 TSMeta 元数据。

8.5 本章小结

本章主要介绍了 OpenTSDB 提供的插件体系和常用工具类的实现原理。

第一部分，首先简单介绍了 OpenTSDB 的插件的公共配置及一些共性的特征。然后，针对 OpenTSDB 常用的插件接口进行了介绍，详细分析了这些插件接口的功能及调用逻辑，其中涉及 SearchPlugin、RTPlugin 等连接其他系统的插件。接着，介绍了 HttpSerializer、HttpRpcPlugin、TagVFilter 等增强 OpenTSDB 本身功能的插件。最后，简单分析了 OpenTSDB 加载插件的大致流程。

第二部分，详细分析了 OpenTSDB 中常用的三个工具类的实现，分别是 TextImporter、DumpSeries 及 Fsck，还简单介绍了其他几个工具类的功能。

希望通过本章的介绍，读者可以大致了解 OpenTSDB 提供的插件功能及常用工具类的实现原理，以方便在实践中完成扩展 OpenTSDB 的功能。

反侵权盗版声明

电子工业出版社依法对本作品享有专有出版权。任何未经权利人书面许可，复制、销售或通过信息网络传播本作品的行为；歪曲、篡改、剽窃本作品的行为，均违反《中华人民共和国著作权法》，其行为人应承担相应的民事责任和行政责任，构成犯罪的，将被依法追究刑事责任。

为了维护市场秩序，保护权利人的合法权益，我社将依法查处和打击侵权盗版的单位和个人。欢迎社会各界人士积极举报侵权盗版行为，本社将奖励举报有功人员，并保证举报人的信息不被泄露。

举报电话：(010)88254396；(010)88258888
传　　真：(010)88254397
E-mail：dbqq@phei.com.cn
通信地址：北京市万寿路173信箱
　　　　　电子工业出版社总编办公室
邮　　编：100036